KB111959

과학기술학 편람

4

THE HANDBOOK OF SCIENCE AND TECHNOLOGY STUDIES
(3rd Edition)
by Edward J. Hackett, Olga Amsterdamska, Michael Lynch, Judy Wajcman

This Korean edition was published by National Research Foundation of Korea
in 2019 by arrangement with The MIT Press
through KCC(Korea Copyright Center Inc.), Seoul.

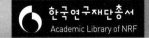
한국연구재단총서 Academic Library of NRF 학술명저번역 622

과학기술학 편람
4

The Handbook of Science and Technology Studies, 3rd ed.

에드워드 J. 해킷 · 올가 암스테르담스카 · 마이클 린치 · 주디 와츠먼 엮음 |

김명진 옮김

아카넷

이 번역서는 2009년도 정부재원(교육과학기술부 인문사회연구역량강화사업비)으로 한국연구재단의 지원을 받아 연구되었음 (NRF-2009421H00003)

This work was supported by National Research Foundation of Korea Grant funded by the Korean Government (NRF-2009421H00003)

차례 | 2권

V. 새로 출현한 테크노사이언스 · 주디 와츠먼

IV.
제도와 경제학

올가 암스테르담스카

    마이클 폴라니는 1962년에 발표한 「과학 공화국(The Republic of Science)」이라는 유명한 논문에서 과학자들 간의 관계에 대한 은유로 자유시장 모델에 호소했다. 과학자들은 애덤 스미스의 기업가들처럼, 개인으로서 외부의 요구나 규제에 의해 제약받지 않고 작업하면서 가장 중요한 과학적 문제들에 대한 해답을 추구하는 과정에서 서로 경쟁할 때 과학지식의 효율적 성장에 가장 잘 기여할 수 있었다. 과학을 경제적 교환의 한 형태로 보는 폴라니의 모델은 문자 그대로가 아니라 은유적으로 이해되어야 할 것으로 여겨졌다. 그는 과학적 발견에서의 경쟁과 거래가 오직 과학자 자신들 사이에서만 일어나는 것으로 생각했고, 과학과 다른 사회제도들(산업체나 국가 같은) 사이에서 일어나는 것으로 보지는 않았다. 그의 시각에서는 과학자들만이 과학적 문제의 중요성이나 그 해법의 탁월성을 가장 잘 판단할 수 있었다. 폴라니는 자유시장의 은유를 써서 과학의 자율성(에 대한 요구)을 옹호했다.

1942년에 로버트 머턴이 과학을 독특한 일단의 규범들에 의해 관장되는 제도로 개념화한 것은 행위자들이 개인적 이해관계를 추구함으로써 집단적 목표가 증진되는 시장의 이상이 아니라 자유주의적 헌법을 지닌 민주주의 국가의 이상에 좀 더 근거한 것이었다. 잘 기능하는 민주주의가 법 앞에 평등한 권리와 언론의 자유를 가진 시민들에게 의존하는 것처럼, 머턴에 따르면 과학의 제도는 새로운 지식 주장이 공개되고 비판에 노출되어 비인격적이고 보편주의적인 기준에 따라 불편부당한 판단을 받을 것을 요구했다. 표현의 자유, 공공영역의 개방성, 보편주의는 두 제도적 영역에서 모두 공유된 가치들이었다. 폴라니와 머턴의 제도적 설명은 모두 과학과 중요한 근대적 사회제도 사이의 심오한 문화적 내지 이데올로기적 친화성을 주장했다. 두 사례 모두에서 이러한 친화성은 하나의 제도로서 과학의 역사적 본질을 정의하면서 언급되었고, 유추 속에는 과학의 문화적 우월성에 대한 암시적 주장이 담겨 있었다. 과학은 그것의 방법 때문에 인지적으로 우월할 뿐 아니라 최고의—자유주의적이고 민주주의적인—정치적, 경제적 가치와 원칙들을 예시해 사회적 내지 문화적으로도 우월했다. 두 사례 모두에서 과학의 이러한 사회적, 문화적 우월성은 그것이 인지적, 사회적 독립성을 유지할 필요성에 대한 정당화로 번역되었다.

편람의 4부에 수록된 논문이 보여주듯이, 과학에 대한 제도적 분석은 여전히 STS의 중심적 관심사 중 하나이다. 과학의 조직에 대한 거시규모의 구조적 분석이 정책연구, 과학의 경제학에 관한 연구, 과학과 다른 사회제도들의 관계에 관한 연구를 뒷받침하고 있다. 하지만 이러한 좀 더 최근의 제도적 시도들을 떠받치는 가정들은 머턴이나 폴라니의 그것과는 사뭇 다르다. 이어지는 장들은 과학의 제도를 그 기능의 제대로 된 실현을 보증하는 단일한 지배적 구조 내지 기풍의 표현보다는 역사적으로 변화가능한 것으로 탐구한다. 아래 장들은 과학과 다른 제도들 사이의 관계를 진화하는 문화적, 지식적, 혹은 사회적 차이, 권력 불평등, 잠재적 갈등의 측면에서 다룬다. 그리고 과학의 자율성을 위한 조건들을 확립하는 대신, 과학 실천의 조직 및 위치와 과학의 결과물의 성격 사이의 연결을 탐구한다. 아울러 아래 장들은 머턴이나 폴라니의 고전적 분석을 떠받치는 것과는 다른 일단의 사회적, 정치적 관심사들에 의해 동기를 얻고 있다.

과학의 제도적 분석은 과학이 제대로 기능하려면 과학자 공동체의 독특하고 특별한 사회조직이 요구된다는 관념을 버렸고, 과학, 국가, 기업, 대학 사이의 관계의 역사에 눈을 돌렸다. 그러나 이러한 제도들을 19세기 말이후 과학의 기능을 형성한 핵심적인 힘으로 파악하는 데 거의 아무도 이의를 달지 않음에도 불구하고, 그러한 상호작용의 역사를 어떻게 써야 할지, 오늘날의 질서에서 관련된 측면들은 무엇인지는 여전히 학문적, 이데올로기적 논쟁의 주제로 남아 있다. 필립 미로스키와 에스더-미리엄 센트가 26장에서 보여주는 것처럼, 역사서술은 종종 오늘날 과학의 정치경제학에서 나타난 변화를 향한 저자들의 태도에 의해 형성된다.

1980년대에 시작되어 냉전종식 이후 가속화된 과학조직의 심대한 변화의 본질과 그 결과는 연구의 조직에서 양식 I로부터 양식 II로의 이전이라는 측면에서, 혹은 냉전 체제에서 경쟁력 체제로의 변화로서, 혹은 과학의 상업화와 세계화의 증가라는 측면에서 문헌들을 통해 논의되어왔다. 여기서 이러한 변화들은 두 개의 장들에서 직접 다뤄지고 있다. 하나는 제니퍼 크루아상과 로렐 스미스-도어의 논문이고, 다른 하나는 미로스키와 센트의 논문이다. 크루아상과 스미스-도어는 미국의 대학-산업체 관계의 역사를 과학의 규제와 자금지원에서 국가의 관여 변화라는 맥락에서 연구할 필요성을 지적하며, 국가의 대학 및 연구지원과 지적 재산권을 관장하는 입법에 면밀한 주의를 기울인다. 이어 그들은 이러한 입법의 의도한 결과와 의도하지 않은 결과가 대학-산업체 관계의 강도와 형태를 구조화했음을 보여준다.

미로스키와 센트의 과학경제학의 역사는 좀 더 포괄적이며, 미국에서 연속적으로 나타난 과학조직의 세 가지 체제들을 기업의 구조, 산업체와 과학을 향한 정부정책, 과학의 자금지원, 고등교육 기관의 역사, 과학의 수행방식 변화, 중심이 되는 과학적 질문과 관심사의 측면에서 구분한다. 미로스키와 센트가 보기에 가장 최근에 나타난 탈냉전 체제의 새로움은 보통 말하는 상업화의 출현이나 연구의 세계화가 아니라 이러한 과정들이 오늘날 담고 있는 변화한 의미와 형태에 있다. 예를 들어 현재 체제하에서 상업화와 세계화는 사내 기업연구소의 약화와 연구의 외주화 및 사유화를 포함한다. 이러한 변화는 때로 탈냉전 시기의 특징으로 묘사되는 과학과 상업적 활동의 좀 더 밀접한 연계의 확립보다 더욱 구체적이다. 이와 동시에 미로스키와 센트는 과학조직의 이러한 변화들이 생산되는 과학지식의 종류에 깊은 영향을 미친다고 주장한다. 제도적 내지 조직적 환경과 이러한 환경에서 만들어지는 지식 내지 인공물의 성격 사이의 관계에 대한 관심은 STS의 새로운 제도적 분석을 구분짓는 특징 중 하나이다.

예를 들어 국제관계나 지정학적 상황의 대규모 변화, 그리고 위협의 지각이 군사기술의 발전에(그리고 그것이 STS의 대상으로 재구성되는 것에) 미친 영향은 이 분야의 STS 연구를 개관한 브라이언 래퍼트, 브라이언 발머, 존 스톤의 논문에서 중심적인 역할을 한다. 래퍼트, 발머, 스톤은 이러한 지정학적 고려가 지역의 관료적 배치, 서로 다른 군종 간의 경쟁, 국내 정치에 의해 매개된다고 주장하면서, 기술의 사회적 형성 전통에 있는 구성주의적 접근이 어떻게 신무기의 개발과 그것의 생산, 시험, 사용, 평가를 조명하는 데 도움을 줄 수 있는지 보여주고, 다양한 기술들이 어떻게 위험, 안보 위협, 정치적 위험에 대한 우리의 이해를 공동구성하는지 제안한다.

공동구성의 과정은 앤드류 라코프의 제약산업 연구에서도 중심에 자리 잡고 있다. 라코프는 약의 생산을 제약산업, 시장, 전문직 단체, 정부규제 기구, 환자조직의 교차점에 위치시키면서, 이처럼 다양한 제도와 집단들이 어떻게 약에 대한 지식, 그것의 효과와 사용, 질환과 질병에 관한 지식을 동시에 재구성하는 데 참여하는가를 보여준다. 예를 들어 향정신성 약의 경우, 규제 시스템의 변화―새로운 약은 특정한 증상에 대해 효능이 있음을 보여야 한다는 요건의 도입 같은―는 정신의학에서 질환과 질병에 대한 새로운 묘사와 명세를 요구하는 새로운 분류 시스템과 진단 실천을 향한 움직임과 나란히 작동한다. 그래서 어떤 약의 작용, 안전성, 효과는 해당 질병 및 제약회사의 사업전략과 동시에 구성된다.

라코프의 분석은 과학기술의 생산과 사용을 이해하려면 복수의 제도, 집단, 환경을 통해 그것의 경로를 따라가 보아야 한다는 사실을 보여준다. 그러나 그가 탐구한 사례들에서는 이러한 제도와 집단들 간의 협력이 대체로 조화롭고 이해관계가 수렴하는 듯 보인다. 실라 재서노프는 법과 과학의 상호작용에 관한 분석에서 이것이 항상 그런 것은 결코 아님을 우리에게 일깨워준다. 한편으로 과학과 법의 상호작용은 (의료, 법, 정치 등 다른 제도들 간의 관계와 마찬가지로) 한층 더 복잡해지고 다면적으로 되어가고 있지만, 다른 한편으로 두 제도는 문화적, 인식론적으로 상이하며 그들의 권위 주장은 때때로 충돌하거나 경쟁할 수 있다. 재서노프가 쓴 장은 여기서 논의된 새로운 형태의 제도적 분석의 많은 특징들을 통합시키고 있다. 그녀는 과학기술과 법이 조우한 역사에 관한 연구를 개관하고, 그것의 문화적, 인식론적 권위가 어떻게 상이한 사실 형성과 질서 형성 실천 및 담론에 반영되고 정당화되는지를 묘사하며, 과학과 법 사이의 상호작용이 서로 다른 환경과 영역에서 구체화되는 방식을 탐구한다. 재서노프는 사실과 개념들(증거, 증명, 이성뿐 아니라 정의, 정체성, 정당성 같은)이 어떻게 법과 과학에서 (또 그것들의 조우를 통해) (공동)구성되는지에 초점을 맞추면서, 지식 형성 실천의 규범적 영향과 STS가 이처럼 "숨은 규범성"을 더 잘 탐구할 필요성을 강조한다.

개념 선택의 규범적 영향에 대한 관심은 수전 코젠스, 소냐 가체어, 김경섭, 곤잘로 오도네즈, 아누피트 수프니타드나폰이 과학과 발전에 관한 최근 연구를 개관한 논문에서도 매우 중요하다. 그들은 "발전"과 그것의 목표 및 방법에 대해 분야별로 서로 다른 이해가 심대한 사회적, 정치적, 경제적 결과를 가져올 수 있음을 보여준다. 코젠스와 그 동료들은 발전은 곧 자유라는 아마르티아 센의 정의를 받아들여 그들이 인간개발 프로젝트와 경쟁력 프로젝트라고 부르는 것을 구분하며, 발전에 대한 서로 다른 시각들이 어떻게 과학기술의 역할을 개념화하는지를 보여준다. 저자들은 (a) 서구과학과 국지적 지식 간의 문화적 충돌을 강조하는 현재의 STS 접근, (b) 적절한 경제정책을 촉진하는 데서 국가의 역할을 강조하는 신성장이론에서 나온 연구, (c) 전 지구적 환경 속에서 활동하는 개별 기업들 내에서의 학습을 강조하는 혁신체제 접근법에 의거한 연구를 검토한다. 이러한 각각의 접근법들은 서로 다른 제도의 역할을 부각시키고, 서로 다른 정치철학 내지 경제철학에 의지하며, 발전 프로젝트에서 과학기술에 서로 다른 역할을 상정한다. 각각의 접근법들은 또한 단지 발전의 **수단**만이 아니라 **목표**에서도 다소 다른 이해를 제공한다.

재서노프와 코젠스 및 그 동료들의 설명은 과학기술의 제도적 관여에 따른 규범적 관심사와 함의가 어떻게 머턴이나 폴라니의 시대에 이해되었던바 과학의 제도적 자율성에만 더 이상 초점을 맞출 수 없는지 제시한다. 과학기술이 다른 사회제도들과 관계 맺는 개념 및 실천들 속에 규범성이 배태돼 있음을 알게 된 오늘날의 STS는 과학이 정치, 문화, 경제, 사회와 맺는 관계의 제도적 분석을 위한 어렵고도 새로운 연구의제를 열어놓았다.

26.
과학의 상업화와 STS의 대응[*]

필립 미로스키, 에스더-미리엄 센트

과학사를 기술하는 적절한 방법이 무엇인가에 관한 주장은 동시에 과학 지식의 생산자와 소비자 사이의 관계가 어떠해야 하는가에 관한 주장이기도 하다.[1]

돈으로 진리를 살 수 없다?

요즘에는 현대 과학의 상업화에 관해 강한 견해를 품고 있는 사람들을 찾는 것이 어렵지 않다. 그들은 사전 지식을 갖추고 묻지도 않은 질문에 답해 재물의 사원에서의 비리디아나 존스(영화 「인디아나 존스[Indiana Jones

---

*   미로스키는 우루과이 몬테비데오의 공화국 대학, 과학 상업화에 관한 코넬 학술회의, 펜실베이니아대학 과학사·과학사회학과, 뉴스쿨 CEPA 시리즈, 뉴욕대학의 ICAS에 모인 청중들이 이 논문을 쓰는 데 도움을 준 중요한 통찰을 제공해준 것에 감사를 표한다. 센트는 우루티아 엘레할데 경제학·철학재단과 스페인 국립개방대학(UNED)이 조직한 과학, 민주주의, 경제학 워크숍의 참가자들이 전해준 의견에 감사를 표한다. 그녀는 특히 티아고 산토스 페레이라로부터 유익한 조언을 받았다. 미로스키와 센트는 익명의 심사위원들과 에드워드 해킷의 통찰력 있는 제안들에 대해 감사를 표한다.
1) Dennis(1997: 1).

and the Temple of Doom」의 제목을 패러디한 표현이다—옮긴이)의 노고나 승리를 다룬 몇몇 일화들을 늘어놓는다. 먼저 잡다하게 구성된 일군의 카산드라(고대 그리스 신화에 나오는 예언자의 이름으로, 불행이나 재난을 예언하는 사람이라는 뜻으로 흔히 쓰인다—옮긴이)들이 있다. 특히 그들은 머턴 규범의 훌륭하고 오래된 미덕에 특별한 애착을 갖는 경향이 있으며, 타락 이전의 에덴 동산에서 추방될 거라는 전망을 두고 비탄에 잠겨 있다.[2] 그들은 과거 한때 감미로운 소리로 일제히 합창하며 진리를 추구하던 보이지 않는 대학(invisible college)이 있었지만, 지금은 다음번 단기 계약을 위해 서로 다투는 무책임한 개별 기업가들만이 남아 있을 뿐이라고 탄식한다. "이제 누가 과학의 미덕과 순수성을 지킬 것인가?"라며 그들은 울부짖는다. 그 반대편에는 한 덩어리로 뭉친 신고전파 경제학자, 과학정책 전문가, 그리고 그들과 동맹을 맺은 관료들이 있다. 그들은 대체로 정반대의 입장을 취하고 있지만 구사하는 담론의 형태는 거의 똑같다. 그들이 보기에 "끔찍했던 지난 시절"에는 대부분의 과학자들이 궁극의 후원자이자 경제의 기둥인 기업으로부터 충분한 인도를 받지 못한 채 활동을 해왔다. 그러나 다행스럽게도, 정부로부터 약간의 자극을 받고 대학의 지적 재산권 담당자로부터 친절한 독려를 받은 데 더해 자신의 앞에 돈다발이 펄럭이는 것을 본 과학자들은 "기술이전"이라는 강력한 논리를 이해하는 시대로 인도되었다. 단순화의 위험을 무릅쓰고 요약해보자면, 그들의 중심 과업은 경험적인 데이터를 모아서 점점 팽창하고 있는 현대 과학연구의 상업화가 "피할 수 없는" 것이며, 이것이 "대학의 연구 노력의 배분을 중대하게 변화시켰"

---

2) 가령 Brown(2000), Hollinger(2000), Miyoshi(2000), Newfield(2003), Krimsky(2003), Monbiot(2003), Washburn(2005)을 보라.

음을 보여주는 증거는 거의 없다는 주장을 펼치는 것이다.(Nelson, 2001: 14)[3] 물론 이런 희소식을 전해주는 사람들 중 상당수는 자신이 여전히 개방적인 공공과학과 순수하고 초점이 정해져 있지 않은 호기심을 위한 "최적의" 연구영역을 보존하는 것을 지지한다고 생각할 것이다.("분리되었지만 평등한"의 원칙을 대학의 불특정 일부분에 적용한 것이라고 할 만하다.) 이처럼 좀 더 합리적인 조직체제에서는 경제가 과학적 성공을 궁극적으로 결정하는 요소가 되어야 한다는 생각을 그들이 순순히 시인하면서도 말이다. 그들이 보기에 과학사는 두 개의 시대로 간단하게 나뉜다. 먼저 있었던 혼돈의 시대(Age of Confusion)에는 "개방적 과학"이 무책임하게 과학 전체와 잘못 동일시되어왔으며, 이 때문에 혁신 시스템의 효율적인 조직에 대한 이해가 결여되어 있었다. 반면 현재 우리가 살고 있는 자유기업의 시대(Age of Free Enterprise)에는 널리 퍼져 있는 소유권의 진정한 상황을 분명하게 볼 수 있다. 이런 식의 조악한 "이전-이후" 담론은 오늘날 과학정책 문헌들도 상당수 지배하고 있다. 그런 문헌들에 가득 들어찬 "기술이전"이니 "민주적으로 호응하는 과학"이니 하는 듣기 좋은 어구들은 위대한 달러의 가혹한 권위와 역사의 종말의 도래를 거부하는 경향을 가진 사람들의

---

3) 유사한 평가들에는 이런 것들이 있다. "지금까지는 증가하고 있는 상업적 관여가 기초과학을 희생시키고 응용지향을 우위에 둘 만큼 대학의 연구 문화를 변화시키지는 않았다."(Owen-Smith & Powell, 2003: 1696) "오늘날의 과학은 기업권력의 아첨꾼이 되는 경로를 따라 조금 내려갔을 뿐이다."(Greenberg, 2001: 3) 우리는 "대학들이 자신의 핵심 가치를 손상시키는 광경을 목도하고 있는가[?] … 적어도 주요 연구대학들에서는 수입을 강화하는 그들의 행동이 그러한 가치들을 심각하게 왜곡시키지는 않았다."(Baltimore, 2003: 1050) "대학의 특허사용 허가가 연구 환경에는 최소한의 영향을 미친 채 기술이전을 용이하게 만들어주고 있음을 시사하는 증거가 있다."(Thursby & Thursby, 2003: 1052) 그러나 리처드 넬슨은 시간이 지남에 따라 이런 입장에 대해 점점 더 회의적인 경향을 갖게 되었다.(Nelson, 2004를 보라.)

섬세한 감수성을 화해시키려 애쓴다. 최근에는 "기초과학"의 후속 결과물로 "응용과학"을 위치시키는 파이프라인식의 "선형 모델" 관념의 발명자로 바네바 부시를 조롱하는 것이 유행이 되었다. 이제 우리는 그보다는 더 잘 알고 있다는 것이다.[4)]

이처럼 다분히 피상적인 단계1/단계2 서사는 그것이 낙관적이건 비관적이건 간에 실제 과학의 역사와는 거의 아무런 상관도 없다. 아래에 있는 "과학연구 수행의 대안적 시장 모델"이라는 절에서 논의하겠지만, 이 문제는 때때로 STS의 일부 영역에서도 나타나고 있다. 이런 문제가 나타난 이유는 부분적으로 STS가 아주 최근에 들어서야 상업화 현상을 다루기 시작했으며, 이 때문에 카산드라들이나 과학정책 관료들보다 적어도 10년 이상 뒤졌다는 데 기인한다. "과학의 상업화"는 혼종적 현상으로 간단하게 정의를 내리기는 쉽지 않다. 이 때문에 오늘날 과학의 상업화에 관한 많은 논의들은 크게 불만족스러우며, 대문자 과학(Science)과 대문자 시장(The Market)이 관념적인 초공간 속에서 서로 밀고 당기는 토템적이고 획일적인 추상화에 속박되어 있다. 사실 몇몇 역사가들은 한 논문집(Gaudilliere & Lowy, 1998)에서 "보이지 않는 산업가(The Invisible Industrialist)"라고 지칭한 현상을 독자들에게 상기시키고자 오래전부터 애써왔다. 산업가들은 이미 19세기 중반부터 수많은 실험실에 존재하는 빈틈을 메우면서 대학 문을 뻔질나게 드나들고 있었다는 것이다. 그러나 최근에 과학학 종사자들은 신머턴주의자들을 한편으로, 현대 경제학의 입장을 대변하는 사람들을

---

4) 최근의 몇몇 증거들은 예전에 생각되었던 것만큼 부시가 이러한 아이디어에 직접 책임이 있는 것은 아닐지 모르며, 대신 그것의 기원을 『과학, 그 끝없는 프런티어』의 초안 작성을 도왔던 경제학자 폴 새뮤얼슨에게 추적할 수 있다는 점을 시사해주고 있다.(Samuelson, 2004: 531을 보라.)

다른 한편으로 하는 그릇된 양극단을 거부하는 과정에서, 과학의 규약에서 어떠한 유의미한 변화도 없었다고 부인하는 매우 다른 위험에 빠지고 있는 듯하다. 그 결과, 오랜 기간에 걸쳐 경제 내부에서 과학의 비용을 지불하고 자금을 융통하는 방식이 변화하는 것으로 추적할 수 있는 중요한 구조적 변화들이 간과되고 있다. 이런 유의 태도가 나타난 최근의 한 예는 스티븐 섀핀의 발언에서 찾을 수 있다.(Shapin, 2003: 19)

역사를 통틀어 볼 때, 온갖 종류의 대학들은 온갖 종류의 방식으로 "사회에 봉사"해왔으며, 시장기회라는 요인이 상대적으로 새롭게 등장한 것이긴 하지만, 그것이 과거의 상아탑 대학들이 해당 사회의 권력에 빚지고 있던 종교적, 정치적 의무와 질적으로 구분되는 방식으로 학문의 자유를 침식하고 있는 것은 아니다.

이러한 믿음의 좀 더 조악한 버전은 한 전기공학과 학과장과의 인터뷰 녹취록에 잘 포착돼 있다.(Slaughter et al., 2004: 135에서 재인용)

그것[연구]이 돈을 주는 사람들에 의해 이끌려간다는 사실을 받아들여야만 합니다. 국가가 우리에게 돈을 줄 [때는] 어떤 일을 해야 하는지 말해줍니다. NSF에서 돈을 줄 [때면] 어떤 연구를 원하는지 말을 합니다. DoD가 돈을 줄 [때면] 정부는 … 그것이 산업체하고 달라야 할 이유가 뭐죠? 난 대체 차이가 뭔지를 모르겠습니다.

이러한 태도의 또 다른 표현은 브뤼노 라투르와 미셸 칼롱이 주도하는 파리학파의 시도에서 찾아볼 수 있다. 그들은 과학활동과 경제활동 사이의 모든 존재론적 차이를 지우기 위한 준비작업으로 경제를 그저 실험실의 또 다른 사례로 환원시키려 하면서 "우리는 결코 근대인이었던 적이 없다!"라는 말을 계속 되뇌고 있다.[5] 이상한 것은, 과학이 경제와의 공존에서 "항상 그래왔던 방식"에 대해 이처럼 널리 퍼져 있는 비역사적 주장이 과학의 사회적 연구의 대부로 불리는 토머스 쿤까지 거슬러 올라갈 수 있다는 점이다.[6] 그는 1960년에 미네소타에서 열린 산업 R&D와 과학의 관계에 있어 일종의 전환점이 된 학술회의에 참석해 그간 거의 주목을 받지 못한 일련의 논평을 남겼다. 이 논평에서 그는 "과학과 기술이라는 두 가지 활동은 대부분의 경우 거의 전적으로 구분되는 것"이라고 주장하면서, 실로 "역사적으로 볼 때 과학과 기술은 상대적으로 독립된 활동이었"고 이는 고대 그리스와 로마 제국까지 거슬러 올라갈 수 있다고 했다! 역사가로서 쿤은 다음과 같은 사실은 인정하지 않을 수 없었다.

1860년 이후에 … 우리는 20세기의 전형적인 기관이 된 산업연구소를 발견할 수 있습니다 … 그럼에도 불구하고 나는 지난 100년간 발전해온 [과학과 기술의] 뒤얽힘이 과학과 기술활동의 차이나 이들 간의 잠재적 갈등을 제거했다고

---

5) Callon(1998; Mirowski and Sent, 2002와 Barry and Slater, 2003에 재수록)과 그에 대한 비판을 담은 Mirowski and Nik-Khah(forthcoming)을 보라. "거대과학"을 17세기까지 거슬러 올라가는 것으로 보는 Capshew and Rader(1992)도 표현에 있어 상당히 조심스러운 태도를 취하고 있긴 하지만 이런 경향에 포함시킬 수 있을 것이다. "산업연구의 부상에 대한 관심이 고조된 것을 제외하면, 과학의 경제학에 기울여진 관심은 놀랄 만큼 적었다. … 그러한 맥락에서 지식의 조직과 생산은 거대과학과 일시적인 유사성 이상의 뭔가를 내포하고 있다."(1992: 24)

6) 이 점을 포함한 많은 다른 점들에서, 우리는 쿤이 과학학에서 제기된 질문들에 미친 정치적으로 퇴행적인 영향에 대한 인식을 스티브 풀러에게 빚지고 있다.(Fuller, 2000; Mirowski, 2004a: chapter 4를 보라.)

가정할 이유는 전혀 없다고 봅니다.[7]

　과학자들과 그들이 속한 기관들이 시대와 장소를 막론하고 이런저런 형태로 "왕의 돈을 받았을 때는 왕의 노래를 불러야"만 했다는 것은 논란의 여지가 없는 사실이다. 그러나 그렇다고 해서 그 수위가 높아지고 강화된 과학의 상업화로 향하는 현대의 명백한 경향이, 흔히들 변하지 않는다고 하는 "과학자 공동체"의 구성을 변화시킬 이유는 없다거나 변화시키지 않을 거라고 단정할 수는 없다. 그런 경향이 연구과정의 "산물"이 지닌 성격에 미치는 영향은 말할 것도 없다. 뿐만 아니라 지난 세기 동안 미국에서 과학의 정치경제가 적어도 두 번에 걸쳐 엄청난 변화를 겪었다는 사실은 충분히 인식되지 못하고 있으며, 이런 사실과 지난 세기에 수행된 과학의 유형을 과학학의 전매특허가 된 방식―조직의 형태와 지식 주장의 안정화의 상호작용에 대한 세밀한 연구―으로 맞춰보려는 노력도 아직 기울여진 바가 없다. 그러한 변화와 우리가 "과학자 공동체"의 성공적인 작동(혹은 역으로 병리적 증상)에 관해 생각하는 방식 간의 관계에 대해서도 마찬가지이다. 이런 유의 연구의제가 1987년에 마이클 애런 데니스의 예리한 논문에서 제안되었지만, 그의 요청을 따른 연구성과는 아직 충분치 못하다.
　1930년대에 헤센 명제가 발표되고[8] 바로 뒤이어 냉전기에 이에 반대하는 반(反)마르크스주의적 역풍이 불어닥친 후, 과학생산에서의 조건화 요

---

7) 인용구 중 처음 두 개는 NBER, 1962: 452에서, 세 번째는 NBER, 1962: 454-455에서 각각 인용했다.
8) 보리스 헤센의 이름을 딴 이 명제는 뉴턴역학의 내용이 17세기의 장인 전통과 경제적 구조에 크게 빚지고 있다는 주장을 담고 있었다. 헤센의 작업과 그에 수반된 경제적 고려가 이후 억압되는 과정에 대한 최근 연구는 McGucken(1984), Chilvers(2003), Mayer(2004)를 보라.

인으로 경제구조를 들먹이는 대부분의 시도는 전후 과학학의 이론적 담론에서 사라져버렸다. 데니스가 미국 역사가들에 대해 썼던 것처럼, "과학의 물적 토대—급여, 실험실, 실험장치—를 후원하는 문제를 해결한" 방식은 "양차 세계대전 사이에 발전했던 과학에 대한 유물론적 역사서술을 조금이라도 닮은 모든 것의 가능성을 효과적으로 제거해버렸다."(Dennis, 1997: 16) 비슷한 현상은 유럽에서도 일어났던 것 같다. 전후 과학철학에서의 정치적 지향 변화 또한 그러한 질문들을 억누르는 데 일조했다.(Mirowski, 2004a, b) 그 결과, 연구에서 나타난 다음번의 거대한 변화가 1980년대에 일어나고 있을 때, 과학학은 실험실 생활에 대한 미시규모 연구에 대신 초점을 맞추고 있었다. 그 모든 DNA 서열분석 기계와 기입장치들에 누가 돈을 대는지가 변화하고 있다는 사실은 말할 것도 없고, 실험실이 사회와 맺는 거시규모 관계가 어떻게 도처에서 재편되고 있는지도 철저히 무시되었다.[9] 따라서 일련의 시장활동들이 과학연구에 미치는 질적 영향은 여전히 미해결 과제로 남아 있다.

흥미로운 점은 경제적 유인이 과학에 미칠 잠재적 영향에 대해 우려를 표하는 것이 STS와 상반되는 경향의 입장을 내비쳐 온 집단들의 차지가 되었다는 사실이다. 그들이 종종 상업화가 오늘날의 과학을 심대하게 변화시키지는 않았다는 결론으로 논의를 끝맺음하는 것은 충분히 예상

---

9) 과학학의 실험실연구에 존재하는 이런 맹점의 문제는 최근 클라인먼(Kleinman, 2003: chapter 5)에 의해 지적되었다. 이는 Latour and Woolgar(1979)나 Bourdieu(2004) 같은 초기 연구들이 경제적 은유를 널리 사용하면서도 어떤 실질적인 경제적 구조도 사실상 무시해버렸다는 점에서 더욱 골치 아픈 문제이다. 경제적 은유에 의지하면서도 경제는 회피하는 신기한 현상은 Pels(2005)에서 논의되고 있다. 그럼에도 불구하고 STS가 1970년대부터 1990년대까지 경제적 요인을 무시해온 배경이 된 이유들은 이 글에서 다루지 못했다. 이런 경향에서 몇 가지 예외들은 다음 절에서 다뤄지고 있다.

할 수 있는 일이다. 지식생산 양식이 바뀌어도 최종 상태는 변하지 않는다는 입장을 취하는 것은 안심하라는 메시지를 전달하기 위해 열심인 사람들 사이에서 실로 하나의 산업이 되었다. 이 메시지에 따르면 그들의 "사회적 인식론"은 과학연구 영역에서 보이지 않는 손 애기를 보증한다. 그들이 쓰는 표현을 빌리자면, 지식적으로 오염된 동기(난데없이 "사회적 영향"과 같은 의미로 쓰이고 있다.)는 과학의 목표를 위협하지 않는다는 것이다.[10] 이러한 태도는 과학정책 공동체와 과학철학 일각에 그 뿌리를 두고 있고 (Mirowski, 2004b, 2005), 경영전문대학원에서 상업적 연구에 대한 논의를 지배하고 있다.[11]

이와는 다른 "새로운 과학경제학"의 접근법은 과학의 상업화의 여러 다른 형태들이 연구 실천, 그리고 연구과정의 끝에서 우리가 얻는 것의 대략적인 윤곽 모두에 지울 수 없는 각인을 남겼을 가능성을 탐구한다.(Mirowski and Sent, 2002) 핵심적인 변수는 "실험실"이라는 변화무쌍한 실체가 20세기 내내 고등교육, 기업, 정부에 의해 전유되고 재구성되었던 방식에 있다. 이 점을 처음 지적한 것은 데니스(Dennis, 1987)였고, 최

---

10) 철학에서 그러한 입장을 가장 두드러지게 옹호하는 사람은 필립 키처(Kitcher, 1993)이지만, 멀리 1930년대의 프리드리히 하이에크의 저작에서도 이를 발견할 수 있으며 하이에크 저작의 신자유주의적 기원에 대해 몇 가지 아이디어를 주고 있다. 이는 또한 고등교육에 대한 분석에서도 모습을 드러내고 있다. Geiger(2004), Kirp(2003), Apple(2005)을 보라. 이 문제에 대한 추가적인 숙고와 비판은 Mirowski(2004a, b; forthcoming)를 보라.

11) 가령 Cohen and Merrill(2003), Leydesdorff and Etzkowitz(2003), Tijssen(2004), Fuller(2002), 그리고 *Journal of Technology Transfer*의 최근호들을 보라. 과학에 대한 그러한 신자유주의적 태도가 몽페를랭회(Mont Pelerin Society)의 회원들이 "국가를 지식산업에서 제거하려는" 야심을 처음 품었던 1950년대로 거슬러 올라간다는 사실을 인지하고 있는 이들은 거의 없다. 이에 대한 논의는 Friedman(1962: chapter 6)과 Walpen(2004)을 참조하라.

근 피커링(Pickering, 2005)도 이를 제안했다. 여기에 더해 세계화라는 현대적 현상은 이전 시기를 풍미했던 과학경제학에 대한 민족주의적이고 편협한 접근법을 침식하고 "국가혁신체제"가 계속 살아남을 거라는 관념을 망가뜨리는 경향을 갖는다.(Drahos & Braithwaite, 2002; Drori et al., 2003) 이런 쟁점들은 "20세기 과학조직의 세 가지 체제"라는 절에서 다루어질 것이다. 또 다른 결정적 변수는 "공적" 지식 개념과 "사적" 지식 개념 사이의 분리가 최근 들어 변화한 방식과 이것이 과학 거버넌스의 실행에서 다양한 행위자들의 정당화 근거로 어떻게 되먹임되었는가에서 찾을 수 있다.(Slaughter & Rhoades, 2004) "과학연구 수행의 대안적 시장 모델"이라는 절에서 이 문제를 개관해볼 것이다.

그간 많은 상이한 집단들이 현대의 과학 상업화에 대한 논의를 틀짓는 데 나름의 전문성을 내세우며 논쟁에 개입해왔다. 그런 사례들은 문학비평(Newfield, 2003; Miyoshi, 2000), 의과대학(Angell, 2004), 도서관학(Scheiding, unpublished), 사범대학(Apple, 2005; Slaughter & Rhoades, 2004), 대중언론(Press & Washburn, 2000; Shreeve, 2004; Dillon, 2004; Judson, 2004; Washburn, 2005) 등 대단히 광범위한 여러 분야들에서 찾아볼 수 있다. 몇몇 정치 이론가들은 정치학에서의 "사회계약" 문헌을 체제의 변화에 대한 논의에 적용하려는 시도를 해왔다.(Guston & Kenniston, 1994; Hart, 1998) 몇몇 분야들(예컨대 경영전문대학원의 "지식경영" 전문가들, 법학전문대학원의 지적 재산권 법률가들, 과학정책연구소의 정치경제학자들)은 과학의 지위 변화에 관한 특정한 사실들을 강조하면서 그에 못지않게 두드러진 다른 사실들은 무시한다. 법제사, 교육정치학, 군수물자 조달의 연대기, 국제무역 정책 등에서 나온 사실들이 그런 것들이다. 선진국의 경제가 점차 "무중량"화되고 있다고 주장하는 다른 학자들은 거의 전적으로 서비스 부문으로만 구성된 자본주의의 세 번째 단계로 나아갈 거라거나 심지어 대규모의 물질적 생산과정으로부터 완전히 해방될 거라는 얘기를 한다. 물론 대부분의 사람들은 그런 얘기 중 상당수가 현실과 환상의 경계를 왔다 갔다 하는 것임을 인식하고 있지만, 그럼에도 이는 "정보사회"니 "새로운 지식경제"니 하는 표현들을 동원함으로써 말이 되는 것처럼(혹은 적어도 유행에 맞는 것처럼) 보일 수 있다.[12] 이처럼 일견 새로워 보이는 실체에 호소하는 것은 종종 과학을 "사상의 시장"에 관한 좀 더 일반적인 이론 아래로 포섭해버리는 전주곡 역할을 했다.(Foray, 2004; Feldman et al., 2002; Mirowski, forthcomingB)

혹자는 이러한 불협화음들(과학의 상업화에 대한 다양한 분야의 접근들—옮긴이)을 한데 모으면 전반적으로 불안한 분위기를 더 악화시키는 것은 아닐까 하는 의문을 당연히 품을 것이다. 만약 STS가 현대 과학의 상업화 현상에 기존의 연구들과 차별되는 접근법을 내세우려면 두 가지 입장 가운데 하나를 운명적으로 선택해야만 한다. 과학 전체를 마케팅의 또 다른 형태에 불과한 것으로 간주하는 "구성주의적" 입장을 취하는 것이 하나이고(Woolgar, 2004), 상업적/공동체적이라는 이항대립이 실제 구체적 실천 속에서는 본질적인 역사적 불안정성을 가짐을 강조하는 것이 다른 하나이다. 이 장에서 우리는 후자의 입장을 지지한다. 따라서 우리는 "20세기 과학조직의 세 가지 체제"라는 절에서 상업화에 대한 STS 접근법의 **한 가지 버전**을 개관한 후, "과학연구 수행의 대안적 시장 모델"이라는 절에서 이를 다른 버전들과 대조해볼 것이다.

---

12) 경제학에서의 사례로는 Vaitilingham(1999)에 실린 Danny Quah의 논문, Shapiro and Varian(1999), Powell and Snellman(2004)을 보라. 2005년 10월에 구글에서 "지식경제(Knowledge Economy)"를 입력하자 169만 개에 달하는 엄청난 수의 문서들이 검색되었다.

다음 절에서는 먼저 시기구분의 분석적 틀(주로 미국의 맥락에 근거한 것이긴 하지만)에 의해 논의의 바탕을 마련한 후, 각각의 개별 체제하에서 과학의 상업화가 갖는 상이한 의미들을 지적할 것이다. 실험실이나 교실에서 시장에 대한 고려가 없었던 적은 한 번도 없었다. 그러나 그렇다고 해서 현대의 상업화 운동을 재즈 시대(Jazz Age)를 풍미한 산업계의 거물들에 의해 촉진된 양차 세계대전 사이의 과학과 비슷한 어떤 것으로의 "회귀"로 간주할 수는 없다.[13] 현대 과학은 과거와는 질적으로 다른 현상이다. 그 이유는 현대 과학이 기업, 대학, 정부에서 나타난 심대한 역사적 변화에 근거를 두고 있고, 이러한 변화는 이들 각각이 과학의 조직과 자금지원에 통제력을 행사하려는 노력에도 영향을 주었기 때문이다. 우리는 이 장에서의 제한적인 탐구를 다른 시대의 다른 국가들에 대한 연구에도 적용할 수 있는 결정적 주형(鑄型)이 아니라 예비적인 견본으로 제시한다. 앞으로 STS의 임무는 그 외의 다른 문화적 지역에서 유사한 종류의 분기점들이 나타나는지를 보고하는 것이 될 터이다.[14] 그런 일이 일어나는지 여부와는 별

---

13) 우리는 이런 식의 주장들을 반박하는 것이 중요하다고 믿는다. 가령 "전후[제2차 세계대전 후] 시기의 상당 기간 동안 대학과 산업체의 연구 연계가 약화된 것은 역사적 경향으로부터의 진정한 탈출이었다."(Mowery et al., 2004: 195 note 15)거나 "이른바 양식 2는 새로운 것이 아니다. 그것은 19세기에 학문적으로 제도화되기 전에는 과학의 원형이었다." (Leydesdorff & Etzkowitz, 1998: 116) 같은 주장이 그런 예이다. STS는 좀 더 오래 지속된 다른 구조들과 비교했을 때, 특히 무엇이 과학의 새로운 사회구조의 특징을 이루는가를 설명하는 데 전념해야 한다.
14) 사실 오늘날 과학과 정치경제의 접점을 탐구한 현대 STS의 가장 훌륭한 업적들 중 일부는 명시적으로 비교연구의 시각을 취하고 있다.(가령 Daemmrich, 2004; Wright, 1994; Jasanoff, 2005; Larédo & Mustar, 2001을 보라.) 우리는 분량과 연구상의 제약 때문에 유럽의 실험실에 대해 미국의 상황과 같은 상세한 체제분석을 시도하지 않았다. 그러나 "20세기 과학조직의 세 가지 체제"라는 절의 끝부분에서 이 분석이 유럽 맥락에 대해 갖는 현대적 함의를 일부 지적하려 애썼다.

개로, 이 장에서는 다른 하나의 질문을 제기한다. 과학에 대한 지원에서 나타나는 사회적 궤적의 다양성이 21세기에 상업화되고 세계화된 과학이라는 단일한 전 세계적 모델로 수렴하는 경향을 보일 것인가? 만약 이 질문에 대한 답이 예스라면, 특정한 양식의 상업화된 과학을 정당화하는 지적 근거가 "과학적 성공"에 대한 몇 가지 단순화된 서사로 비슷하게 좁혀질 거라고 예상해야 하는가? 이것이 사실로 밝혀진다면 신자유주의적인 "새로운 과학경제학"이 STS의 미래에 제기하는 도전을 이해할 수 있게 된다. 과학의 상업적 성격에 대한 폭넓은 일반화가 그럴듯한 것처럼 들리기 시작한다면, 그 이유는 기업, 정부, 국제비정부기구(INGO)가 국가, 문화, 분야의 경계를 가로지르는 일사불란한 표준화 프로젝트에 관여해왔기 때문일 것이다.

20세기 과학조직의 세 가지 체제

STS 학자들은 "과학"의 개념을 초문화적, 초역사적 범주로 물화시키는 데 조심스러운 태도를 취해왔고, 여기에는 좋은 이유가 있다. 우리가 과학자들과 그들의 생계 수단에 대해 더 많은 사실을 알게 될수록, 그들의 활동이 지닌 엄청난 다양성, 그들의 사회적 위치가 걸쳐 있는 광대한 범위, 그들의 발견이 안정화되고 지식으로 인정받는 다양한 방식들을 더 많이 이해하게 된다. 이처럼 보는 이를 압도하는 다양성에도 불구하고 STS 학자들의 분석이 가능한 것은 우리가 식별해낼 수 있는 특정한 제도적 구조가 지배적인 위치를 점하면서 현대의 과학적 탐구를 조직하는 데 관여하기 때문이다. 냉전기를 지배했던 수사(修辭)와 달리, 과학자들은 순전히 자체적으로 조직된 담론공동체로서 삶을 영위하는 것이 아니다. 그들은 항상 우리 시대의 지배적 제도들 중 몇몇—일차적으로는 상업적 기업, 국가, 대

학—과 복잡한 동맹을 맺거나 그로부터 배제되는 관계에 뒤얽혀 있다.[15]

과학자들의 일상적 활동에 관한 얘기는 언제나 물질적 지원이라는 모종의 사회적 발판을 전제로 한다. 현대에 들어서 이런 지원은 대부분 기업, 정부, 교육(약칭 CGE)이라는 요소들로부터 만들어져 왔다. 뿐만 아니라 다양한 개별 과학 분야들은 자체적인 지적 궤적의 특수한 역사적 형태와 CGE 부문들이 제공하는 지원의 수준이 함께 작용하면서 상대적인 성장 혹은 정체를 경험할 것이다. 이런 일련의 진술들을 좀 더 구체화하기 위해 우리는 〈표 26.1〉에서 20세기 미국의 과학 자금지원과 조직의 세 가지 체제를 도식적으로 개관해보았다. 이는 우리가 과학사가들의 기여뿐 아니라 관련된 경제사와 사회사 문헌들을 독해한 데 기반한 것이다. 역사적 스케치가 너무 비대해지는 것을 막기 위해 우리는 과학연구에서 "실험실"의 구성에 직접 영향을 미치는 CGE의 발전만을 표에 집어넣었다. 분량상의 고려 때문에 CGE 분석을 가령 임상의학, 현장과학(field sciences), 순수한 추상수학 연구에 대해서까지 확장시키지는 못했다.(하지만 이들 분야도 비슷한 시기구분이 가능할 거라고 우리는 믿는다.) 이를 통해 우리는 기업, 법률 체계, 대학이 시간에 따라 정적이었던 것이 아니며 이들의 변화는 과학자들이 생계를 유지하고 직접적 후원자가 장려하는 연구의제를 추구하는 방식과 직접 관련될 수 있음을 보여주고자 한다. 결국 사회과학자들의 예언과 달리, 어떤 단일한 "시장"이 미국에서 과학의 전개를 지배했던 것은 아니었다.

---

15) 여기서 우리가 "삼중나선(triple helix)"이라는 제목하에 이 문제의 중요성을 지적하려 하는 문헌을 알고 있음을 밝혀두고자 한다. 우리는 "과학연구 수행의 대안적 시장 모델"이라는 절에서 그들의 기여를 간략히 평가하면서 체제분석이 그들의 서사와 어떻게 다른지를 보여주려 했다. 이 장의 결론에서는 네 번째 행위자인 국제기구를 추가함으로써 분석의 복잡성을 더 높이고 있다.

〈표 26.1〉 20세기 미국의 과학조직 체제

기간, 체제	1890~제2차 세계대전 "학계의 거물" 체제	제2차 세계대전~1980 냉전 체제	1980~? 전 지구적 사유화 체제
기업의 진화	1895~1904 대합병운동. 챈들러식 기업의 "보이는 손". 경쟁통제를 위한 사내 R&D 연구소의 혁신.	M-형, 복합기업의 다각화. R&D 단위는 반자율적 수입 운영(군대 계약 덕분). 규제 포획.	챈들러 모델의 붕괴. 수직통합, 다각화로부터 후퇴. 기업은 R&D를 외주로, 사내 연구소를 분리 독립시킴.
정부의 기업정책	기업특권의 대대적 확대. 기업의 법인화. 특허가 중요한 전략적 도구가 됨. 반독점운동 시작. 고용주가 피고용인의 연구 소유.	기업권력의 강화. 반독점 강화. 지적 재산권 약화. 군대 계약이 산업정책이 됨.	초국적 무역조약이 국가적 통제를 우회해 기업권력 확대. 반독점 약화. 지적 재산권 엄청난 확대.
정부의 과학정책	거의 존재하지 않음. 자연과학을 위한 로비를 하는 업종 단체로 NRC 창설. 정부개입에 대한 전반적 불신. NRE 실패. 전시의 특허 보상.	연방정부 군대 자금지원과 통제의 엄청난 확대. 군대는 적을 격파하기 위해 기초과학 장려. 국립연구소들. NSF가 "순수"과학의 비군사적 측면 대표.	공공자금지원 연구의 사유화. 바이-돌법 등. 기술영향평가국 폐지. 과학은 여러 정치적 자원 중 하나에 불과.
과학 관리자	카리스마 넘치는 PhD가 기업연구소 운영. 재단 임원들이 소수의 엘리트 대학에 대해 지원 프로그램 운영(기업 원칙에 따라).	군대가 연구대학, 싱크탱크, 국립연구소, 기업 위탁연구에 대해 일차적 과학관리자 역할. "동료심사"는 부차적 제도.	세계화된 기업 임원들이 대학, 잡종 조직, 계약연구기업, 창업기업을 통제.
고등 교육	대부분 엘리트 인문교육. 연구는 교육에 종속. 과학은 주요 우선순위가 아님. 재단들이 개혁 시도. 실험실 설립.	확대된 연구대학에서 대중교육. 교육/연구 통합. 민주적 시민 양성. 학문의 자유가 정치적 선언의 의미를 지님.	지불능력 있는 이들을 위한 인적 자본 축적. 오직 기업가들만이 자유 누림. 교육-연구 연계 단절.
핵심 과학 분야	화학, 전기공학.	물리학, 오퍼레이션 리서치, 형식논리학.	생의학, 유전학, 컴퓨터과학, 경제학.

지원의 형태는 더 큰 구조 속에 결합된 일부로 다양하게 존재했다.

표에서 제시된 각 체제의 명칭은 기존의 역사 문헌에서 널리 지적되어온 특성들을 따랐다. "학계의 거울(captains of erudition)" 체제는 소스타인 베블런(Veblen, 1918)에게 경의를 표하는 뜻에서 그렇게 이름을 붙였다. 베블런은 미국의 연구대학이 특정한 기업조직 원리에 종속되어가는 과정을 가장 먼저 묘사한 사람 중 하나이다. 이는 또한 앨프리드 챈들러의 연구에 근거를 둔 미국 기업사의 주류학파에 대해서도 경의를 표하고 있다.[16] 이 명칭은 과학의 조직에서 엘리트적이고 폐쇄적인 기업 모델이 득세했음을 말해준다. 냉전 체제는 현재 많은 사람들이 제2차 세계대전 이후 군대가 과학의 관리를 지배했던 짧은 막간기로 간주하고 있는 시기를 가리키는 명칭으로 흔히 쓰인다.[17] "세계화"라는 용어는 현대 사회이론에서 유행하는 개념에 호소하기 위한 것이 아니라, 현재 과학의 상업화 물결을 추동하는 힘들을 이해하는 데 필수적인 일련의 요인들을 강조하기 위한 것이다.

미국 실험실의 계보

실험실은 미국의 풍토에서 자연스럽게 등장한 어떤 것이 아니다. 실험실은 건설되어야만 했고, 단명한 실체 이상으로 살아남을 수 있기 위해 경

---

16) "앨프리드 챈들러 2세가 대기업을 이해하기 위해 개발한 조직적 접근은 역사가들에게 연구소를 그 속에 위치시킬 수 있는 개념틀을 제공해주었다."(Smith, 1990: 121) 기업사에 대한 챈들러식 접근법은 Chandler(1977, 2005b)에 가장 잘 나와 있다.

17) "규모가 크고 넉넉한 자금지원을 받는 대학과 연방정부의 위탁연구를 맡은 산업체로 특징지어지는 전후의 R&D 시스템은 1940년 이전 시기에서 거의 혹은 전혀 그 전례를 찾아볼 수 없으며, 다른 전후 산업국가들의 연구 시스템 구조와도 대비된다. 대단히 실질적인 의미에서, 미국은 국제적으로 볼 때 유일무이한 전후 R&D 시스템을 발전시켰다."(Mowery & Rosenberg, 1998: 12)

제 하부구조에 있는 모종의 부문 속으로 통합되어야만 했다. 유럽의 상황과 달리, 미국에서 대규모의 실험실 과학은 대학 부문에서 유래한 것이 아니었다. 그것은 오히려 처음부터 속속들이 상업적인 기획이었다.

산업연구소가 부상하게 된 대략의 과정은 이제 널리 알려져 있다.[18) 산업연구소의 기원은 유럽 대륙, 그중에서도 특히 독일에서 찾을 수 있으며, 처음에는 이후 "제2차 산업혁명"으로 알려지게 된 산업 분야들—화학물질, 전기기계, 철도, 제약—에서 주로 활동하던 대기업들에 위치해 있었다는 사실은 누구나 인정할 것이다. 이전 시기의 역사서술은 독일과 미국 모두에서 "과학기반 산업들"이 겉으로 드러나지 않은 요구에 응답해 연구활동을 자신들의 영역 내로 통합시킨 것이라고 쉽게 단언하는 경향이 있었지만, 그 이후 현대의 역사가들은 좀 더 조심스러운 태도를 취하고 있다. 그들은 이전까지 전문화된 교육적 도구였던 것이 산업적 목적으로 전유된 데는 다양한 요인들의 기묘한 조합이 작용했음을 깨닫게 되었다. 고등교육을 지향하는 국가정책, 국가건설과 정치적 청렴의 이데올로기, 다양한 지적 재산권 관념의 부상, 특정한 정치적 환경 속에서 거대하고 강력한 기업들을 발생시킨 조건, 그리고 의류, 운송, 통신, 전기장비, 특허 의약품 등에서 새롭게 성장하고 있던 초국적 대중시장을 통제하려는 야심 등이 그런 요인들이다. 대부분의 제조 회사들은 내부 품질관리, 일상적인 검사, 점진적 공정개량 등의 활동을 오랫동안 해왔지만, 이처럼 전문화된 기업 부서의 활동 범위를 특허보호, 영업비밀의 관료화, 새로운 공정과 제품의 개발 등으로 넓히는 혁신이 일어난 것은 1870년대의 일이었다. 이는 기

---

18) 예컨대 Fox and Guagnini(1999), Shinn(2003), Hounshell(1996), Buderi(2000: chapter 2), Mowery(1981, 1990), Swann(1988), Smith(1990), Pickering(2005)을 보라.

업의 목적을 위해 과학을 간헐적으로 이용하던 것에서 기업의 목적을 위해 과학활동을 **수행하는** 데 전념하는 부서와 흡사한 무언가로 위상이 전환된 것에 가까웠다. 이 둘 사이의 구분이 항상 선명한 것은 아니었고, 많은 경우 결과는 즉시 놀라움을 자아낼 만한 것이 아니었으며, 전환이 항상 의식적으로 이뤄진 것도 아니었다.

산업연구소의 부상은 미국에서 두 갈래로 전개된 운동의 결과였다. 한편에는 당시까지 개별 천재의 신성한 능력으로 간주되어온 어떤 것을 관료화하고 산업화하려는(경제학자들의 표현을 빌리자면 후방 수직통합을 추구하는) 추동력이 있었고, 다른 한편에는 특수한 목적을 위해 만들어진 학문적 사회구성체—그 자체도 전문화된 교육환경 속에서 교육적 목적을 위해 안정화된 것은 최근의 일이었다—를 기업의 필요에 맞게 적응시키려는 견인력이 있었다. 마이클 데니스는 19세기 말에 미국의 유명 인사들이 "순수과학"을 주장했을 때, 이는 지식 그 자체를 위해 행해지는, 탈체현된 과학의 관념을 가리킨 것이 아니었고, 경제적 자립을 이룬 상상 속의 과학자 공동체가 자신의 특권을 방어한 것도 아니었다고 올바른 지적을 했다. 그들이 주장한 것은 교육과 연구가 상업적 고려로부터 상대적으로 보호받는 환경에서 서로 결합한, 실습에 기초한 고등교육의 한 종류를 옹호하는 교육적 이상이었다. 브뤼노 라투르에게는 미안한 말이지만, 문제는 실험실 거주자나 그 대리인들이 더 넓은 세상 속을 "순환했"는가가 아니라, 실험실 그 자체가 이제 막 태어난 연구대학에서 단절되어 다부문 기업에 성공적으로 접목될 수 있었던 강인한 현상이었는가에 있었다. 실험실을 그 교육기능으로부터 강제로 떼어낸 것은 19세기 말에 만들어진 그 개념상의 기원으로부터 너무나 극적으로 벗어난 것이었다. 이 때문에 최신 산업연구소들과 정신적으로 사기가 떨어진 그곳 종사자들에 대해 경멸감을 표시하는 대학

교수들을 찾기란 어렵지 않았다. 그들은 대중이 공식 교육을 받지 않고 기계를 만지작거리는 발명가들과 진짜 "과학자들"을 혼동하는 것을 깔보았다. 그러나 쿤이 그랬던 것처럼 이런 반응을 두고 과학과 상업은 선험적으로 양립할 수 없음을 보여준 것으로 읽는다면 이는 시대착오적인 독해가 될 것이다. 그보다는 공적 영역과 사적 영역 모두가 구성되는 제도적 혁신에 수반된 갈등의 징후로 접근하는 것이 좀 더 이치에 닿는다. 당시에 공적 영역과 사적 영역이란 아직 형성 초기에 있던 인공물이었다.

학계의 거물 체제 1900년 무렵의 독일의 상황과 미국의 상황을 비교해 보면 가장 현저한 차이점 중 하나가 드러난다. 대체로 볼 때 미국에서는 대학의 연구실험실이 산업연구소의 부상보다 시기적으로 그다지 앞서지 않았다는 것이다.[19] 20세기 초에 자연과학과 사회과학에서의 고등교육은 독일이 더 우위에 있는 것으로 인정을 받고 있었다. 아울러 독일의 고등교육은 국가의 후원하에 전례가 없는 수준의 중앙집중화를 달성했다는 인식이 있었다. 독일의 대학은 연구 세미나와 연구실험실의 설립을 개척했다. 반면에 미국의 대학에서는 교육을 위한 연구실험실이 굳건히 뿌리를 내리지 못하고 있었다. 미국의 대학은 협소한 엘리트를 위한 도덕적 고양과 교양교육—비록 그 형태는 대단히 탈집중화되어 있고 다양했지만—에 주로 치중하고 있었다.[20] 데이비드 노블이 지적한 것처럼, 19세기에는 "작

---

19) 스미스(Smith, 1990: 124)에 따르면 "독일 염료회사들에서 폭넓은 범위의 연구가 시작된 것은 1890년경이었다 … 그러나 이러한 연구 프로그램이 미국 회사들이 모방한 모델이 된 것으로 보이지는 않는다." 독일 염료산업과 관련해 피커링(Pickering. 2005: 389)은 이렇게 쓰고 있다. "1870년대 말부터 과학연구 그 자체는 학계라는 정착지에서 뽑혀 나와 사상 처음으로 산업체 한가운데 자리를 잡았다."

20) 이러한 일반화에서 부분적인 예외는 1870년대부터 각 주의 토지양허대학(land-grant

업장 문화(shop culture)"가 "학교 문화(school culture)"와 반대되는 것으로 간주되었다.(Noble, 1979: 27) 대학은 실험실을 설립하고 인력을 공급하는 데서 오히려 회사들에 뒤져 있었다. 사실 미국의 과학실험실은 독일에서처럼 대학에서 기업 맥락으로 통째로 이식된 것이 결코 아니었다. 독일의 전례로부터 영감을 얻어 대학과 기업 양쪽 모두에서 거의 동시에 사실상 처음부터 새로 만들어진 것이었다. 예를 들어 이미 1881년에 미국 벨 전화회사(American Bell Telephone)는 새로운 물리학 연구소의 입지를 두고 실험을 했다. "교수들이 민간기업을 위한 연구에 대학실험실을 쓸 수 있도록 해준다면" 설립에 드는 비용을 대겠노라고 하버드대학에 제안을 한 것이다.(Guralnick in Reingold, 1979: 133) 애초에 산업연구를 수행하도록 의도되었던 MIT의 전설적인 응용화학연구소(Research Lab for Applied Chemistry)는 1908년에 생겨났다. 자체 용도로만 쓰이는 대학실험실은 드물었기 때문에 대학/상업의 구분은 그리 분명하지 않았다. 그러나 산업연구를 대학 캠퍼스에서 수행하는 것은 후원자의 입장에서 종종 썩 만족스럽지 못한 것으로 드러났다. 기업의 통제가 불충분한 것이 주된 이유로 여겨졌기 때문에(Lecuyer, 1995: 64) 사내연구소 설립은 더욱 늘어났다. 이는 20세기 초 미국 과학의 독특한 정치경제학에 기여했고, 많은 논평가들이 지적했던 과학문화에서 "예외주의"의 특정한 표현을 설명하는 데 도움을 준다.(Wright, 1999) 아울러 이는 미국의 과학연구가 1930년대에 다른 어떤

university)에 부속되어 있던 농업시험소였다. 이들이 과학연구의 기둥으로서 지녔던 불확실한 지위는 Reingold(1979)에 수록된 찰스 로젠버그의 논문에서 논의되고 있다. 대학이 사회와 관계 맺는 서비스를 산업 부문에까지 확대하려는 시도는 1916년 토지양허대학에 "공업시험소"를 설립하자는 법안의 형태로 제출되었으나 금세 좌절되고 말았다.(Tobey, 1971: 40; Noble, 1979: 132)

나라보다 훨씬 더 빠른 속도로 일종의 상업화를 높은 수준으로 달성한 사실에도 기여했다. 이는 또 미국에서 자연과학의 일부 분야들이 처음으로 세계 정상권의 지위에 오르는 데 성공한 것과 시기적으로 일치했고, 이로써 국가 연구 시스템의 경제적 발전과정에서 연구기반의 강화를 이뤄낼 수 있는 복수의 제도적 경로가 존재한다는 흥미로운 전망을 제기하기도 했다.

미국 대학 시스템에서 과학이 발판을 마련한 시점은 학계의 거물 체제가 시작될 무렵으로 상대적으로 늦은 편이었다.[21] 나중에는 미국의 고등교육 부문이 갖는 고도로 탈집중화된 성격이 큰 이점으로 작용하게 되지만, 처음에 이는 과학 교육과정의 개발에 장애가 되었다. 후일의 역사가들이 하버드의 로렌스대학(Lawrence School)이나 예일의 셰필드대학(Sheffield School), 매사추세츠공과대학(MIT) 등이 일찍 설립된 것을 자랑스럽게 지적하곤 했지만, 이들을 포함한 교육기관들이 실제 연구 실행이나 미국 과학의 모습에 끼친 영향은 1890년대 이전까지는 미미하거나 찾아보기 어려웠다. 대신 체제변화의 원동력은 대부분 기업 부문에서 유래했다. 처음에는 상업화된 과학을 연구하는 새로운 종류의 사내연구소의 설립으로 나타났지만, 나중에는 기업의 규약과 자금지원 구조를 몇몇 활동적인 재단들의 도움을 얻어 소수의 엄선한 연구대학들에 수출했다. 따라서 우리의 짧은 개관은 관련된 배경을 이루는 기업의 역사를 훑어보는 것으로 시작해야만 할 것이다.

미국 기술사가들은 상업화된 과학의 부상을 이해하는 데 필요한 개념틀을 앨프리드 챈들러의 저작, 그중에서도 특히 『보이는 손(The Visible Hand)』(1977)에 의지하는 경향을 보여왔다. 이러한 사건의 곡절은 조금 이

---

21) 가령 Reingold(1979)에 수록된 Stanley Guralnick의 논문을 보라.

상해 보인다. 이는 부분적으로 챈들러가 자신의 역사서술에서 산업연구소의 역할에 대해서는 명시적인 논의를 거의 하지 않았기 때문이기도 하고, 다른 한편으로 챈들러의 책이 때때로 상당히 구식의 기술결정론에 입각해 있기 때문이기도 하다.(Chandler, 2005a) 기업을 위험스러울 정도로 걷잡을 수 없이 성장하는 권력의 중심으로 보고 접근했던 이전의 문헌들과 달리, 챈들러는 1900년을 전후한 미국 대기업의 부상을 새로운 과학기반 산업들에서 주로 발견된 고산출의 자본집약적 생산양식의 기술적 요구에 대한 조직 차원의 합리적 대응으로 그려냈다. 이러한 생산양식은 그와 나란히 전례 없는 규모의 대량시장을 만들어내고 조직하는 것을 통해서만 유지될 수 있었다. 챈들러는 재즈 시대의 거대기업이 중앙집중화된 관료적 관리구조를 받아들이고, 후방으로는 원자재, 전방으로는 판촉, 광고, 시장조사까지 수직통합을 이뤄낸 것을 상찬했다. 그가 산업연구소의 부상을 가볍게 다루긴 했지만(가령 Chandler, 1977: 425-433), 이는 챈들러가 스탠더드 오일, 제너럴 일렉트릭, 듀폰과 같은 회사들의 성공 요인으로 돌렸던 직계 및 부문(line-and-division) 관리구조를 보여주는 또 하나의 사례로 취급되었다. 결국 챈들러는 산업연구소의 부상에 대한 설명을 제공했다기보다는 산업연구소가 등장하기 위해 필요했던 관료적 전제조건 중 하나를 조용히 지적한 것이었다. 일부 산업 분야들은 연구까지 "후방통합"을 추구했을 수도 있다. 그러나 대부분의 경우 그런 산업들이 후방통합을 해갈 수 있는 기존의 안정된 구조가 존재하지 않았다는 불편한 사실은 여전히 남는다.

따라서 과학학에서 나타나는 챈들러식 서사(Smith, 1990)는 챈들러가 대체로 다루지 않았던 법률적, 정치적 고려들에 의해 보완되어야 한다. 미국에서 결코 확립된 기업 형태가 아니었던 제한책임 기업은 19세기 말에 실질적인 법률적 강화의 시기를 거쳤다. 여기에는 수정헌법 14조의 권리를 기업에까지 확장한 악명 높은 산타클라라 미판결(Nace, 2003), 기업의 인허가 자유화를 내건 주(州)들 간의 출혈경쟁, 그리고 1895~1904년 사이의 전례 없는 합병운동이 영향을 미쳤다. 이처럼 갑작스러운 권력의 횡포와 합병은 사람들의 눈에 띄었고 1890년의 셔먼 반독점법으로 시작되어 1914년의 클레이턴법으로 계속 이어진 대항운동을 촉발시켰다. 아울러 이는 기업의 경제지배에 적대적인 혁신주의 시기의 정치운동을 낳았다. 미국 산업연구소의 부상을 이러한 맥락 속에 위치시킬 때 비로소 그것이 갖는 몇몇 독특한 특징들과 그것이 학문적 과학에 미친 영향을 이해할 수 있다.

표준적인 대중적 서술은 세기 전환기의 산업연구소를 일종의 혁신공장으로, 즉 기업 상층부로부터 요구를 받아 새로운 제품이나 개선된 생산공정이 될 장치들을 대량으로 만들어내는 곳으로 그려내고 있다. 이는 기업이 후원한 최초의 "과학홍보" 기획으로 1921년에 시작된 스크립스 사이언스 뉴스 서비스(Scripps Science News Service)가 선전했던 이미지이기도 했다.(Tobey, 1971: chapter 3) 그러나 좀 더 최근의 문헌들은 산업연구소를 직접적인 발명공장이나 대학의 과학 관련 학과가 일종의 망명을 나온 것처럼 틀에 짜맞추는 경향에 제동을 걸고 있는데,[22] 여기에는 좋은 이유가 있다. 대기업에서 나온 많은 혁신들의 뒤에 숨은 일차적 지령은 시장을 통제하고 예견할 수 없는 사건들을 관리가능한 것으로 만들며 외부 경쟁을 억제하려는 노력이었다. 정부가 노골적인 카르텔이나 풀(pool), 그 외의 의무협정들처럼 시장을 직접 통제하려는 시도를 반독점 기소와 같은 행동을 통해 가로막기 시작하자, 기업의 통제가 발휘되는 장소는 지적 재산권, 기술표준의 부과 등과 같은 간접적 영역으로 옮겨가기 시작했다. 대기업들

---

22) Wise(1980), Reich(1985), Dennis(1987), Hounshell(1996)을 보라.

이 이 시기에 과학연구를 사내로 끌어들이는 데 눈을 돌린 한 가지 주된 이유는 "발명과 혁신이 반독점소송에 맞서는 효과적인 방어수단이었"으며(Hart, 2001: 926), 좁게는 특허, 좀 더 일반적으로는 지적 재산권이 20세기 초에 경쟁을 통제하는 가장 효과적인 최선의 수단으로 간주되었기 때문이다.(Noble, 1979: 89) 이런 경향은 미국 정부가 취한 특정한 정책 조치들에 의해 적극적으로 촉진되었다. 가령 외국인자산관리국(Alien Property Administration)이 1919년에 독일 특허를 몰수해 매우 좋은 조건으로 미국 기업들에 사용허가를 내준 것이 그런 예이다.(Mowery, 1981: 52; Steen, 2001) 판례법과 법령 모두가 기업 간 카르텔(이나 독일 모델의 다른 특징들[23])) 대신 통합된 기업조직의 방향으로 기울어지자,

> 법률적 원칙은 부지불식간에 기업의 합병을 부추겼고, 합병된 기업들은 다시 R&D에 대한 투자를 강화했다 … 따라서 이 시기에 중앙 기업연구소의 탄생[은] … 부분적으로 반독점법의 산물이었다.(Hart, 2001: 927)

지적 재산권에 대한 법률적 재정의와 누가 과학연구의 결실에 대해 권리를 주장할 수 있는가에 관한 좀 더 명확한 규정은 강화된 기업의 변화하는 요구에 의해 크게 영향을 받았다. 기업들은 미래의 과학조직에 막대한 영향을 미친 한 가지 조처를 취했다. 피고용인의 발명에 관한 판례법이 발명은 개별 천재의 결실이라는 종래의 노동이론 관념에서 벗어나 피고용인

---

23) 20세기 초 미국에서 기업 간 시장지배의 억제를 강조했던 것이 독일과 미국 풍토의 상당한 차이를 설명해줄 수 있을지 모른다. 이는 Mowery(1990: 346)에서 상당히 설명하기 어려운 문제로 다뤄지고 있다.

이 수행하거나 발명한 것이면 **무엇이든** 고용주가 소유한다는 추정으로 넘어가게 만든 것이다. 1880년대 이전까지 따로 규정이 없을 경우의 표준적인 관례는 발명에 대한 권리가 피고용인에게 부여된다는 것이었다. 그러나 먼저 1880년대에서 1910년대까지 "작업장 권리(shop right)"에 대한 원칙이 수립되고 뒤이어 기업연구소를 직접 언급한 일련의 법적 판결이 나오면서 소유권의 추정은 회사 그 자체에로 확고하게 이전되었다.(Fish, 1998) 기업이 갖게 된 주도권은 다시 문화적 이미지 전반에 되먹임되었다. 1920년대 초가 되자 미국 법원의 판결은 발명과 과학이 개인적인 것이 아니라 "집단적인" 현상이라는 일견 널리 수용된 관념에 호소하기 시작했다.[24] 노벨상 수상자인 로버트 밀리컨은 1920년대에 독일의 연구대학이 과학연구의 집단적 성격을 충분히 존중하지 않는다는 불평을 하기 시작했는데, 이는 당시의 분위기를 시사해준다.(Tobey, 1971: 219) 그러나 (소스타인 베블런의 저작에서 그랬듯이) "집단성"이라는 편리한 관념이 기업의 경계 바깥으로 너무 멀리 퍼져 나가게 두어서는 안 되었다. 이는 카르텔, 특허 풀, 플런더번드(plunderbund, 직역하면 '약탈연합' 정도의 의미로, 대중을 착취하기 위한 정치, 상업, 금융 이해관계의 타락한 연합세력을 가리키는 말이다—옮긴이), 트러스트 같은 무서운 세상을 다시 불러올 수도 있었기 때문이다. 기업 간 연합과 공동 모험사업에 우호적이지 않은 법률적 성향은 기업 관료제의 촉

---

24) 가령 1921년의 와이어리스 스페셜티(Wireless Specialty) 소송을 보라.(Fish, 1998: 1176) 뿐만 아니라 자연법칙의 탐구를 광물이나 석유 매장량 탐사에 빗대는 은유—케네스 애로의 냉전기 "혁신경제학"(NBER, 1962)을 지배하게 될—는 이미 1911년 내셔널 와이어(National Wire) 판결에서 등장했다.(Fish, 1998: 1194) 1920년대에 집단적 과학의 이상을 법률이 수용했다는 사실은 철학이나 사회학에서 과학자 공동체를 독특한 사회적 실체로 간주하는 "이론적" 논의가 1930년대에 그 뿌리를 두고 있다는 최근의 주장과도 잘 부합한다.(Jacobs, 2002; Mirowski, 2004b)

수에서 벗어나려는 노력을 기울이던 기업연구소의 존재와 생존가능성에 직접적인 영향을 미쳤다. 특정 기업에 의존하지 않는 독자적 산업연구소들도 이 시기에 설립했지만, 이들은 사내 산업연구가 그랬던 것처럼 인기를 끌거나 더 확대되지 못했다. 규모가 큰 일부 사내연구소들과 달리, 이들은 세계 수준의 과학연구를 결코 하지 못했다. 뿐만 아니라 이들은 대규모 기업연구소를 모방하는 연구가 아니라 종종 그것에 종속되어 있거나 그것을 보완하는 위탁연구를 수행했다.[25] 결국 연구과정이 분명 상업화되고 있었던 것은 사실이지만, 기업 후원자가 이를 자유롭게 외주로 줄 수 있을 정도로 철저하게 대체가능한 것이 되지는 못했다.(모듈화된 "사상의 시장"은 훨씬 더 근래에 들어서야 나타난 현상이다.) 요컨대 미국에서 위탁연구가 취하는 특정한 형태는 산업정책과 지적 재산권 관행으로부터 심대한 영향을 받았다.

1세대 산업계의 거물들이 거대한 산업체들을 건설하거나 합병시키고 은퇴한 후에―혹은 다른 방식으로 자신들이 얻은 이익 중 일부를 남겨서―그들 혹은 그 가족들은 다양한 재단의 설립을 통해 자금 일부를 자선사업에 기부하기로(혹은 아마도 단지 조세회피의 수단으로 삼기로) 결심했다. 러셀세이지재단(1907), 카네기재단(1911), 록펠러재단(1913)이 잘 알려진 사례들이다. 고등교육에 대한 지원도 그들의 계획 중 일부였다. 그러나 이러한 목표를 달성하기 위해 가장 적절한 길이 무엇인가를 놓고 심각한 질문이 제기되었다. 처음에는 지원금 수여가 다른 자선활동과 유사한 패턴으로 이뤄졌고, 학계에 있는 수혜자의 경우 궁핍하거나 가난한 학자들 개인

---

25) Mowery(1981)와 Mowery(1990: 347)에 실린 "독자적 연구조직들은 사내연구를 대체한 것으로 보이지 않는다."는 주장을 보라.

에게 일시적으로 원외 구제(outdoor relief)를 제공하는 것을 원칙으로 했다. 그러나 지적 재산권의 경우와 마찬가지로, 1920년대가 되자 과학에 대한 자금지원의 단위로 고립된 개인에게 초점을 맞추는 것은 유행에서 밀려났고, 지속적인 프로그램에 대한 연구 기부금 제공, 분야 전체의 방향 전환, 새로운 기관의 설립 등에 대해 자금을 선별지원하는 쪽으로 관심이 쏠리게 되었다. 이러한 전망은 지원금이 압도적으로 사립대학에 전달되고 있었고 몇몇 유력한 기관들에 "우수성"을 집중시키기 위한 구조를 갖고 있었다는 사실과 잘 부합한다. 로버트 콜러가 간결하게 지적했듯이, "대규모 재단들은 대기업의 세계에서 통용되던 사업 방법과 관리의 가치들을 학문적 과학에 도입하고 있었다."(Kohler, 1991: 396) 연구지원금을 특정한 관료적 책임 기준을 강제하는 계약으로 개조한 것부터 직계 및 부문 관리구조를 대학 본부나 학과에 적용한 것, 그리고 연구자들의 팀을 만들도록 장려한 것에 이르기까지 모든 면에서, 대규모 재단을 담당한 기업 임원들은 미국 대기업의 표준과 관행을 그들이 목표로 삼은 최고의 연구대학들 내에서 장려하는 경향을 보였다. 벨 연구소의 E. B. 크로프트의 말을 빌리면,

이는 개인의 주도권을 파괴하는 경향을 갖는 것처럼 보일 수 있다. 또 개별 연구자들에게 적절히 공로를 배분하고 보상을 해주는 것을 어렵게 만드는 것으로 비칠 수도 있다. 이는 모두 행정적으로 해결되어야만 하는 문제들이다. 무엇보다도 우리는 개인들에게 그들이 얻을 수 있는 최선의 결과는 다른 사람들과의 협동을 통해서 얻어진다고 진정으로 믿는 정신상태를 심어주어야 한다.(Noble, 1979: 119)

하버드와 시카고는 미국 고등교육의 AT&T와 스탠더드 오일이 돼라는

설득과 격려를 받았다. 이들은 영구적이고 성공적인 관리상의 위계를 세워야 하며 이를 통해 강력한 연구역량을 키워야 한다는 교훈을 아직 배우지 못한, 규모가 작고 상대적으로 중요하지 않은 경쟁자들에 둘러싸이게 될 것이었다. 대학들은 교양교육을 강조하거나 연구에서의 기술적 전문성을 추구하는 양자택일에 직면하게 되었다. 이에 따라 과학 연구실험실은 성숙한 기업의 사업계획에 필수적인 부속물로서 대학의 경관 속에 퍼져 나갔다.

> 재단 관리자들은 아직 그 수는 적지만 점차 늘어나고 있던 교수들과 힘을 합쳤다 … 이 교수들은 [기업식의] 조직과 관리가 점차 복잡해지고 경쟁적이 되어가던 기초연구의 세계에서 다른 이들보다 앞설 수 있는 좋은 길임을 깨달았다.(Kohler, 1991: 400)

미국 대학의 과학실험실의 구조 중 많은 부분은 산업연구소로부터 영감을 얻었다. 그러나 이 사실이 곧 대학의 과학자들이 한결같이 산업체에 있는 동료들을 모방하려 애썼음을 의미하는 것은 아니다. 실험실의 사회적 구조가 기업의 사회적 구조를 본떠서 닮아가고 있던 바로 그때에, 대학의 과학자들은 여전히 대학실험실을 상업적 압력은 물론이고 정부의 보조금으로부터도 분리되어 있는 교육적 이상으로 칭송하고 있었다. 그러나 이러한 "순수성"의 추구는 바로 누가 그러한 구호하에서 수행되는 연구에 돈을 대고 관리를 하는가 하는 문제를 악화시켰을 뿐이었다. 특수한 이해관계에 빚지고 있는 과학과 공익을 추구하는 과학 사이의 끈질긴 긴장은 "학계"의 동역학이 민주주의에 대한 위협임을 이해하고 있던 월터 리프먼, 소스타인 베블런, 존 듀이 같은 이들에게 하나의 도전을 제기했다.(Mirowski,

2004b) 재단들은 자신들의 자금을 제한된 투자 목록에 있는 특수한 연구 프로젝트나 의과대학과 같은 고등교육의 전문직 영역에 점점 더 많이 지원하고 있었다. 이들이 과학의 전 부문의 건강을 책임질 것으로 기대하기는 어려웠고 다음 세대 과학자들의 경력에 대해서는 두말할 나위도 없었다. 1916년에 자연과학에 대한 지원 로비를 하는 일종의 업종 단체로 국가연구위원회(National Research Council, NRC)가 설립되었지만, 이 단체는 정작 정부가 연구자들에게 직접 보조금을 주는 데는 반대했다.(Noble, 1979: 155) NRC의 후원하에 추진된 국가연구기금(National Research Fund) 설립운동―기업들의 기부를 통해 기금을 마련하려 했던―은 1926년에서 1932년 사이에 참담한 실패를 맛보았다.(Tobey, 1971: chapter 7) 로버트 밀리컨은 1937년까지도 연방정부가 사립대학의 과학연구를 지원하는 것을 비난하고 있었고(Lowen, 1997: 33), 지원액은 여전히 매우 적었다. 재단들이 선호하는 몇몇 사립대학들을 빼고 나면, 다양한 대학의 연구역량을 민간에서 지속적으로 배려하고 유지해주는 문제는 집단화되었다는 연구자 공동체나 기업 후원자들, 그 어느 쪽에 의해서도 해결되지 못했다. 이 문제의 해결은 제2차 세계대전이 되어서야 비로소 가능해졌다.

　그럼에도 불구하고 미국의 실험실은 학계의 거물 체제하에서 사상 처음으로 세계 수준의 과학을 산출해낼 수 있었다. 노벨상이 1914년 시어도어 리처즈의 화학상이나 1923년 로버트 밀리컨의 물리학상처럼 대학 부문에서 유래한 연구에 주어졌건, 아니면 1932년 GE의 어빙 랭뮈어나 1937년 벨 연구소의 C. J. 데이비슨처럼 당시 발전하고 있던 산업체 부문에 주어졌건 간에, 여기에는 기업이 영감을 제공한 실험실로 그 연원을 일부 거슬러 올라갈 수 있는 특정한 미국적 연구 양식이 있었다. 유럽의 논평가들은 특정한 경험주의적 기질의 지배, 연구자들의 팀에 잘 어울리는 종류의 현상학적 탐구 속에 합리주의적 지향과 대조되는 실험적이고 계산적인 사고방식이 결합되어 있다고 지적했다. 이 시기에는 물리학과 화학 모두에서 독일이 세계를 지배하고 있는 사실이 여전히 널리 인정되고 있었다. 그러나 1930년대가 되자 전기공학은 그 중심을 서쪽으로 이전했다. 그럼에도 불구하고 미국의 이론적 상상력 결핍은 역사가 깊고 세련된 유럽 대륙의 사고영역으로부터 흔히 제기되는 치욕적인 주제였다. 이 시기 미국에서 자연과학 중 아마 가장 후한 지원을 받은 분야일 화학은 근본 원리에 있어 어떤 급진적인 변화도 이뤄내지 못했다.(Mowery, 1981: 104) 따라서 미국 과학의 기업지향은 이 시기에 산출된 결과 중 일부뿐만 아니라 수행된 연구의 유형에도 영향을 미쳤다고 결론지을 수 있다. 요컨대 더 큰 규모의 문화적 운동이 과학의 진보가 갖는 세계사적 중요성과 화해를 해야 한다고 느꼈을 때, 그 준거점이 된 것은 거의 대부분 유럽 과학이었다는 말이다.[26]

냉전 체제 미국의 과학이 제2차 세계대전 때 완전히 변형되었고 냉전기 내내 그처럼 새로운 경제적 체제가 지속되었다는 사실은 지금에 와서 더 이상 변호를 필요로 하지 않을 만큼 널리 퍼진 확신이 되었다.[27] 그러나 이는 또 다른 관념, 즉 전후의 과학조직이 규모의 효과에 의해 추동되었다는 아이디어―"거대과학"의 부상으로 인해 주로 촉발된―와 혼동되는 경향이 있다. 현대 기업의 구조가 규모의 효과에 의해 추동되었다고 챈들러가

---

26) 과학을 민주주의와 화해시키거나 산업체와 화해시키려는 다양한 철학적/문화적 시도들이 아인슈타인의 상대성이론을 두고 어떤 어려움을 겪었는지를 보여주는 좋은 사례이다. 이러한 어려움에 대한 설명은 Tobey(1971: chapter 4)를 보라.
27) Mowery and Rosenberg(1998), Leslie(1993), Kleinman(1995), Lowen(1997), Morin(1993)을 보라.

단언하는 것과 마찬가지의 논리이다.[28] 그러나 추상적인 규모와 정량적 수치들에 집중하는 것—데렉 드 솔라 프라이스와 과학계량학 운동과 종종 결부되는 경향—은 어떤 면에서 기술결정론에 힘을 실어준 냉전기의 경향에 잘 부합한다. MIT의 방사연구소(Radiation Lab), 맨해튼 프로젝트, 로렌스의 사이클로트론처럼 특정한 무기나 장치 생산에 전념했던 거대한 팀의 구성을 목도하면서, 미국 문화가 전후 시기에 "실험실"의 본질을 이해하는 방식이 변화를 겪을 수밖에 없었다는 점에는 의심의 여지가 없다. 과학은 점점 더 "장치들"(로스앨러모스 연구자들이 원자폭탄을 지칭한 용어)을 중심으로 조직되는 것처럼 보였고, 원자로, 가속기, 우주선, 커다란 방을 가득 채우는 폰 노이만의 컴퓨터에서 보듯, 장치들은 측정가능한 거의 어떤 기준으로 보더라도 거대했다.

그러나 우리가 반짝반짝 빛나는 표면, 깜박거리는 불빛, 우글거리는 실험실 과학자들에 현혹되기 전에, 전후 과학의 일상적인 수행에서 좀 더 평범한 측면들에 주목할 필요가 있다. 다시 말해 정부—주로 군대가 전면에 나섰지만 그것이 전부는 아니었던—가 양차 세계대전 사이 기간을 특징지은 과학과 산업체 간의 관계에 대한 이전의 이해를 변형시키고 전도시킨 다양한 방식들을 눈여겨봐야 한다는 것이다. 군대는 제2차 세계대전 직후 과학정책의 상대적 공백기에 대응해, 전쟁을 승리로 이끄는 데 너무나도 큰일을 해낸 과학자들과의 접촉을 계속 유지하는 조치를 취했다. 뒤이어 다른 정부기구들이 활동을 개시했을 때쯤에는 정치적 상황으로 인해 군사

---

28) 이런 부류의 주장을 보여주는 사례는 Capshew and Rader(1992), Galison and Hevly (1992)에서 볼 수 있으며, 과학조직의 경제적 주제들을 선구적으로 다루었지만 제대로 평가받지 못한 연구자인 Ravetz(1971)에서도 볼 수 있다.

적 혁신과 군대의 자금지원이 과학조직에서 지배적인 고려로 계속 남아 있게 되었다. 미국 정부는 1940년 이전까지를 지배했던 가정들을 뒤흔들어 놓았고, 산업정책과 과학정책에 대한 입장을 모두 바꿈으로써 기업과 대학이 자신의 영역 내에서 과학이 수행되는 방식을 수정하도록 강제했다. 때는 오늘날 조롱을 사고 있는 "선형 모델"―"순수과학"에서의 혁신이 "응용과학"의 진보를 위해 필요한 정식 필수조건이라는 선언―의 시대였고, 이 둘은 "기술개발"이 자본주의의 확장을 이끄는 신제품으로 귀결될 때까지 질서정연한 방식으로 일을 진행해나갔다.[29] 기밀 분류, 합리화, 이데올로기적 우위의 투사라는 3중의 과제를 안고 있던 군대는 실험실의 "순수성"을 이전과는 다른 도가니 속에서 정련했다. 이로부터 빚어진 의도하지 않았던 결과는, 체제의 변화가 이전 세대의 경험과는 정반대로 과학과 상업은 서로 섞여서는 안 된다는 거의 교조에 가까운 확신을 이끌어냈다는 점이었다. 냉전 체제에 대한 좀 더 나은 시각을 얻기 위해 한 걸음 더 나아가려면 신머턴주의자와 경제적 열성파들 사이의 무익한 교착상태와 이 논문의 처음에 언급한 단계1/단계2 사고방식을 제거해야만 한다.

전시의 OSRD/NDRC 경험, 그리고 과학을 민간이 통제할지 군이 통제할지를 둘러싼 전쟁 직후의 논쟁은 현재 세대의 역사가들이 훌륭하게 다룬 바 있어 여기서 재론할 필요는 없다. 이런 설명들에서 빠진 부분은 아마도 과학의 군사화가 이전의 기업과학 체제에 영향을 미친 방식, 그리고

---

29) 선형 모델이 어떻게 냉전적 맥락에서 튀어나왔는가에 대한 설명은 Kline(1995), Mirowski and Sent(2002)를 보라. 그것이 통계적 범주로 존재하게 된 과정에 대한 짧은 역사는 Godin(2003)을 참고하라. 그것의 현대적 표현이 겪은 부침은 Calvert(2004)를 보라. 그것의 기원이 "공공재"의 경제적 개념을 아울러 촉진했던 경제학자의 지적 산물에 있었다고 보는 새로운 시각은 Samuelson(2004: 531), Mirowski(forthcomingB)를 보라.

미국의 대학이 전후의 안정 속에서 자신에게 주어진 공간을 차지하기 위해 스스로를 재정비해야만 했던 방식에 대한 논의일 것이다. 가장 명백한 변화는 정부가 과학에 대한 자금지원과 관리에서 세 번째이자 가장 규모가 큰 행위자로 끼어들어 왔다는 점이었다. 그러나 이는 몇몇 선호되는 자연과학 분야들에 아낌없이 돈을 퍼부은 것 이상의 뭔가를 의미했다. 이는 시장 조직의 가치에 대한 정치인들의 충성도가 더욱 배가되었음에 비추어 볼 때, 그들이 종종 인정하기 싫어하는 교의를 받아들이는 것을 포함했다. 즉, 연방정부가 군대의 후원하에 비밀스러운 산업정책을 운영함으로써 기술개발 영역에서 승자와 패자를 고르는 일을 하고 있다는 것이었다. 여기에는 지적 재산권 및 반독점과 관련해서 전쟁 이전 시기를 지배했던 것과 매우 다른 일단의 관행들을 장려하는 것이 포함되었다. 한편 기업은 그 힘과 영향권이 커지고 있었고, 유럽의 경쟁자들 중 상당수가 전쟁으로 곤경에 빠졌다는 점을 감안하면 더욱 그러했다. 정부와 기업들은 모두 전쟁을 승리로 이끄는 데서 과학이 발휘한 능력에 감명을 받았다. 냉전을 승리로 이끄는 데서도 과학이 중추적인 역할을 할 거라는 점은 기정사실로 받아들여졌다.

오늘날 냉전은 챈들러식 기업의 황금기로 간주되고 있다. 직계 및 부문 양식의 관리는 전쟁 동안 그 원기를 입증해 보였고, 1970년대 내내 미국의 100대 기업의 목록은 놀라울 정도의 안정감을 보여주었으며, 핵심 시장의 통제에서 일정한 균형이 달성된 후부터는 "다각화"가 새로운 표어로 자리를 잡았다. 성숙한 산업 분야에서 지배적인 회사들은 새로운 생산라인을 사들이고 새로운 산업 분야로 진출함으로써 성장을 꾀했고, M-형태, 즉 다부문 관료제 관리구조는 기업 부문 전반으로 확산되었다.(Lamoreaux et al., 2003) 기업들이 단일 제품 라인이나 명목상 관련된 능력에 덜 얽매이게 되면서 기업연구소의 역할도 변화하기 시작했다. 산업체 과학은 여전히 제2차 세계대전 이전에 수행했던 많은 기능들, 가령 일상적인 검사나 제품 향상 등을 도맡고 있었다. 그러나 점차 다부문화되고 복합화된 회사들은 각각의 부문이 그 자체로 수익의 중심이 되어야 하며, 모든 부문에 적용가능한 기준에 따라 회사 내에서 자금을 할당할 거라는 방침을 정했다. 군대가 접수한 과학정책이 효력을 발휘한 것도 여기서부터이다. 군대의 자금은 학문적 과학을 지배하게 되었을 뿐 아니라 산업체 과학 내지 상업적 과학의 상당히 많은 부분도 재조정했다.(Graham, 1985)

미국 군대가 미국의 과학정책의 총사령관이 되겠다는 계획적인 사전 고려와 의도를 가지고 일에 착수한 것은 아니었다. 그보다는 단속적으로 점차 이 일에 빠져들게 된 것에 더 가까웠다. 따라서 군대는 밑에 계속 붙잡아두고 싶은 과학자들에게 자금지원을 하고 관리하는 다양한 방법의 실험에서 유연성을 보여야 했고, 이 과정에서 많은 새로운 실험실의 형태들을 발명해냈다. 많은 사람들은 미국 군대가 과학조직을 실험한 최초의 결정적 사례로 맨해튼 프로젝트를 지목한다. 최초의 OSRD 계약은 연구기관인 대학을 통해 운영되었지만, 얼마 안 있어 테네시주 클린턴에 있던 산업적 규모의 원심분리기와 우라늄 농축 연구, 그리고 핸퍼드 부지를 민간기업—여기서는 듀폰—에 위탁하기로 결정이 내려졌다. 전후에 유산으로 남은 오크리지, 로스앨러모스, 아르곤, 브룩헤이븐 등의 연구소들은 이전 체제에서 내내 저항을 받았던 다른 어떤 것으로 설립되었다. 원자에너지위원회(Atomic Energy Commission, AEC)가 직접 자금을 대고 정부가 운영하는 "국립연구소"가 된 것이다.(Westbrook, 2003) 다른 종류의 연구는 대학이나 기업환경이 아닌 다른 무언가를 요구하는 것으로 생각되었다. 이에 따라 공군과 포드재단은 1948년에 학생도 교수도 없는 대학 캠퍼스와 비영리의 산타모니카 해변 휴양지를 결합시켜 랜드(RAND)를 만들어냄으로써 싱크탱크의 혁신을 이뤄냈다. 마지막으로 항공우주, 전자공학, 미사일 개발이라는 중대한 영역에서의 R&D는 엄격하게 상업적인 기반 위에서 가장 잘 수행될 수 있다는 결정이 내려졌다. 여기서 군대는 연구의 최전선에서 우위를 유지하는 데 강력한 국가적 이해가 걸려 있다고 믿어지는 분야의 경우 기업의 R&D에 대해서도 보조금을 지급하는 결정적인 조치를 취했다.[30]

사내 기업연구소가 내부지향의 제품개발 기관에서 외부연구의 수탁기관으로 극적으로 방향을 전환한 것은 엄청난 함의를 가진 것이었다. 먼저 가장 중요한 것으로, 군대 자금을 끌어들이는 능력은 연구소가 자체적으로 외부 수입의 흐름을 확보해 부문으로서의 지위를 정당화할 수 있게 함 (실제로도 종종 그러했다.)으로써 기업연구소를 M-형태 기업과 조화시켰다. 그러나 이것이 가능하려면 기업의 과학연구소는 군대의 후원자들이 제시하는 상당히 다른 회계, 통제, 지적 재산권의 규약에 스스로를 맞추어야 했다. 최근 글렌 애스너(Asner, 2004)는 1950년대에 군대가 강제한 일련의 회계, 세법, 조달 규정들이 "기업에 자체적인 연구 프로그램을 선형 모델에 기반해 재구조화하도록 유인을 제공했다."는 흥미로운 주장을 폈다. 예를 들어 1947년에 제정된 조달법(Procurement Act)은 군사 R&D의 영역에서 전시에 이뤄진 혁신인 원가보상계약(cost-plus contract)을 사실상 영속

---

30) 예를 들어 Forman(1987), Graham(1985), Hounshell(1996: 47-50)을 보라. 노레어 룰레지언 대령이 1962년의 한 연설에서 말한 내용을 옮겨보면, "예를 들어 우리는 발명을 계획하고 사실상의 일정표를 짤 수 있습니까? 나는 대부분의 경우 이것이 가능하다고 믿습니다. 우리가 비용을 지불할 준비가 되어 있다면 말입니다. 이 점에 대해 실수를 저지르지 마십시오. 그로 인해 큰 대가를 치르게 될 겁니다."(Johnson, 2002: 19에서 재인용)

화시켰다. 국방부는 제2차 세계대전 이후에 "기초연구"라고 불릴 만한 연구에 자금을 대는 것을 마다하지 않았다. 간접비 관련 규정 덕분에 그들이 적당하다고 판단하는 기초와 응용연구의 혼합 비율을 제어할 수 있다고 생각했고, 1954년 세법개정으로 국방부가 장려하고자 하는 연구 하부구조의 새로운 투자에 대해 조세감면을 가속화할 수 있었기 때문이다. 여기서 우리는 기초/응용 구분이 미리 정해져 있는 대학과 산업체 간의 경계선을 투사하는 것이 아니라 그러한 구분을 전파시키는 바로 그 계약 속에 기입되어 있었음을 알게 된다. 이는 연구의 경제적 조달과 관련된 수없이 많은 거의 보이지 않는 조항들을 통해 주로 전파되었다.[31] 이러한 관행들은 결코 단순히 무익한 활동이 아니었고, 기업연구소의 연구를 같은 기업의 다른 부문들의 활동과 크게 괴리시키는 한편으로 연구소가 대학과 좀 더 유사한 방식으로 재편되도록 만드는 이중의 효과를 낳았다.(이 모델이 역사적으로 한 바퀴 돌아 다시 제자리로 왔다는 사실이 그러한 전환을 더욱 쉽게 해주었음은 의심의 여지가 없다.) 기업연구소는 생산시설로부터 멀리 떨어진 장소에 있는 캠퍼스 양식의 환경에 입지를 굳혔고, 이는 역시 군대가 요구하는 비밀주의와 기밀 분류의 수준에 의해 종종 정당화가 되었다. 전후에는 연구인력이 부족했기 때문에 이들을 끌어들이기 위해서는 종종 대학의 생활방식과 연구의제와 관련된 상당한 정도의 자율성을 약속해야 했다. 벨 연구소, 제록스 팔로알토 연구소, IBM의 요크타운 하이츠,[32] RCA

---

31) 이 얘기에 숨은 아이러니는 산업 부문에서 좀 더 "실질적"인 것이 된 구분이 동시에 대학 부문에서는 더욱더 침식되었다는 데 있다. 가령 Lowen(1997: 140)을 보라. "1950년대 중반에 이르자 [스탠퍼드에서] 기초연구와 응용연구 프로그램은 전적으로 구분가능하고 응용연구 프로그램은 대학의 프로그램에 영향을 미치지 않는다는 주장은 대부분 수사적인 것이 되었다."
32) IBM은 사내연구 역량을 상당히 늦게 구성했고 "순수과학" 부서를 1945년이 되어서야 만

의 사노프 연구소, 웨스팅하우스의 피츠버그 연구소, 머크의 라웨이 연구소 등은 기초연구의 진원지가 되었고 종종 자체적인 연구의제의 설정에서 상당한 자율성을 누렸다. "두 부류의 시스템(군사연구와 비군사연구)이 발전했는데, 가장 똑똑한 최고의 인재들은 군사연구에 집중되었다."(Hounshell, 1996: 49) 그리고 투자는 좀 더 "학술적"인 양식에서 성과를 내기 시작했다. 1956년에서 1987년 사이에 12명의 기업체 과학자들이 노벨상을 수상했다.(Buderi, 2000: 110) 그렇다면 심지어 기업체 과학자들의 공동체조차도 선형 모델과 같은 것을 받아들이게 되었다는 것이 그토록 이상한 일이었을까? 모든 것이 그 존재를 입증하려는 경향성을 띠고 있던 바로 그때에?

산업연구소를 변형시켜 대학의 과학 관련 시설과 좀 더 비슷하게 만드는 것이 미국 군대의 의도는 아니었지만, 때때로 "숨겨진 산업정책(stealth industrial policy)"이라 불렸던 것을 수행하기 위한 방식으로 연구의 통로를 만들려는 의도는 갖고 있었다.[33] 해군연구국(ONR), AEC, 국방부 고등연구계획국(DARPA)과 같은 지원기구의 전문가들은 어떤 산업 분야들이 최신 과학을 이용해 미래의 기술을 생산하고 있는지 예측할 수 있다고 생각했다. 국가안보라는 절대적 요구하에서 그들은 자신들의 예측이 실현되게 만드는 개입을 정당화했다. 그들이 양자전자공학, 고체물리학, 컴퓨터 분야에서 거둔 성공은 널리 알려져 있지만, 제약, 방사생물학, 기상학, 촉매 등에서도 중요한 기획들이 있었다. 정부는 경마에서 선별된 말들에 돈을 걸었을 뿐 아니라 말의 사육에도 취미 삼아 손을 댄 셈이었다. 의도적으로

들었다는 점에서 다른 기업들과 다른 독특한 사례이다. IBM의 특이한 역사에 대해서는 Akera(2002)를 보라. 요크타운 하이츠 연구소는 1960년에야 문을 열었다.

33) Hart(1998: 227-229)와 Teske and Johnson(1994)을 보라.

약화시킨 지적 재산권 규정과 강화된 반독점 관행의 결합을 통해 그들은 냉전의 차가운 바람을 견디는 데 좀 더 적합한 기업을 키워내려 했다.

　미국 군대가 공개적으로는 시장의 마술에 대해 충성을 맹세하고 있었지만, 대체로 볼 때 무기개발에서 임무에 결정적인 측면이나 국가안보에 대한 고려를 자유시장의 변덕에 맡기는 것은 꺼렸다. 전후의 시스템 관리 혁신은 발명을 **계획하기** 위해 이뤄졌다.(Johnson, 2002) 특히 냉전 체제 아래에서는 군대가 과학의 관리에 직접 관여한 영역들에서 지적 재산권을 현저하게 감소시키는 정책이 취해졌다. 1946년의 원자에너지법(Atomic Energy Act)을 시작으로 정부는 군대가 지원한 연구에서 나온 특허권을 정부가 갖고 거기서 나온 발명은 비독점을 전제로 특허사용료를 받지 않고 미국 기업들에 제공하는 정책을 추진했다.[34] 이 정책은 국가안보를 이유로 미국 회사들에 대한 보조금을 지급했다는 점에서 국수주의적이었고, 동시에 군대가 특정한 하나의 회사에 지나치게 의지하게 되면 국가안보가 침식된다고 생각한 점에서 반독점적이었다. 그러한 고려들은 국방부에서 퍼뜨린 "제2 제공자 규칙(second source rule)"도 지배했다. 이에 따르면 국방부는 중요 무기 시스템이나 군사기술에 관한 지적 재산을 제2의 경쟁회사에 양도해 어떤 단일한 생산 회사의 성쇠가 병목이 되지 않도록 했다.

　첨단과학에서 지적 재산권을 강력하게 보호해주는 것이 갖는 이점에 대해 회의적인 태도를 취했던 것은 군대뿐만이 아니었다. (한때) 미국에서 반독점정책을 지배했던 경제 전문가들 역시 마찬가지였다. 1940년대에 미

---

34)　Westwick(2003: 51)을 보라. 이 정책은 용역 기업들에 일관되게 적용되지는 않았지만, 제2 제공자 규칙은 회사가 특허권을 보유함으로써 누릴 수 있는 상업적 이점을 종종 감소시켰다. 흥미로운 점은 흔히 공공적 정신을 가진 것으로 생각되는 캘리포니아대학이 AEC의 규칙에 반기를 들었다가 좌절을 맛보았다는 사실이다.

국 법무부는 독점의 해로운 효과 중 하나가 기술혁신을 억압하는 것이라는 입장을 갖고 있었고, 듀폰, 앨코아, IBM, 제너럴 일렉트릭 등 당시 미국 최고의 첨단기술 기업들 중 일부를 상대로 소송을 제기했다. 강제적인 특허사용 허가가 처음으로 반독점소송의 합의 내용에서 공통된 요소로 자리를 잡았다.(Hart, 2001: 928) 이러한 정책들은 군대의 규정들과 합쳐져 회사들이 잠재적 경쟁자들의 유망한 기술을 획득하려는 노력에서 다소간 발을 빼거나 주요 경쟁회사에 대한 특허권 침해 소송을 공세적으로 추진하는 행동을 자제하고, 자체적인 사내연구소에 더 많은 자원을 투입하도록 유도했다. 그 결과는 국가안보의 기치하에 기밀 분류와 비밀주의에 에워싸인 상대적으로 개방적인 과학이라는 모순적 체제였다.

이와 같은 냉전의 렌즈를 통해서 볼 때 우리는 대학의 과학자들이 어떻게 자신들이 몸담은 상아탑의 독립성과 분리를 믿을 수 있게 되었는지를 더 잘 이해할 수 있다. 군대는 특정한 체제의 고등교육을 장려하는 것이 국가안보의 보호에 필수적인 보완물이라고 확신했다. 전후의 공공정책은 소수의 사립대학들이라는 좁은 범위를 넘어서 학문적 과학에 대한 지속적인 보조금 지급을 목표로 했다는 점에서 이전 시기의 학계의 거물 체제와 극명하게 대조를 이루었다. 물론 그처럼 운 좋은 소수 역시 새로운 체제하에서 엄청난 혜택을 받았지만 말이다. 요컨대 이렇게 주장할 수 있다. 경제 부문 전체가 미국이라는 국가건설을 위한 실천의 일환으로 고등교육을 끌어안은 것은 냉전시기가 유일했다는 것이다. 이는 그것이 함축하는 모든 것, 즉 대중교육, 다각화된 연구기반, 민주주의 이데올로기, 개방적 과학, 연구결과의 공개 유포 등을 함께 받아들임을 의미했다. 군대는 연구지원금에 대한 간접비 지급의 혁신이나 제대군인원호법(GI Bill), 펠로십에 대한 후한 지원 같은 좀 더 일시적인 기획들을 통해 이러한 시스템을 촉진하는 데 중요한 역할을 했다. 목표는 교육과 연구를 후한 자금지원이라는 접착제로 한데 붙여 단일한 공생 시스템으로 융합시키는 것이었다.

OSRD 초창기에 대학 환경에서 수행되는 위탁연구의 비율을 높게 유지하고 풍족한 보조금을 주어 대학 행정가들이 이 사실에 만족하도록 만든 것은 결과적으로 매우 중대한 결정이었다. 바네바 부시는 별다른 근거 없이 대학의 연구지원금에서 인건비의 50퍼센트를 간접비로 지급하자는 제안을 내놓았다.(비록 그의 본심은 기업에 대해 100퍼센트를 제안했다는 데서 더 잘 나타나지만 말이다.) 보조금의 규모가 전쟁 기간 동안 다소 논쟁의 주제가 되긴 했지만, 대학들은 이러한 지출을 관료적 책임과 감독에 맡겨야 하는 불편함에 대처하는 법을 배웠다.(Gruber, 1995) 일부 대학의 행정가들은 전후 시기에 학계의 거물 체제를 특징지은 산업체 위탁연구에 대한 의존으로 빠르게 회귀할 거라고 확신했지만, 좀 더 미래를 내다볼 줄 알았던 거물들은 군대가 퍼붓는 지원의 엄청난 규모에 깊은 인상을 받았다. 시카고 대학의 로버트 허친스가 1946년 6월에 작성한 메모에서 인정했듯이, "향후 5년 내에 정부는 직·간접적으로 대학에 대한 가장 중요한 기부자가 될 것으로 보인다."[35] 그로 인해 후원에 있어서의 급격한 변화를 따라갈 의향이 있었던 대학들은 좀 더 존경을 받고 명망이 있는 경쟁대학들을 몰래 앞지를 수 있는 기회를 잡게 되었다. MIT는 이 기회를 이용해 대학 성적 일람표에서 순위를 끌어올린 것으로 악명을 떨쳤다.(Leslie, 1993) 1946년에 스탠퍼드대학은 제2차 세계대전기를 통틀어 받은 위탁연구 금액의 두 배에 해당하는 군대 위탁연구를 계약할 수 있었다.(Lowen, 1997: 99)

얼른 보면 냉전 체제의 연대기는 민간재단의 역할을 고려하지 않고도

---

35) Gruber(1995: 265)에서 재인용했다.

완전하게 기술될 수 있는 것처럼 보인다. 하지만 이것이 전적으로 온당하다고는 볼 수 없다. 오래된 재단들은 계속해서 대학에 대한 보조 프로그램을 운영했고, 거대한 포드재단을 포함해 몇몇 새로운 행위자들도 모습을 드러냈다.(Raynor, 2000) 그러나 1950년에 정부가 재단을 조세 도피처로 활용하는 데 대한 단속에 나서고, 여기에 제아무리 큰 재단이라도 고등교육과 과학에 연방정부가 미치는 영향의 규모에 필적할 수는 없다는 사실이 결합되면서, 이 시기에 대다수의 재단들은 과학의 관리에 관한 야심을 축소해야 했다. 예를 들어 1960년에 포드재단은 미국의 대학들에 대해 NSF보다 더 많은 지원을 제공하고 있었지만, 1970년에는 학문적 과학에 대한 지원을 거의 거둬들였다.(Geiger, 1997: 171) 재단들은 임원이 매번 바뀔 때마다 사라져버릴 수 있는 변덕스러운 기획으로 악명을 날리게 되었다. 그들은 장기적인 과학관리에서 더 이상 참여자가 되지 못했다.[36]

결국 미국의 냉전 체제는 대체로 볼 때 일사불란한 국영 과학 시스템으로 구조화되었다. 그러나 그것에 얽힌 이데올로기적 중요성이 너무나 컸기 때문에, 이 체제는 자신들이 하는 그 모든 순수연구를 위한 자금지원과 제도적 후원이 어디서 나오는지에 전혀 신경 쓸 필요가 없는, 신념이 굳은 무국적의 개인들의 자율적이고 자립적인 보이지 않는 대학으로 제시되어야만 했다. "순수성"은 "자유"나 "민주주의"와 동의어가 되었고 "과학"은 이 세 가지 미덕을 모두 체현한 존재로 제시되었다. 미국의 과학조직은 소련 기제를 준엄하게 꾸짖는 것으로 선전되었지만, 그에 못지않게 과학을 전

---

36) 이 말은 재단들이 냉전 체제에 어떤 지속적인 영향도 미치지 못했다는 의미는 아니다. 포드재단은 이 기간 동안 미국 경영전문대학원의 지배적 모델을 확립했고, 록펠러재단은 분자생물학의 학문적 발전에서 중추적인 역할을 했다.(Kay, 1993) 이 기간 동안 과학과 국가권력의 관계는 Ezrahi(1990)에서 날카롭게 논의되고 있다.

제적인 정치적 지배자에게 복종하도록 만들려고 하는 이들에 대한 비난으로 생각되기도 했다.[37] "학문의 자유"가 대학의 종신재직권을 효과적으로 방어하는 데 실제로 쓰일 수 있을 정도로 충분한 엄숙함을 정말로 갖게 된 듯 보인 것은 오직 냉전 체제에서뿐이었다. 그것이 사라진 시대에 살고 있는 우리는 현재 그것을 인식할 수 있다. 연구자는 자기 분야의 동료들에게만, 그리고 최후의 순간에는 자신의 개인적 양심에만 답하면 되었고, 시장의 혼란에 대해서는 계몽된 경멸감을 느끼면 되었다. 적어도 DARPA의 지원 담당관이 전화를 걸어오기 전까지는.

전 지구적 사유화 체제 전 지구적 사유화 과학 체제의 도래는 이전 체제들처럼 전쟁이나 공황과 같은 누구나 알아볼 수 있는 사건에 의해 예고된 것은 아니었다. 피상적인 관점에서는 베를린 장벽의 붕괴에서 분수령을 찾기도 한다. 결국 그것은 냉전의 종식을 알리는 극적인 사건이었으니까. 그러나 우리가 기업의 진화, 교육의 변화, 그리고 정부의 정책을 모두 고려에 넣는다면, 미국에서 사유화 체제의 출발점은 10년 이상 앞당겨 파악해야 할 것이다.

경제사가, 법학자, 과학학 연구자들이 모두 조금씩 다른 방식으로 얘기를 하고 있지만, 이들 모두가 변형의 기원을 대략 1980년경까지 거슬러 올라가는 것으로 파악하고 있다는 점이 중요하다.[38] 변화를 촉발시킨 계기

---

37) 이런 쟁점들은 Hollinger(1990)와 Mirowski(2004b)에서 좀 더 심도 있게 논의되고 있다.

38) 경제사가로는 Lamoreaux et al.(2003: 405), 법학자로는 Boyle(2000), Lessig(2001, 2004), McSherry(2001), 교육사가로는 Geiger(2004: 3), Matkin(1990: 22), Slaughter and Rhoades(2004), Kirp(2003), 정치학에서는 Krimsky(2003: 30-31), Mirowski and van Horn(2004c) 등을 보라. Washburn(2005: chapter 3)은 바이-돌법의 통과로 이어진 정치적 책략들을 상세히 기록하고 있다.

는 미국이 1970년대 말의 석유위기와 경제 침체기 동안 국제 경쟁국들에 대해 우위를 상실했다는 널리 퍼진 확신이었던 것으로 보인다. 이러한 '적응 능력 상실'의 원인이 무엇인지에 대해서는 상당한 견해차이가 있었음에도 불구하고, 미국의 경제적 우위를 약화시키는 다양한 범인들을 처부수기 위한 일련의 기획들이 고안되었다. 경제개혁의 한 가지 주된 대상 후보는 챈들러식 기업의 조직구조였다.(Lamoreaux et al., 2003, 2004; Langlois, 2004) 다양한 참여자들은 거대한 관리 복합기업이 너무 규모가 커서 1970년대의 세계시장에서 효과적으로 경쟁할 수 없게 되었다는 확신을 갖게 되었고, 1980년대는 적대적 인수합병, 차입 매수, 대기업 최고경영진에 대한 주주 공격의 시대가 되었다. 이에 대응해 기업 내부의 다각화가 크게 후퇴했다. 한 계산에 따르면 1989년까지 회사들은 1970년에서 1982년 사이에 핵심 사업영역 바깥에서 취득한 재산의 60퍼센트를 팔아치웠다.(Bhagat et al., 1990) 또 자동차, 컴퓨터, 원격통신, 소매업 같은 산업 분야들의 수직적 통합은 이전 수준에서 후퇴했다. 이에 따라 기업들은 명민함과 민첩함을 과정에 대한 위계적 관리통제의 타파—그와 함께 M-형태 패러다임의 타파—와 동일시하기 시작했고, 공급 계통이 시장의 조정에 더 크게 의존하도록 재편하는 것을 추진했다.[39] 하청의 연결망이 조직의 양식에서 소유권으로 묶인 관계를 대체하기 시작했고, 벤처자본은 창업회사들에 대해 투자의 통로 역할을 하기 시작했다. 노동집약적인 중공업은 저임금 국가들에 외주로 주어졌다. 뿐만 아니라 지난 60년 동안 상대적으로 안정을 누렸던 미국 대기업들의 순위 목록은 심대한 변화를 겪었다. 육중한 거대기

---

39) 흥미로운 점은 챈들러 자신이 이런 평가에 전적으로 동의하지는 않는다는 사실이다. Chandler(2005a)를 보라.

업들이 어쩔 수 없이 방어적 행동에 나섰고, 이는 시장의 조정 방법에 대한 회귀로 널리 해석되었다.(Langlois, 2004)

국제무역의 조직과 통제가 이뤄지는 장에서는 또 다른 중요한 기획이 전개되었다. 1984년에 제약, 반도체, 컴퓨터, 엔터테인먼트 등 첨단 기술 산업 분야에 위치한 몇몇 기업들의 대표가 국제지적재산권연맹(International Intellectual Property Alliance)을 결성하는 선견지명을 발휘했던 것이다. 이 조직은 지적 재산의 문제를 무역협상이라는 더 큰 문제와 연계하는 것을 목표로 삼았다.[40] 그들은 관세 및 무역에 관한 일반 협정을 둘러싼 우루과이 라운드 협상을 이용해 미국의 표준과 수위에 맞춘 지적 재산 보호를 선진국과 개발도상국 모두에게 강제하고 세계무역기구를 통한 무역제재를 통해 이를 집행할 수 있게 함으로써 자신들의 무모한 야심을 훨씬 넘어서는 성공을 거뒀다. TRIPs(무역 관련 지적 재산권 협정)는 1995년 1월 1일에 발효되어 세계화 체제의 기본적인 법률적 전제를 세계 곳곳에 심어놓았고, 이 과정에서 대학과 기업의 활동을 재형성했다.[41] 비록 일견 협소해 보이는 지적 재산의 법률적 장에 초점을 맞추고 있긴 하지만, TRIPs는 무역 자유화와 해외투자 보호를 명목으로 해서 각국 정부들이 자기 영토 안에 있는 기업체들에 대해 규제상의 통제력을 행사할 수 있는 특권을 약화시키는, 더 규모가 크고 일사불란한 정치적 운동의 한 측면으로 간주할 수 있다. 어쨌든 미국의 제조업 역량은 빠른 생산성 향상을 찾아서

---

40) 이러한 선도산업 분야들의 면면을 밝히는 것은 이 글의 서사를 위해 매우 중요하다. 왜냐하면 "대부분의 산업 분야들에서 대학의 연구결과는 새로운 산업 R&D 프로젝트를 촉발시키는 데 거의 역할을 하지 못했다."(Mowery et al., 2004: 31)는 인식이 널리 퍼져 있기 때문이다. 이런 활동적 회사들은 대학의 연구를 실제로 광범위하게 이용했던 몇 안 되는 산업 분야들에 속했다.

41) Drahos and Braithwaite(2002)와 Sell(2003)에서의 논의를 보라.

저임금 국가들로 이전되었고 1980년대 말부터 제조업의 일자리 감소는 가속되었다.(Burke et al., 2004)

이러한 기업 부문의 중대한 재구조화는 고등교육 영역에서 나타난 위기와 같은 시기에 일어났다. 1975년 이후 미국 고등교육의 입학생 수는 미국 역사상 처음으로 증가를 멈추었고, 현금 부족으로 곤란을 겪던 정부도 자금지원을 줄이기 시작했다.(Geiger, 2004: 22 ff) 군대는 임무와 직접 관련이 없는 프로젝트에 대한 자금지원을 줄이도록 압력을 받았고, 1970년대 들어 학문적 과학을 지원하겠다는 약속의 상당수를 철회하려 시도하고 있었다. 이 때문에 대학은 끝이 보이지 않는 이중고에 시달리게 되었다. 대학원 입학생 수를 유지하기 위해 많은 과학 관련 학과들은 외국인 학생들의 비율을 늘리는 것을 용인하기 시작했다.(NSB, 2004: 5-25) 이는 미국 대학도시의 다분히 편협한 분위기에 대해서는 유익한 영향을 미쳤지만, 국가건설의 목표에 봉사한다는 냉전기의 교육 정당화가 본질적으로 파산했음을 드러내는 해로운 영향도 미쳤다. 기술 분야의 많은 학생들은 미국 시민이 아니었고, 일부 정치인들은 미국이 비용을 들여 잠재적 경쟁국가들의 노동력을 훈련시키고 있다며 대학은 무엇을 하고 있냐는 질문을 주기적으로 제기했다. 그러나 좀 더 잘 들어맞는 설명은, 점점 더 많은 생산활동이 해외로 이전하고 기업의 관리자층은 점점 국제적이 되어가면서 계몽된 시민과 숙련된 노동력이라는 아이디어 전체가 의미를 잃어버리기 시작했다는 데 있다. 대학은 개인의 경제적 향상을 위해 선호되는 경로로서의 지위를 그대로 유지했지만, 이전 시기에 가졌던 사회적 존재 이유를 잃어버리고 말았다. 역설적인 현상은 많은 기업들이 무리를 지어 챈들러의 조직 모델에서 벗어나고 있던 바로 그 시기에, 대학에서는 챈들러적인 방향의 개혁이 이뤄졌다는 것이다. 교수 집단의 통제권을 나타내는 중요한 측면들이 축소되거나 아예 해체되었고(Geiger, 2004: 25), 종종 합리화와 비용절감 명목으로 부문, 기구, 다른 직책을 증가시키는 상층부 중심의 관리 위계가 이를 대신해 자리를 잡았다. 대학 재정은 종신재직권을 가진 교수를 임시직 노동이나 시간강사로 대체하는 방식으로 좀 더 직접적인 대응이 이뤄졌다. 이는 교육과 연구를 상호 강화하는 활동으로 보고 통합하려 했던 냉전기의 경향을 역전시킨 것이었다.

그러자 절름발이가 된 대학을 새롭게 재편된 기업과 좀 더 일치시키기 위한 노골적인 정치적 시도가 이뤄졌다. 과학의 상업화를 언급하는 논평가들이 미국에서 지적 재산을 다루는 데 있어 중대한 전환점으로 1980년의 바이-돌법(Bayh-Dole Act)을 지목하는 것은 의례적인 일이 되었다. 이 법은 대학과 소기업들이 연방의 R&D 자금을 가지고 해낸 발명에 대해 권리를 보유하면서 독점적인 특허사용 허가를 협상할 수 있게 해주었기 때문이다.[42] 사실 지적 재산에 관한 역사적 상황은 훨씬 더 복잡했지만, 최종 결과는 냉전 체제하에서의 관행을 거의 완전히 뒤집어놓은 것에 가까웠다. 먼저 대학들은 1968년 이래로 개개 기관별 특허협정을 통해 연방정부가 지원한 연구에 대한 특허를 사안별로 허용받고 있었다.(Mowery et al., 2004: 88) 바이-돌법이 애초 의도한 진정한 수혜자인 대기업에까지 확장 적용된 것은 1983년의 일이었다. 이는 로널드 레이건의 행정 메모에 의해 이뤄졌는데, 기자들의 눈을 피하기에는 더 좋은 방법이었다.(Washburn, 2005:

---

42) 가령 Slaughter and Rhoades(2002), Geiger(2004), Miyoshi(2000), Krimsky(2003), Washburn(2005), Mowery et al.(2004)을 보라. Mowery et al.(2004: 94 ff)은 유럽적 맥락에서 찾아볼 수 있는 수사—이들 국가가 바이-돌법에 해당하는 나름의 법률을 제정하기만 했다면 자동적으로 기술이전의 증가로부터 막대한 이득을 보았을 거라는—의 뒤에 숨은 오류를 지적하고 있다.

69) 둘째로 바이-돌법은 기업들이 자기 제품을 지배하고 통제하면서도 새로운 형태의 협동연구에 관여할 수 있는 능력을 확장시키는 1980년대의 여러 법률 중 하나에 불과했다.(Slaughter & Rhoades, 2002: 86) 예를 들어 1980년의 스티븐슨-와이들러법(Stevenson-Wydler Act)은 국립연구소에서 수행된 연구의 상업화로 가는 문을 열어주었다. 1984년의 국가협동연구법 (National Cooperative Research Act, NCRA)은 기업들이 공동연구 프로젝트에 관여할 때는 반독점 기소로부터 보호해주었다. 1989년의 국가기술이전법(National Technology Transfer Act)은 연방정부가 후원하는 연구시설이 자회사를 만들어 이전까지 기밀 분류되었던 연구를 민간에 넘길 수 있도록 허용했다. 동일한 기간 동안 기업들은 특허와 저작권 모두를 강화하는 수많은 법률 제정을 요구해 얻어냈으며, 1982년에는 특허 사건만을 전담하는 특별 연방순회 항소법원을 갖게 되었다. 미국에서 특허의 대상으로 간주되는 것의 범위는 점차 넓어졌고, 특허의 정당성에 대한 도전은 점점 성공 가능성이 낮아졌다.[43] 성문화된 지식의 공공영역이라는 관념 자체는 그 경계선을 따라 모든 지점에서 축소되었고, 이는 처음에 공공재산과 사유재산의 경계를 흐려놓는 방식으로 이뤄졌다. 앞서 개관했듯이, 이처럼 고도로 제약적인 지적 재산권 시스템은 WTO와 세계지적재산권기구(World Intellectual Property Organization)의 후원하에 전 세계 다른 지역으로 수출되었다.

일사불란한 지적 재산권 강화는 반독점정책의 약화를 수반했다. 역

---

43) 1980년 이후 미국 특허 시스템의 질적 하락에 대해서는 Kahin(2001)과 Jaffe and Lerner(2004)를 보라. 지적 재산권의 확장으로 빚어진 결과에 대한 좀 더 일반적인 고려는 Lessig(2001), Drahos and Braithwaite(2002), Sell(2003), Mirowski(2004a: chapter 6)를 보라.

시 냉전 체제를 정확히 거꾸로 뒤집어놓은 것이다. 기소 면제는 NCRA라는 특정한 사례에서만 승인된 것이 아니었다. 좀 더 일반적으로는 법학과 경제학의 시카고학파 영향을 받아, 독점은 점차 법무부의 관점에서 비효율성이나 정치적 위험의 원천으로서 그 중요성이 격하되었다.(Hart, 2001; Hemphill, 2003; van Horn, unpublished) 독점이 반드시 혁신에 해로운 것은 아니고(심지어 미국 정부 대 마이크로소프트 소송에서도), R&D 예산의 규모가 입증된 혁신 능력과 비례하는 것도 아니며, 산업구조가 어떻든 간에 좋은 상품은 결국 승리를 거둔다는 교의가 득세했다. 어쨌든 옹호자들은 상호 특허사용 허가와 공동 모험사업에 대한 의존이 커지는 것을 지적하면서 트러스트와 특허 풀이 지배했던 나쁜 과거로의 회귀는 없다고 주장했다.(Caloghirou et al., 2003) 강화되고 속박에서 벗어나 자신이 적합하다고 판단하면 언제 어디서나 연구계약을 자유롭게 맺을 수 있는 기업 부문은 급성장한 외국 생산회사들이나 위협적으로 다가온 국가경제의 쇠락에 맞설 수 있는 최선의 해독제 중 하나로 생각되었다.

서로 수렴하는 이 모든 방향성이 누적된 결과는 미국 기업이 중대한 방식으로 재구조화됨과 동시에 전 지구적 사유화 체제 내에서 과학의 조직에 중요한 수정이 일어났다는 것이었다. 사내 기업연구소의 상대적 몰락과 기업연구의 외주 관행 확산이 그것이다.[44] 우리가 21세기에 나타난 과학 상업화의 새로운 모델의 근본 원인을 찾은 곳은 시대정신의 막연한 변화나 기술이전을 합리화하는 서사의 변화가 아니라 바로 이곳에서였다. 우

---

44) 이러한 지각 변동은 Anderson(2004), Buderi(2000, 2002), Economist Intelligence Unit(2004), Reddy(2000), Chesbrough(2001), Berman(2003), Markoff(2003)에서 상세히 기록, 논의되고 있다.

리가 위에서 파악한 각각의 경향이 그것만으로는 사내 기업연구소의 파괴를 야기하는 데 의도적으로 맞춰져 있었던 것은 아니었지만, 이들 각각은 사내연구소의 몰락에 일조했다. 군대가 과학관리에서 철수한 것, 챈들러식 기업의 실패에 대한 인식, 신자유주의적인 워싱턴 합의를 세계화하려는 압박, 고등교육의 위기가 어떻게 기업연구소로 수렴했는지를 이해하는 것은 중요한 일이다.

경영전문대학원의 권위자들은 종종 대규모 기업연구소가 몰락한 원인을 대형 사내연구소들이 기대했던 만큼의 성과를 거두지 못했다는 경험적 관찰에 돌린다.(Anderson, 2004) 여기에는 보통 장기적으로 볼 때 건강한 과학은 계획되는 것을 거부한다는 모종의 신자유주의적 교의에 대한 언급이 따라붙는다. 그러나 이러한 피상적인 분석은 연구소들이 냉전기 동안 군대와의 계약에 의해 내부의 편협한 상업적 지향으로부터 떨어져 있었다는 사실을 무시한다.(Graham, 1985) 기업연구소는 그것이 회사의 수입원이 되어주는 한, 외부적 지향, 속박되지 않은 호기심, 캠퍼스 분위기 등을 계속 유지할 수 있도록 허락을 받고 있었다. 그러나 군대가 기초과학의 조직과 자금지원에서 철수하자 반(半)자율적인 기업연구소는 짐이 되었다. 좀 더 관대한 환경이었다면 기업연구소는 아마도 좀 더 일사불란하게 R&D의 개발 쪽으로 방향이 재설정되면서 기술변화의 선형 모델을 포기하라는 설득을 받았을 것이다. 그러나 1990년대가 되자 기업연구소는 회사에서 외부적인 제품 라인을 제거하고 수직통합의 규모를 축소하는 반챈들러식 운동에 맞닥뜨렸다. 많은 기업들에서 연구 부문은 규모 축소나 자회사 분사(分社)의 최우선 후보였고, 1990년대 내내 일어났던 일이 바로 그것이었다. RCA의 사노프 연구소는 처음에 SRI 인터내셔널에 매각되었다가 얼마 후인 1987년에 사노프 사(Sarnoff Corporation)로 독립했다. AT&T

는 1989년부터 벨 연구소의 연구를 대폭 삭감하기 시작했고, 1996년에 남은 부분을 루슨트(Lucent)라는 이름으로 분사시켰다.(Endlich, 2004) 웨스팅하우스의 피츠버그연구소는 먼저 인력을 감축한 후 뒤이어 지멘스로 매각되었다. 유에스 스틸(U.S. Steel)이나 걸프 셰브론(Gulf Chevron) 같은 회사들은 연구 부문을 아예 없애버렸다. 1995년까지 IBM은 연구예산의 3분의 1을 감축하면서 그간 자랑스럽게 내세워온 요크타운 하이츠 시설의 문을 사실상 닫았고 취리히 레이저 그룹 같은 다른 단위들은 별도의 회사로 분사시켰다. 휴렛-패커드와 컴팩의 합병, 그리고 애질런트(Agilent)의 분사 이후, 명성이 높았던 HP 연구소들은 재조직과 규모 축소를 앞두게 되었다. 이런 현상을 기록하는 데 가장 큰 관심을 보여온 역사가 로버트 버데리는 연구소장들이 이를 1980년대 말과 1990년대에 있었던 "연구 대학살"로 간주한다는 점을 인정하면서도(Buderi, 2000: 22), 이러한 방혈(放血)을 기업과 과학 모두의 건강을 위한 추방 조치로 그려내려 하고 있다. 이런 진단의 문제점은 고립된 개별 회사에 너무 협소하게 초점을 맞추고 있으며 과학에 대한 자금지원과 조직의 더 큰 시스템을 무시하고 있다는 것이다. 버데리는 이렇게 말한다. "오늘날 우리는 더 적은 기초연구가 진행되는 것을 목도하고 있다. IBM은 자기 단극(magnetic monopole)을 더 이상 연구하지 않는다. 하지만 IBM이 애초에 그런 연구를 했어야 하는가?"(2002: 249) 이런 말 속에는 다른 어딘가에 있는 누군가가 자기 단극연구를 대신 할 것이며, 다른 누군가가 어디서 어떻게 그것을 이뤄낼 것인지를 걱정할 거라는 전제가 깔려 있다. 그러나 바로 이 문제, 즉 누가 어떤 과학을 어떤 목적에서 조직할 것인가 하는 문제야말로 전 지구적 사유화 체제에서 눈에 띄게 결핍되어 있는 논쟁이다.

사내 기업연구소의 규모 축소와 축출은 미국에서 연구개발에 대한 민간

자금지원이 그만큼 축소되었음을 의미하는 것은 아니다. 오히려 정반대이다. 미국에서는 전체 R&D에 대한 연방정부 R&D 지출의 비율이 1960년대 말 이후 계속해서 줄어든 반면, 산업 부문에서 유래한 R&D 지출의 비율은 같은 기간 동안 증가함으로써 1980년을 전후해 연방정부의 비율을 추월하게 되었다.(NSB, 2004: 1-11)(그림 26.1) 이런 패턴은 다른 나라들에서도 일정한 시간 간격을 두고 되풀이되었다.

기업연구소가 대대적으로 축소되고 있다면 어떻게 이런 일이 가능했는가? 이처럼 일견 모순된 경향에 대한 해법은 점점 더 많은 연구가 거기에 자금을 대는 기업의 테두리 바깥에서 수행되고 있다는 데 있다. 그중 일부는 새로운 체제하에서 연구라는 특수한 목적을 위해 만들어진 다른 기업들에서 이뤄지고 있고, 나머지는 대학이나 연구공원, 준(準)대학 창업회사 등의 잡종 환경에서 점점 더 많이 수행되고 있다. 위에서 설명한 기업 무역과 투자의 세계화라는 다른 역사적 경향들과 연구대학의 위기가 주목을 끄는 것이 바로 이 지점이다.

위계적으로 통합된 회사의 챈들러식 모델이 붕괴하면서 골치 아픈 문제가 제기되었다. R&D를 외부에서 구매할 수 있고 그러면 비용도 절감되는데 왜 그것을 회사 내부에 통합해야 하는가 하는 질문이었다. 그러나 이 질문은 신뢰할 만한 R&D가 잘 발달된 시장을 갖춘 차별되고 대체가능한 상품이며, 이때 시장은 충분히 경쟁적이어서 각각의 회사 내에서 R&D를 수행하는 것에 비해 비용을 낮출 수 있어야 한다는 전제를 깔고 있다. 이 장의 주요 명제 중 하나는, 이전 시기 미국의 과학 체제에 "상업화된" 과학이 얼마나 많이 퍼져 있었건 간에, 최근까지도 이런 상황이 존재했던 적은 한 번도 없었다는 것이다. 지적 재산권의 강화, 국내의 반독점 약화와 기업정책에 대항할 수 있는 외국 정부의 능력 약화, 연구위탁을 낮은 임금과

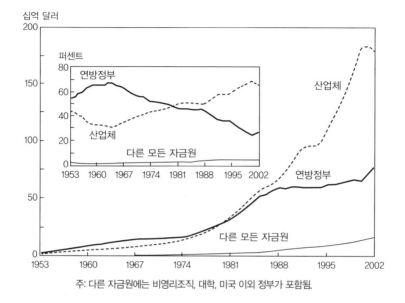

〈그림 26.1〉 자금원에 따른 미국 R&D 변천, 1953∼2002

주: 다른 자금원에는 비영리조직, 대학, 미국 이외 정부가 포함됨.

약한 규제의 환경으로 이전시켜 규제차익(regulatory arbitrage)을 추구할 수 있는 능력, 저비용으로 실시간 커뮤니케이션 기술을 활용할 수 있는 가능성, 재구조화를 기꺼이 받아들여 돈을 대는 기업 측에 연구에 대한 통제권을 넘겨줄 의향이 있는 대학 부문의 존재―이 모든 것이 기업의 대대적인 연구 외주를 중대하게 용인해준 필수조건들이었다.

　기업 R&D의 세계화는 새로운 체제를 특징짓는 요소이다. 물론 네덜란드나 스위스처럼 작은 나라에 본부를 둔 다국적 회사들은 사실상 처음부터 R&D 활동을 국제화해왔다. 그러나 좀 더 두드러진 경향은 1980년대 이후 전면화된 연구의 국제적 외주 현상이다.(Reddy, 2000: 52) 대학의 연구역량에 대한 의존에서와 마찬가지로, 전 지구적 외주 역시 제약, 전기기기, 컴퓨터 소프트웨어, 원격통신 장비 등과 같은 몇몇 산업 분야들에 집중되는 경향을 나타낸다. 그럼에도 불구하고 이런 산업 분야 내부의 설문조사를 보면 1960년대부터 1990년대까지 모국의 국경 바깥에서 수행되는 연구가 크게 증가한 것을 알 수 있다.(Kuemmerle, 1999) 이코노미스트 인텔리전스 유닛(Economist Intelligence Unit)이 좀 더 최근에 실시한 설문조사에 따르면 R&D의 세계화는 1990년 내내 속도를 더했고, 응답자의 절반 이상이 향후 3년 동안 해외 R&D 투자를 확대할 것임을 시사했다. 이러한 결정에 영향을 미친 주요 고려사항에 대한 질문에서 가장 많이 나온 응답은 지적 재산권의 강력한 보호, 낮은 비용, 토착 연구역량의 활용 등을 이유로 들었다. 중국, 인도, 브라질, 체코 등의 국가들로 연구자금이 이동하는 이유는 학문적 하부구조의 맥락에서 낮은 임금노동에 접근할 수 있기 때문으로 설명된다.(European Commission, 2003-2004: 9) 이런 국가들의 경우 기업은 지역의 교육 하부구조에 대해 계속해서 구조적인 지원을 제공할 어떠한 의무로부터도 면제되어 있다. 외주는 자본주의적 회사와 경제발전이 과학의 진보에 의존하는 방식에 대한 이전의 서사들과 단절할 것을 요구한다. 비용을 절감하는 또 다른 방법은 기업에 대한 조세를 추가로 감면하거나 회피할 수 있는 기회의 증가와 함께, 기업을 과학 하부구조에 대한 지원을 도와달라는 국가주의적 호소에서 면제해주는 것이다.

이런 각도에서 과학의 상업화에 접근하는 것은 오늘날 학문적 과학의 사유화를 현금에 쪼들린 대학이 돈을 쫓게 되었다는 식으로 단순하게 이해하는 통상의 서사—기업에 그들이 듣고 싶은 얘기만 해주는 것이 온당한가에 관해 몇 가지 골치 아픈 질문을 던지긴 하지만—에 심대한 수정을 가한다.[45] 이를 대신해 새로운 STS의 역사서술이 제안될 수 있을 것이다.

45) 이런 서사의 사례들은 Bok(2003), Geiger(2004), Krimsky(2003), Nelson(2001), Owen-

이에 따르면 전 지구적으로 사유화된 연구의 많은 새로운 제도들은 대학 부문 **그 자체의 외부에서**, 특히 현대 기업의 변형과 재편에서 나온 부가적 결과로 먼저 개척되었고, 그 후에야 대학에 강제되었다. 대학은 내부적으로 과학연구를 재구조화함에 있어 새로운 세계화 체제의 이러한 기준 거점에 대응해야 했다.[46] 지적 재산권이나 교육 보조금과 관련한 정부의 정책 수정이 대학의 변화에 유인이 되었을 수 있지만, 이것이 새로운 체제의 구조를 일방적으로 강제할 수는 없었다. 바이-돌법과 같은 법령들은 법적 인가를 제공했지만, 이를 현대 과학의 사유화의 **원인**과 혼동해서는 안 된다. 그 원인은 과학의 관리와 자금지원의 연계망에서 나타난 더 큰 변화에서 찾을 수 있다.[47]

과학의 상업화를 논하는 오늘날의 논평가들이 입 밖에 내지 않는 거대한 전제들이 있다. 그중 하나는 과학자 혹은 과학자 공동체 전체가 개방적인 공공과학을 "얼마나 많이" 보존하고 싶은지를 여전히 선택할 수 있고 나머지는 민간 부문에서 담당하도록 맡길 수 있다는 것이다.[48] A열과 B열

Smith and Powell(2003), Thursby and Thursby(2003), Kirp(2003)에서 찾아볼 수 있다. 이런 서사를 확산시키는 데는 경제학자들이 단연 두각을 나타내고 있다.

46) 이 논문에서 논의된 세 가지 체제 각각에 해당하는 한 가지 두드러진 특징은 미국의 고등교육이 자신의 영역 외부에서 주로 유래한 혁신에 대응해온 정도에 대한 강조이다. 아울러 과학의 재조직화에 있어 선발자의 이득이 상대적으로 결여되어 있다는 점도 중요하다. 과학사와 교육사가 좀 더 긴밀한 대화를 나눌 필요가 있는 대목이다.

47) 이 점은 Mowery et al.(2004), Krimsky(2003), Nelson(2004), 그리고 McSherry(2001)처럼 지적 재산권에 대한 고려로 협소하게 한정한 문헌을 지배하는 전제들에서 드러나는 중대한 약점이다.

48) 과학정책 문헌에서 이런 입장을 보여주는 대표 주자로 폴 데이비드와 파르타 다스굽타가 자신들의 "새로운 과학경제학"을 제시한 널리 인용된 논문을 들 수 있다. Mirowski and Sent(2002)에 요약된 내용과 David(2003, 2004)를 보라. 그들이 "암묵적" 지식과 "성문화된" 지식을 구분하는 것―그들은 이런 구분을 개방적 과학과 상업적 과학의 대립과 연관

에 있는 것을 원하는 대로 조합해 합리적으로 메뉴를 선택할 수 있다는 이러한 가정과는 정반대로, 일단 전 지구적 사유화 체제의 제도적 구조가 자리를 잡고 나면 공공과학 그 자체의 특성과 본질은 돌이킬 수 없이 변형된다. 최근 나타난 셀레라(Celera)와 공공자금으로 운영되는 인간 유전체 프로젝트 사이의 경쟁관계가 좋은 사례이다. 둘 사이의 경쟁을 다룬 매혹적인 저널리즘적 기술에서, 제임스 슈리브는 분명 크레이그 벤터가 프랜시스 콜린스보다 더 설득력 있는 주인공이라고 보고 있으며, 자유로운 시장이 위계적인 관리 모델보다 더 나은 연구를 더 저렴하게 산출해낸다는 오늘날의 신자유주의적 교의를 분명히 따르고 있다. 아울러 그는 거의 자신도 모르게 다음과 같은 사실을 다양한 방식으로 보여주고 있다. 일단 상업화된 셀레라가 무대로 진입하자 공공 유전체 프로젝트는 악전고투 속에서 어쩔 수 없는 변형을 겪게 되었다는 것이다. 예를 들어 공공 프로젝트는 개방적 과학에 헌신하고 있었기 때문에, 인간 유전체 프로젝트가 빨리 진행되면 될수록 셀레라가 최종적으로 승리하는 것을 더 많이 돕는 결과를 가져왔다.(Shreeve, 2004: 198) 또 다른 예로, 셀레라는 납세자들에게 단 1달러도 부담을 주지 않고 있다고 벤터가 아무리 큰소리를 쳐도, 그의 프로젝트는 오히려 공공 유전체 프로젝트에 비해 더 정교하면서도 한편으로 더 의심스러운 방식으로 공공 보조금에 의존하고 있었다. 적어도 공공 유전체 프로젝트는 셀레라가 손쉽게 조롱할 수 있는 일정한 형태의 공공적 책임에 종속되어 있었다는 점에서 그렇다. 지식은 셀레라에게 부차적인 것이었다. 셀레라는 다른 모든 것을 눌러 이길 수 있는 유전체 주위에 담을 둘러치고 있었다. "셀레라에게 있어 핵심은 선제 행동을 취하는 것이었다.

짓는다―에 대한 날카로운 비판은 Nightingale(2003)과 Mirowski(forthcomingB)를 보라.

가능한 많은 잠재적 지적 재산을 긁어모은 후 누가 실제로 뭘 소유했는지는 나중에 가려내자는 것이었다. 셀레라는 뒤늦은 출발을 하고 있었다.” (Shreeve, 2004: 231) 우리는 또 언론의 현란한 조명 속에서 공공/민간의 경쟁구도가 유발한 다양한 책략들 때문에 “완성된” 유전체의 질이 내용적으로 떨어졌다는 우려를 할 수도 있다. 최대의 아이러니는 능수능란한 기업가인 크레이그 벤터가 독점하고 있던 정보를 다른 과학자들에게 너무 많이 양도해 돈을 댄 벤처자본을 만족시키지 못했고, 뉴스의 초점이 다른 곳으로 옮겨진 2002년 1월에 셀레라에서 소리소문 없이 축출되었다는 사실이다.

좀 더 전 지구적인 전망을 향해   지금까지 우리는 과학의 경제학에 관해 압도적으로 “미국적인” 시각을 제공해왔다. 이것이 다른 나라들의 과학 자금지원과 조직에 대해서도 그 나름의 특수한 역사적 상황을 감안해 유사한 고려를 해볼 수 있는 가능성을 배제하는 것은 아니다.(가령 만약 미국이 제2차 세계대전에서 본토가 크게 황폐화되는 피해를 입었다면 우리의 서사는 어떻게 달라졌을까 하는 질문을 던져볼 수 있다.) 사실 연구조직의 대안적인 국가적 특징들에 관한 모종의 일화적, 서사적 증거들은 유럽의 다양한 체제와 관련해서도 우리의 시기구분이 들어맞음을 보여준다. 예를 들어 유럽 버전의 “학계의 거물” 체제는 폭스와 과그니니(Fox & Guagnini, 1999)에 의해 포괄적인 개관이 이뤄졌다. 몇몇 사례들(독일)에서 대학의 실험실은 산업연구소보다 시기적으로 앞섰고, 다른 사례들에서는 이 둘이 동시에 건설되었다. 네덜란드에서 1914년 설립된 내틀랩(Natlab, 오늘날의 필립스 물리연구소)을 구체적인 실례로 들 수 있다.(Boersma, 2002) 초대 소장인 길레스 홀스트는 최고의 과학자들로 강의를 조직하고 실험실 자체 과학자들의 학회 참여와 학술논문 발표를 장려함으로써 학문적 환경에 혁신을 가했다. 뿐만 아니라 내틀랩은 네덜란드의 델프트공과대학에서 수여하는 공업물리(technical physics) 학위의 교과과정에 상당한 영향을 미쳤다. 유럽 버전의 냉전 체제는 세계 최대 규모의 입자물리 연구소인 유럽핵물리연구소, 약칭 CERN을 즉각 지목할 수 있다. 이 연구소는 냉전이 절정에 달했던 1954년에 창설되었다. 유럽의 물리학을 이전의 위대한 모습으로 재건하고, 가장 총명한 최고의 두뇌들이 미국으로 유출되고 있다고들 했던 경향을 역전시키고, 동시에 전후의 유럽 통합을 공고하게 하려는 노력의 일환으로서였다.(Pestre & Krige, 1992) 전후의 국가건설과 자체 연구역량의 양성은 미국에서 볼 수 있는 것과 매우 유사한 방식으로 손을 잡았다. 아직 추가적인 연구가 필요하긴 하지만, (예컨대) 핵처리 기술이나 항공우주(콩코드)에 대한 투자는 미국에 비해 군사 관리자들이 주도하는 정도가 덜했던 것 같다. 그러나 최종 결과는 이 글에서 개관했던 틀과 흡사했다.

전 지구적 사유화 체제에 대해서는 전 세계적으로 나란히 발전이 이뤄지고 있다는 근거를 들기가 훨씬 더 쉽다. 다국적기업 확산의 논리는 다양한 "국가혁신체제"들이 과학의 상업화라는 상대적으로 균일한 "선진" 초국적 모델로 수렴하는 것과 유사한 어떤 것의 가능성을 제시하는 듯하다. 특히 서로 다른 경제체제 간의 장벽이 베를린 장벽의 붕괴 이후 허물어지면서 그런 현상이 나타나고 있다. 유럽의 기업들은 제 나름대로 챈들러식 기업의 황혼기를 경험해왔다.[49] NATO와 개별 회원국들의 군대는 과학의 관리자로서 이전 수준의 적극적 역할에서 후퇴했다. 기업 R&D의 외주는 전

---

49) 그러나 기업 거버넌스 구조에서의 국가 간 차이는 여전히 하나의 요인이 될 수 있다. Djelic(1998), Djelic and Quack(2003), Guena et al.(2003)을 보라.

지구적 현상이 되었다.(Nerula, 2003: chapter 5) 이와 동시에 지난 20년 동안 대학 시스템이 서로 수렴하는 경향이 나타났다.

과학기술에서 미국이 유럽을 앞서고 있다는 통상적인 인식에 대응해, 유럽연합은 연구제도의 재편을 촉진하는 작업에 앞장섰다. 일명 유럽의 역설, 즉 전 지구적 과학 생산에서 유럽의 역할과 특허받은 발명의 생산에서 유럽의 지위 사이에 나타나는 불일치를 우려한 유럽연합은 과학기술정책에 대한 관여의 강도를 높였다.(Larédo & Mustar, 2001) 경제발전이 EU의 의제를 지배하는 쟁점이 되었고 경쟁력의 추구는 유럽연합의 주요 존재 이유이기 때문에, 좀 더 전통적인 과학기술정책에서 혁신정책으로 가는 변화는 예상해볼 수 있었다.(Borrás, 2003) 사실 개별 국가에서 EU 차원으로 권력이 이양되고 EU가 증가하는 대중의 저항에도 불구하고 지식의 생산-전유-활용-소비의 연쇄라는 관점을 채택한 것은 그 자체가 전 지구적 사유화 체제가 만들어낸 결과로 볼 수 있다. 이 과정에서 프랑스의 CNRS나 독일의 막스플랑크연구소 같은 정부 내지 국립연구소들은 대학에 입지를 내준 것으로 여겨졌고 경제 및 사회와의 연계를 촉진하거나 갱신하도록 장려되었다.(Larédo & Mustar, 2001) 이러한 변화들은 신자유주의 정부들의 예산 긴축과 사유화 프로그램이라는 맥락에서 이해해야 한다. 이는 지식 기반 경제에 대한 강박, 그리고 EU 전역에서 바이-돌 양식의 입법을 성급하게 따라하려는 경향이 빚어낸 결과이다.

교육 측면의 목표는 유럽의 고등교육을 좀 더 "투명한" 시스템으로 바꾸고 전 세계 다른 지역들에게 매력적인 유럽고등교육지대(European Higher Education Area)를 만드는 것이었다.[50] 비판자들은 이 지대가 어떤

---

50) http://europa.eu.int/comm/education과 Bernstein(2004)을 보라.

일관된 교육적 내지 지적 기반도 갖고 있지 않고, 일사불란하게 반평등주의적이며, 그것의 틀은 대부분 학생들을 강의실에서 몰아내 노동력으로 편입시킴으로써 심각한 대학의 만원 사태를 줄이는 데 맞추어진 비용절감 조치라고 주장했다. 연구 측면에서 유럽연합이 공공연하게 내세운 목표는 전 세계에서 가장 경쟁력 있고 역동적인 지식기반 경제가 되겠다는 것이었다. 이러한 노력들은 2000년 리스본에서 열린 유럽 이사회(European Council)에서 유래했다. 이사회는 회원국들의 연구활동을 조율하고 유럽연합 전체를 관통하는 공통의 과학기술정책을 위한 토대를 놓음으로써 미국이나 일본과의 간극을 줄이는 것을 목표로 했다.(João Rodrigues, 2002, 2003)[51] 목적은 유럽연구지대(European Research Area)의 창출인데, 이는 공식적으로 "내부 지식시장"으로 지칭되고 있다. 이는 R&D 영역에서 상품과 서비스의 "공동시장"과 유사한 등가물로 생각되고 있으며, 2010년까지 "유럽적 부가가치"를 확립하려는 의도에 따른 것이었다. 이 과정에서 유럽연합은 2010년까지 전 지구적 규모의 연구 지출을 GDP의 3퍼센트—현재 수준의 1.5배—까지 늘릴 예정이며, 동시에 기업이 지원하는 연구의 비율도 늘어나도록 장려할 계획이다.

전 지구적 사유화 체제는 유럽에서 기업, 정부, 교육(CGE)의 동맹관계 변화와 함께 급격하게 변형된 과학 지형도를 만들어냈다.(Larédo & Mustar, 2001) 새로운 과학의 사회적 계약—돈에 상응하는 가치—에 대한 요구, 그리고 유사한 신자유주의적 주제들은 영국에서 시작되어 이내 대륙으로 확산되었다. 영국의 벨웨더 개혁에는 연구실적평가(Research Assessment Exercise, RAE)와 교수평가(Teaching Quality Assessment, TQA)가 포함된

---

51) http://europa.eu.int/comm/research를 보라.

다.(Hargreaves Heap, 2002)[52] 전자는 1986년에 대학들이 공공자금을 사용한 데 대한 책임을 지도록 하는 통제 메커니즘으로 도입되었고, 영국의 고등교육 지원기구들이 신자유주의적 기준에 근거해 공공 연구자금을 선별적으로 분배할 수 있게 해주었다. 이는 대략 4년에 한 번씩 이뤄지며, 1992년부터는 이른바 포괄 보조금(block grant) 중 연구예산의 대부분을 차지하는 50억 달러 규모의 연구자금이 RAE를 통해 할당되었다. RAE의 효과는 자금을 몇몇 엘리트 기관들에 집중시키는 동시에 연구활동을 좀 더 상업적인 방향으로 재정향하는 것으로 나타났다. 이제는 대학의 생존이 RAE 점수에 달려 있기 때문에 영국 대학들에서 대부분의 노력은 이 점수를 높이는 데 투입되는 반면, 교육은 경시되고 있다.

초국적인 과학의 상업화 모델로 수렴하고 있다는 증거는 EU 곳곳에 넘쳐난다. 예를 들어 독일에서는 지난 20년 동안 학생 1인당 정부 지원금이 15퍼센트 감소했고 최고 수준의 학생과 학자들이 다른 나라로 빠져나가는 사태를 경험했다. 이제 독일은 2006년까지 미국 방식의 엘리트 대학 10곳을 만들어 경쟁력과 질적 향상을 위해 향후 5년간 매년 3,000만 달러를 쏟아부을 계획을 갖고 있다.(Bernstein, 2004; Hochstettler, 2004) 미국 방식의 개혁 시도에는 자금 모금을 위한 동문 조직의 설립, 학생 입학의 선별적 허용, 성과에 근거한 교수 봉급 지불 등이 포함되는데, 이는 독일의 오랜 평등주의적 이상과 배치되는 것이다.

1980년대 미국에서 바이-돌 개혁을 정당화하는 근거로 쓰였던 국가에서 전 지구적 사유화 체제의 영향을 관찰하는 것은 대단히 중요하다. 일본이 기술적 우위를 가진 것으로 생각되었던 기간 동안, 일본은 신자유주의

---

52) http://www.hero.ac.uk를 보라.

적인 사상의 시장의 함정을 전혀 나타내지 않았다. 대학은 특허를 소유할 수 없었고, 지적 재산권은 회사와 교수들 사이에서 비공식적으로 처리되었으며, 대학연구에 대한 산업체의 직접 자금지원은 적었다. 과학 자금지원과 교육에 대한 국가의 통제가 냉전의 패턴을 상기시키는 것은 우연이 아니었다. 이는 미군 점령당국에 의해 강제되었기 때문이다. 그러나 일본 경제가 1990년대에 침체기에 접어들자, 전후 일본의 경제적 성공을 가져왔다며 상찬의 대상이 되었던 바로 그 과학관리 시스템이 이제 일본 경제의 정체를 설명하는 요인으로 쓰이게 되었다. 신자유주의 체제를 부러워하는 비교가 넘쳐났고, 일본은 수많은 세계화 장치들을 도입하게 되었다. 대학에 기술 사용허가 사무국의 개설을 장려하는 1998년 법률이나 일본판 바이-돌법이라 할 만한 1999년 법률, 그리고 새로운 상업적 창업기업에 참여하는 공무원에 대한 제약 완화 등이 그것이다.

　일본에서 연구의 사유화를 향한 추가적인 실험들은 그들에게 영감을 주었다고 하는 미국의 사례를 뛰어넘어 나아가고 있다.(Brender, 2004; Miyake, 2004) 2004년 4월에 실행에 옮겨진 중대 조치를 통해 국립대학은 그 자체가 독립적인 행정기구로 민영화되어 독립적인 공공기업으로 변화한 것과 동등해졌다. 이전까지 비공식적인 개인적 연계의 조밀한 그물망에 기반을 두었던 대학-산업체 관계는 뿌리째 뽑혀 좀 더 "시장매개적인" 구조로의 재형성을 강제받고 있다. 이는 본질적으로 일본 기업들이 미국과는 매우 다른 방식으로 특허와 지적 재산권을 사용해왔다는 사실을 간과한 소치이다. 예를 들어 일본에서는 우리가 앞서 미국의 체제를 묘사할 때처럼 반독점 문제가 한 번도 중요한 역할을 한 적이 없었다. 그럼에도 불구하고 제도로부터 자유로운 사상의 시장이라는 신자유주의적 관념은 그러한 고려를 압도하고 있는 것처럼 보였다.

신자유주의의 득세는 이후 아시아 전역으로 퍼졌다. 많은 중국 대학들은 이미 국가의 시장개방 정책의 압력하에서 창업기업의 육성을 서둘러왔고, 이 과정에서 국가 예산의 긴축과 대학 자금지원의 급격한 감축을 불러왔다. 일부 중국 대학들은 이미 자체 소유의 "회사"들을 운영하고 있다. 이제 중국처럼 성공한 경제에서 모방되고 있는 일본의 교육개혁은 대학에 더 많은 자율성을 주는 방편으로 제시되고 있긴 하지만, 대부분 국가의 재정지원 축소를 변명하는 구실일 뿐이다. 변화하는 거버넌스 구조는 대학을 전인미답의 제대로 이해되지 못한 경쟁의 시대로 몰아넣고 있으며, 여기서 정부는 보조금을 삭감하면서도 평가위원회와 자문위원회들을 설립해 통제권은 유지하는 양쪽 모두를 가지려 애쓰고 있다. 이는 현대적 기업 회계 문화라고 불려온 현상의 전 지구적 징후이다.(Apple, 2005)

요컨대, 발달된 과학기술에서 미국 체제의 장점이라고 하는 것을 모방함과 동시에, 정부 지원의 양을 제한하고 그에 수반된 관료제를 축소하려는 노력이 전 지구적으로 일사불란하게 진행되고 있는 것 같다. 대학들은 민간부문에서 자금을 끌어들이고, 좀 더 사유화된 연구를 수행하고, 교육에는 신경을 덜 쓰는 방식으로 이러한 유인들에 대응해왔다. 이 과정에서 그들은 종종 문화적 장벽에 부딪쳤다. 이는 비미국 대학들이 미국 대학과는 다른 사회적 역할을 수행해왔으며, 사뭇 다른 CGE 환경 속에서 존재한다는 사실에 기인한다. 우리는 결론에서 상업적 기업, 국가, 대학 간의 동맹 변화를 분석하면서 이러한 전 지구적 발전의 결과에 대해 다시 생각해볼 것이다. 그 전에 먼저 지금까지 개관한 발전들에 대한 STS 공동체의 대응을 살펴보기로 하자.

과학연구 수행의 대안적 시장 모델

과학학 분야가 머턴식의 과학사회학에서 단절한 이래로 과학학의 지지자들은 거시적 규모에서 과학의 구조적 속성을 논의할 때면—여기에는 물론 과학의 경제학이 포함된다—과묵함을 지켜왔다. 이는 STS가 냉전 기간 동안 냉전 체제의 틀을 일관되게 논의하는 것을 어렵게 만들었다.(최근들어서는 이 주제에 대한 관심이 살아나고 있지만 말이다.) 이 때문에 당시 냉전 체제에 대한 개관을 제공하는 임무는 과학정책 공동체로 넘어갔고, 결과적으로는 많은 부분 신고전파 경제학자들에게 넘어갔다고 할 수 있다. 1950년대부터 1980년대까지 과학의 시장 모델의 주된 주창자들은 그 시기에 주로 랜드와 연관되어 있었던 일군의 경제학자들이었다. 지식을 취급할 때 그들의 분석적 틀 내에서는 다른 어떤 상품과도 동등한 하나의 "물건" 생산처럼 다루는 오늘날 널리 퍼진 습관을 도입한 것도 그들이었다. 국가 과학정책의 통계를 구성하고 경제성장에 대한 투입물의 일종으로 과학의 모델을 제안한 것도 그들이었다.(Godin, 2005: chapter 15) 그러나 이러한 분석가들은 스스로를 시장 근본주의자로 생각하지 않았고, 오히려 공공보조금을 통해 공공과학을 지탱하고 산업 R&D에서 효과적으로 분리된 학문적 과학을 유지할 필요성을 옹호하는 좌파에 경도된 인물로 스스로를 그려냈다. 그들은 "공공재"라는 분석적 구성물을 이용해 이를 성취해냈다.[53]

---

53) 과학에 대한 신고전파 경제학자들의 접근과 그것의 근간이 된 몇몇 문서들은 Mirowski and Sent(2002, 특히 pp. 38-43)에서 볼 수 있다. 대학의 새로운 정치적 정체성을 창출하는 데 경제학자들이 했던 역할은 Godin(2003: 67)에 언급되어 있다. 그들이 무기 조달에 대해 가졌던 좀 더 구체적인 관심은 Hounshell(2000)에 개괄되어 있다. 당면한 인식론적 문제들 속에서 신고전파 경제학의 역사를 개관한 문헌은 Mirowski(forthcomingA)이다. 부시 보고서에서 경제학자들이 한 역할은 각주 4번과 Mirowski(forthcomingB)를 보라.

"공공재"라는 고안물은 신고전파 경제학의 전통 내에서 정부가 시장에 개입하는 것을 정당화하기 위한 개념적 시도 중 하나였다. 논리인즉슨, 정통 경제학 모델에서 표현된 표준적 속성을 갖지 않는 몇몇 예외적인 "상품"들이 있다는 것이다. 특히 이런 상품들은 "한계비용 제로"로 생산될 수 있는데, 이는 표준적인 균형가격(가격=한계비용일 때)이 상품의 공급부족으로 이어질 수 있으며, 심하면 전혀 생산이 이뤄지지 않을 수도 있음을 말해준다. 공공재는 종종 "비경합적 소비"(내가 상품을 소비하는 것이 동일한 상품의 소비를 감소시키거나 다른 방식으로 방해하지 않는 상황)나 "비배제성"(생산자가 표준적인 재산권을 통해 당신이 상품을 사용하는 것을 막을 수 없는 경우) 같은 예외적 특성들도 추가로 갖게 되는데, 이는 시장이 공공의 수요에 대해 적절한 수준의 상품을 공급하는 데 실패할 수 있는 조건을 뒷받침하는 것으로 인용되었다. 우리는 지금도 "정보"나 "지식"이라 불리는 시장 품목의 특별한 성격에 대해 늘어진 광시곡을 접할 수 있는데, 이는 원래 냉전기의 교의를 부지불식중에 반복하는 것에 불과하다.[54] 분석적 관련성이 필연적으로 존재하는 것이 아님에도 "공공재"라는 용어는 종종 "사적 지식"과 대비되어왔고 "공유지"나 과학에 대한 생득권이 사악한 인클로저 운동에 의해 위배되고 침범당하고 있음을 제시할 때 쓰여왔다.(Boyle, 2000; Lessig, 2001, 2004; Nelson, 2004)

"공공재"의 개념이 현재의 시기는 말할 것도 없고 그 어떤 시기의 과학의 경제학을 이해하는 데 있어서도 결코 유용하거나 효과적인 도구가 되지 못했다고 생각할 만한 수많은 이유들이 있다. 이 개념은 냉전 기간 동

---

54) 가령 Foray(2004: chapter 5), Guena et al.(2003), David(2003), Washburn(2005: 62), Shi(2001)를 보라. "정보경제학"의 계보는 Mirowski(forthcomingA)에서 다뤄지고 있다.

안 미국에서 과학연구에 아낌없이 주어진 공공 보조금을 정당화하기 위해 종종 인용되었지만, 실제로는 주로 과학 자금지원의 군사적이고 국수주의적인 동기로부터 다른 곳으로 주의를 돌리는 역할을 했다. 앞 절에서 설명했던, 기업조직과 학문적 과학이 서로 맞물리고 겹쳐지는 복잡한 방식에 적용되지 않는 것은 두말할 나위도 없다. 지식을 대체가능한 물건으로 다루는 것 역시 이른바 "사상의 시장"의 왜곡에 대한 신자유주의의 공격에서 대수롭지 않은 듯하면서도 중요한 일부분이었고, 과학을 세속의 정치경제를 초월하는 활동으로 그려내는 지배적 관점과 충돌했다. 결국 경제학에서 공공재 이론은 지식생산의 일부분을 사유화하는 것이 "불편하"고 "비효율적"이라고 주장하는 데 그쳤고, 과학연구의 제도가 상품화에 의해 결정적으로 중요한 측면에서 근본적으로 손상되거나 타락할 거라는 주장을 담지는 **않았다**. 그러한 관념은 미국 경제학의 어떤 버전에 대해서도 그 한계를 훌쩍 뛰어넘는 것이었다. 그리고 과학이 손에 잡히는 "물건"을 만들어낸다는 허구를 유지하려면 실제 연구 실천을 그 사회적 맥락 속에서 너무 가깝게 보지 않아야 했다. 어떤 상황에도 상관없이 적용할 수 있는 독립적인 기술로서의 "과학적 방법"이라는 관념은 이러한 이미지와 동전의 양면을 이룬다. 그러나 우리가 여기서 강조하고자 하는 아이러니는 "공공재"의 개념이 이전에 가졌던 이론적 근거를 잃어가고 있는 바로 그 시점에―이는 냉전 체제에서 전 지구적 사유화 체제로의 전환 때문이기도 하고, 신고전파 경제학 내에서 지식을 물건으로 간주하는 경향이 사라지고 행위주체를 정보 처리기로 간주하는 경향이 등장했기 때문이기도 한데(Mirowski, 2002)―과학학 공동체의 일각에서 이를 집어 들어 자신의 목적에 맞게 적용시키기 시작했다는 것이다.

과학학자들은 과학의 자금지원과 조직이 심대한 변화를 겪고 있다는 사실을 그리 빨리 알아챈 편은 못 되었다.[55] 1990년대 중반이 되자 평균적인 과학자의 경력이 변형을 경험하고 있으며―박사학위를 받은 후 처음 대학에 자리를 잡기까지의 기간이 길어지고, 관료적 감시가 증가하고, 돈을 쉽게 벌 수 있는 자리가 종신재직 교수채용을 밀어내고, 공동 저자로 포함되는(혹은 아무런 기여도 인정받지 못하는) 빈도가 늘어나고, "생산력주의"의 기풍이 만연하는―이는 머턴이 그려낸 과학 규범을 침식하는 경향을 가질 수 있다는 관찰이 일반화되었다.(Ziman, 1994) 이 지점에서 적어도 두 그룹의 학자들이 지식 "생산양식"에서의 변화가 탈대학 내지 혁명적인 종류의 과학으로 이어지고 있다는 논의를 시작했다. 한 그룹은 "양식 1/양식 2(mode 1/mode 2)" 분석의 주창자로 알려졌고, 다른 하나는 "삼중나선(triple helix)"이라는 기치하에 확산되고 있다.

현대 과학의 특성을 양식 1/양식 2로 처음 기술한 것은 여러 명의 저자가 같이 쓴 『새로운 지식의 생산(*New Production of Knowledge*)』(Gibbons et al., 1994)에서였다. 이 책은 어떤 특정한 문화권에서 구체적인 과학에 대한 체계적 경험연구를 담고 있지는 않았고, 분명 미국이나 유럽으로 추정되는 환경에서 현재 연구자로서 경력을 추구한다는 것이 어떤 것인지(양식 2)에 대해 다소 산만한 관찰을 담으면서 이를 이전의 상황(양식 1)과 비교했다. 저자들은 이전의 상황이 대부분의 독자들의 기억 속에 생생할 거라고 생각했음이 분명하다. 이 책은 약화된 대학 구조, 과학 분야들이 가진 힘의 전반적인 쇠퇴, 내부 지도 시스템으로서 동료 통제의 약화, 학제적 연구팀의 부상, 자족적 연구소의 쇠락 등과 같은 현상들을 지적했다. 이 첫 번째

---

55) 한 가지 두드러진 예외는 Dickson and Noble(1981)이다. 이 주제에 주의를 환기시킨 초기의 시도는 Slaughter and Rhoades(2002; 초판은 1996)이다.

책은 대학의 상업화 그 자체에 초점을 맞추지는 않았고, 대신 연구 일반이 외부의 이해관계와 관심사들에 좀 더 호응하도록 강제받고 있는 모습을 그려냈다. 앞선 책의 저자들 중 일부가 펴낸 두 번째 책『과학에 대한 재고(Re-thinking Science)』(Nowotny et al., 2001)는 양식 2를 행위자들의 인식론적 가정들에서 나타나는 변화로 내세우는 방향으로 한 걸음 더 나아갔다. 비판자들로부터 자극을 받은 그들은 두 번째 책에서 냉전의 종식이나 바이-돌법의 통과 같은 몇몇 사건들의 중요성을 인정했지만, 양식 2는 구체적인 특정 경제 제도나 실천이 아닌 문화적 범주로 제시되었다. "새로운 형태의 경제적 합리성"의 존재(2001: 37)나 "사회에서 개인주의의 떠오르는 물결은 이제 과학자 공동체에 미치고 있다."는 가정(2001: 103)이 그런 예이다. 이후 자신들의 작업에 관한 심포지엄에서의 기고문(Nowotny et al., 2003: 186-187)에서 그들은 양식 2의 특성을 다음과 같이 압축적으로 제시했다.

- "양식 2 지식은 응용의 맥락에서 산출된다 ⋯ 이는 이론적/실험적 환경에서 산출된 '순수'과학이 적용되는 응용과정과는 다르다."
- 양식 2는 "다양한 이론적 시각과 실천적 방법론의 동원을 의미하는 초분야성"으로 특징지어진다.
- "지식이 생산되는 장소나 생산되는 지식의 유형이 훨씬 더 다양해진다."
- "연구과정은 더 이상 자연(혹은 사회) 세계에 대한 '객관적인' 탐구로 특징지을 수 없다 ⋯ 전통적인 '책임(accountability)'의 관념은 근본적으로 수정되어야 한다."
- "질을 판단할 수 있는 명확하고 도전불가능한 기준을 더 이상 갖지 못하게 될 수 있다."

이러한 개관에서 노보트니와 그 동료들은 자신들의 프로그램이 "두 가지 표준적인 [대안들]보다 좀 더 미묘한 차이를 드러내는 설명"을 제공했다고 단언한다. "기존의 입장들은 상업화를 과학의 자율성(궁극적으로는 과학의 질)에 대한 위협으로 간주하거나, 우선순위와 활용 모두에서 영구를 다시 활성화하는 수단으로 간주하는 것이다."(Nowotny et al., 2003: 188) 또 다른 논문에서 저자들 중 한 사람은 양식 2가 "대학이 좀 더 회사처럼 행동하도록 부추기는 또 하나의 시도를 나타내는 것이 아니"라고 주장했다.(Gibbons, 2003: 107) 이후에 이뤄진 수정들이 그들의 초기 주장을 좀 더 정교화하긴 했지만, "지식"이 여전히 물건이자 제품으로 간주되고 있다는 사실에는 변함이 없었고, 저자들이 오늘날의 발전에 대해 다소 긍정적인 입장을 취해온 것도 마찬가지였다.

삼중나선(3H)이라는 주제는 "양식 1/양식 2" 교의처럼 어떤 특정한 문헌에 포괄적으로 성문화되어 있지는 않지만, 이 주제는 수많은 학술지 특집호와 논문 선집에 퍼져 있다. 이러한 학술지와 단행본들은 헨리 에츠코비츠와 뢰트 레이데스도르프가 주관한 학술회의 결과로 나온 것이 많다. 삼중나선에서 '삼중'은 산업체, 정부, 대학의 세 개 부문과 이들 간의 상호작용을 동시에 보아야 한다는 주장을 가리키는데, 얼른 보면 이러한 원칙은 위에서 우리가 제시한 STS 분석과 닮은 점이 있다.[56] 그러나 좀 더 중요한 것은 대학이 "제2의 학문혁명"을 겪고 있다는, 특히 에츠코비츠가 선호하

---

56) "나선"이라는 표현에 호소한 것은 저자들이 진화론적 고려라고 생각한 것과 함께 산타페 연구소에서 좀 더 자주 발견되는 수많은 용어들—"공진화", "고착", 그리고 다른 형태의 복잡계 비선형 동역학 같은—을 도입하기 위한 단순한 수사적 비유에 불과했던 것으로 보인다. 좀 더 중요한 것은, 이 전통이 우리가 "20세기 과학조직의 세 가지 체제"라는 절에서 했던 것처럼 경제학의 개념과 양태들을 명시적으로 논의하는 것을 피하는 듯 보인다는 점이다.

는 주장이다. 첫 번째 혁명은 기존의 교육기능에 연구기능이 합쳐진 것이었고, 두 번째 혁명은 앞서의 두 기능과 경제발전이 조화를 이루게 된 것이라고 한다. "삼중나선의 조직 원리는 대학이 사회에서 기업가로 더 많은 역할을 할 거라는 기대에 있다."(Etzkowitz, 2003: 300) 그는 어떤 식으로든 교육이나 연구를 방해하지 않으면서 상업화의 모든 요건을 수행할 수 있는 "기업가 대학"의 발생을 그려내면서, MIT를 이러한 새로운 형태의 모범 사례로 되풀이해서 지적해왔다.(Etzkowitz, 2002) 3H에서는 순수한 기업가적 열의가 과학의 상업화를 괴롭혀온 숱한 윤리적 고려를 극복할 수 있는 것으로 제시된다. "이러한 정보기반 경제에서 지식은 동시에 공공재이면서 또 민간재일 수 있다."(Etzkowitz, et al., 2000: 327) 새로운 체제는 심지어 3H의 중심부에 위치한 것으로 보이는 제도적 구분, 가령 기업/대학의 구분마저 흐려놓는 것처럼 보인다. "대학과 기업은 제각기 한때 대체로 상대편의 영역이었던 과업을 맡고 있다."(Leydesdorff & Etzkowitz, 1998: 203) 이는 3H의 지지자들이 대학은 단순히 새로운 요구에 적응할 것을 요구받고 있을 뿐인지, 아니면 대학과 기업의 구조가 수렴해서 단일한 제도적인 기업가적 실체를 새로 만들어내고 있는 것인지 하는 문제를 피해갈 수 있게 해준다.(Shinn, 2002) 우리가 제시한 설명과는 정반대로, "동역학"의 은유적 언어는 실상 대다수의 3H 주창자들이 애초에 교육 부문을 정부나 기업으로부터 구조나 기능 측면에서 분리시킨 요인이 무엇이었는지를 자세하게 탐구하지 않아도 되게끔 해준다.

양식 2와 3H의 저자들은 모두 자신들의 "패러다임"이 사실상 서로 분석적인 경쟁관계에 있음을 인정해왔다. 또한 한두 곳에서 그들은 자신들의 작업을 통해 "STS에 도전을 제기하려" 했음을 인정하기도 했다.[57] 몇몇 과학자들은 이러한 도전을 받아들였고, 이 과정에서 자신들이 접한 내용에 그리 만족하지 못하는 모습을 보였다. 일련의 날카로운 비판적 논평들에서 그들은 양식 2와 3H가 모두 역사로서도, 동시대의 과학정책으로서도 부족한 점이 많다고 보았고, 이러한 문헌들이 폭넓게 주목받고 있는 이유가 과연 무엇인지를 자문해보았다.[58] 대다수의 논평가들은 양식 2 문헌들이 어떤 논증가능한 경험적 요소도 결여하고 있다고 공격했지만, 3H 내부의 상황은 좀 더 복잡하다.

양식 2의 저자들은 과학철학자들을 좀 더 연상케 하는 방식으로 주장을 펼치고 있다. 그들은 변화된 "인식론"의 성격을 늘어놓으면서도 구체적으로 어떤 행위주체가 이런 통찰을 경험할 수 있는지에는 별로 주의를 기울이지 않았고 이러한 변화를 촉진하는 제도를 해부하려는 노력은 더욱 등한시했다. 반면 3H의 저자들은 다양한 국가와 문화권에서 과학정책과 교육의 문제에 대한 구체적인 연구를 장려해왔다.(이는 종종 그들이 격년으로 개최하는 학술회의에서 발표되었다.) 그러나 비판자들의 생각은 여전히 그런 구체적 연구가 합쳐져 일관된 분석으로 이어지지는 못하고 있다는 것이다. 대신 세계화는 기업가 정신이 주변부의 대학들로 확산되는 유익한 과정으로 간주된다.(Etzkowitz, 2003: 297) 예를 들어 에츠코비츠가 특히 MIT에 관해 쓴 글을 보면, 그것은 "역사라기보다 이 대학을 경제발전의 원동력으로 소개하는 글"에 가깝다.(Bassett, 2003: 769) 다른 논문에서 3H의 저자들은 기업 R&D가 점차 외주로 이뤄지고 있다고 짧게 언급하고 있는데, 그러면

---

57) "도전을 제기한다."는 인용은 Etzkowitz et al.(1998: xii)에서 나온 것이다. "삼중나선 담론의 또 다른 목적은 과학학을 미시과정에 협소하게 초점을 맞추는 구성주의로부터 다른 방향으로 돌리는 것이다."(Etzkowitz, 2003: 332) 양식 2 저자들 중 한 사람의 비판적 의제는 Guggenheim and Nowotny(2003)에서 가져왔다.

58) 이 문단에 요약된 비판들은 아래 문헌에서 뽑은 것이다. Delanty(2001), Elzinga(2004), Shinn(2002), Pestre(2003), Bassett(2003), Ziedonis(2004).

서도 그것이 어떤 형태를 띠는지 혹은 어떤 원인이 작용한 결과인지에 대해서는 거의 호기심을 드러내지 않는다.(Etzkowitz et al., 1998: 55) 지적 재산권 문제에 대한 탐구도 여전히 충분치 못하다.

그렇다면 양식 2와 3H가 그토록 매력적으로 받아들여진 이유는 무엇일까? 우리의 견해로는—비판자들도 비슷한 견해를 보였다—이 둘은 모두 "세상에 대한 신조합주의적(neo-corporatist) 전망의 정당화"를 꾀하는 저자들에게 편리한 큰 틀을 제공해주었다.(Shinn, 2002: 608) 양식 2의 경우, 이는 패권을 쥔 선진국에 위치한 인문학 전공의 고등교육 관료나 학자들을 대상으로 하는 경향이 있다. 그들의 두려움을 완화시킬 필요가 있기 때문이다.

대학은 이처럼 산업체와 새롭고 더욱 긴밀한 관계에 돌입하면서 공공선에 봉사하는 독립적이고 자율적인 기관으로서의 지위는 여전히 유지할 수 있을까? 이에 대한 답은 반드시 예스라야 한다.(Gibbons, 2003: 115)

3H의 경우, 우리가 경험하기로는 개발도상국에 위치한 학자들 혹은 선진국의 주변부 지역에 위치한 학자들에게 좀 더 호소하는 경향이 있다. 이러한 학자들은 지역의 과학정책에서 훨씬 더 직접적으로 활동하는 경향이 있고, 따라서 자유시장 세계화의 신자유주의적 교의를 미국 학자들이 감당할 수 있는 바로 그런 정도까지 당연한 것으로 받아들일 수는 없다. 그들이 가진 연구 하부구조는 세계 주요 대학들이 지닌 자신에 찬 명성을 누리지 못하며, 그 결과 이러한 개인들은 지역의 정부기관이나 다국적기업들이 적절한 수준의 고품질 교육과 연구를 제공하려는 자신들의 노력에 공공연하게 영향을 미치는 방식에 좀 더 많은 주목을 기울여야 함을 이해하

게 된다. 그럼에도 불구하고 그들의 활동은 특정한 지역적 조건—법률상의 미묘한 차이건, 지역 교육의 관습이건, 대안적 발전 경로에 대한 독특한 국가주의적 야심이건 간에—에 너무 긴밀하게 얽매어 있지 않은 것으로 보이는 포괄적인 이론적 분석을 필요로 한다. 분석의 포괄적 성격과 법률적 구체성의 생략은, 그렇게 하지 않았다면 외국 학자들에게 여전히 닫혀 있었을 패권적 학술지들(종종 영어로 발간되는)이나 다른 경로를 통한 발표에 도움이 될 것이다. 그들은 세계화를 크게 의심하는 눈으로 바라보는 지역 주민들에게 종종 호응하는 것처럼 보여야 하지만, 최종적인 분석에서 그들은 종종 외부로부터 강제되는 상업화 기획들에 대해 제한적인 찬성을 표현하는 어려운 위치에 놓이게 된다. 예를 들어 WTO가 지시하는 지적 재산권의 변화, 정부가 지시하는 공공교육 지출의 삭감, 자신들이 목표로 삼은 관심영역에서 제한된 소수의 기업가적 과학자들에게 연구를 위탁하는 다국적기업 등이 그런 것들이다.[59] 이런 방식으로 3H는 지난 20년간 전 세계 어느 대학, 기업연구소, 정부 연구시설에서도 느낄 수 있게 된 세계화의 또 다른 징후가 되어버렸다.

양식 1/양식 2와 3H는 모두 우리가 이 장의 서론에서 파악한 것과 동일한 약점을 보이고 있다. 그들은 과학 자금지원과 과학조직의 현대적 발전에 대해 선명한 이전/이후 접근법을 취하면서, 이를 만능의 교의로 부풀려 궁극적으로는 신자유주의적 사고방식을 지역의 고등교육 하부구조와 (그런 것이 있을 경우) 정부가 조직하는 과학연구 역량에 포괄적으로 강제한다. 그들은 신고전파 과학경제학에서 모든 실질적인 기술적 내용은 걸러내 버

---

59) 연구의 상업화에 대한 예전의 회의적 분석에서 후퇴한 3H 용어의 사용은 가령 Campbell et al.(2004)에서 볼 수 있다.

린 후 좀 더 입맛에 맞는 버전으로 만들어 제공한다. 이는 좀 더 공공연하게 지지했을 경우 그들이 봉사하기로 맹세한 부류의 의뢰인들을 내치고 당혹감에 빠뜨릴 수 있기 때문이다. 그들은 신자유주의 경제학자를 서투르게 모방해 결국에는 어떠한 시장화된 과학이라도 필연적으로 자유를 증진시키고 선택의 폭을 넓히고, 확대된 참여를 촉진하고, 전반적인 복지를 향상시킨다고 단순히 가정할 뿐이다.

여기는 제2차 세계대전 이후 경제와 국가에 대한 신자유주의적 이론의 부상을 요약하고 비평하기에는 적당한 지면이 아니다.[60] 다만 신자유주의는 국가와 시장 모두를 신고전파 경제 모델의 동등하고 평평한 존재론적 지평으로 환원시킴으로써, 고전 자유주의 이론에서 상정하는 자기이해 관계를 가진 행위주체와 국가 사이의 긴장을 뛰어넘는다는 점에서 이전의 고전 이론과 다르다는 점을 지적하는 정도로 충분할 것이다. "자유"는 기업가적 활동과 융합되며, 국가의 기능은 시장관계로 환원되는 방식으로 "합리화"된다. 그래서 양식 2와 3H에서 모두 찾아볼 수 있는, 대학과 기업 혹은 "공공 대 민간" 과학 간의 구분을 흐려놓는 경향은 신자유주의적 의제로부터 파생된 결과물이다. 이는 교육이 더 이상 견실한 시민들을 양성하고 문화적 발달을 촉진하는 훔볼트적 이상에 봉사하는 것이 아니라 또 하나의 대체가능한 상품으로 간주되어야 한다고 규정한다.(Friedman, 1962) 가난한 사람들은 그중 많은 것을 감당할 능력이 안 될 것이고 "고등교육"은 분명 거의 힘들 것이기 때문에, 그들은 수동적인 소비자의 역할로 격하

---

60) 그러나 Barry et al.(1996), Rose(1999), Walpen(2004), Apple(2005), Mirowski and Plehwe(forthcoming)를 보라. 각주 11번에서 언급했듯이, 지식생산과 지식전달을 사유화하려는 신자유주의의 압박은 1950년대까지 거슬러 올라간다.

되며, 반면 기업의 전문가 계층이 과학연구를 효과적으로 정의하고 조종하게 된다.[61] 연구 하부구조를 지탱할 수 있는 종류의 과학은 기업 소비자의 필요에 호응하는 과학일 것이다.(안성맞춤인 것은 기업이 그동안 자체적인 R&D를 외주로 돌리는 데 좀 더 관심을 갖게 되었다는 점이다.) 신자유주의는 대단히 많은 점에서 상의하달식의 프로젝트이며, 그것의 영향하에서 "민주주의"는 친기업적 "자유시장" 정책을 포함하면서 고도로 양식화되고 상업화된 "선거"들이 곁들여진 것으로 재정의되었다.

우리가 STS 연구 일반과 부합하는 좀 더 나은 지향점을 갖고 있다고 믿는 새로운 과학경제학에서는 모종의 경제적 토대가 항상 과학연구의 조직과 관리를 형성해왔다는 점을 받아들이지만, 시대와 장소를 초월하는 시장 따위는 존재하지 않기 때문에 완전하게 구축된 "사상의 시장"은 어디에서도 존재한 적이 없다고 본다.[62] 시장은 복수의 개념이며, 시간에 따라 또 다양한 문화권 사이에 동일한 결과를 만들어내지 않기 때문에(미국에서 상업화된 과학의 본질이 앞선 절에서 다루었던 세 개의 체제 사이에 극적으로 달랐던 것처럼), 과학의 조직과정에서 대학, 기업, 정부라는 주요 행위자 각각의 세밀한 활동구조를 세부적으로 기술하는 것은 더욱더 긴요한 일이 된다. 과학을 요소구조들(실험실, 병원, 야외 관측소, 강의실, 도서관, 학술회의)로 분해하고 과학의 관리자들을 다양한 행위주체들(대학교수, 기업체 임원, 정부 대표, 자선재단 이사)로 분해하는 것은 과학의 경제학에 대해 사회학적 감각

---

61) STS 공동체 중 "과학 홍보" 운동을 비판하는 데 관심을 가진 분파는 여기서 가장 큰 혐오의 대상 중 하나를 알아볼 것이다. 신자유주의에 대한 이해는 유전자변형식품, 줄기세포 연구, 의약품의 안전성, 그 외 오늘날 과학학의 여러 쟁점들을 둘러싼 논쟁에 대해 다른 시각을 가능케 한다.

62) 이런 전망을 지지하는 유형의 경제 이론은 Mirowski(2007)에서 논의되고 있다.

을 지닌 설명을 구성해내는 첫걸음이며, 양식 2와 3H가 보였던 경향처럼 이들을 균질적인 기업가적 행위주체로 뭉뚱그리지 않는 것이다. 누가 누구에게 돈을 주고, 누가 누구에게 무엇에 대해 답하는가는 그로부터 촉진되는 지식의 종류에 영향을 미친다. 분석가들은 누가 어떤 다양한 상황하에서 실험실 노동을 수행하는가에 좀 더 주의를 기울여야 하고, 연구의 결과물이 어떻게 출간되거나 다른 방식으로 공표되는가를 물어봐야 하고, 실험실과 기업 간에 물질적 항목들의 흐름을 추적해야 하고, 실제 작동하는 귀속이나 심사의 형태를 상세히 기록해야 하고, 어떤 제도와 관습이 "저자"를 구성하고 지탱하는지 질문을 던져야 한다. 어디서 어떤 방식으로 대학의 다양한 구성요소들이 상업화되는가(Slaughter & Rhoades, 2004; Kirp, 2003)는 많은 다른 명백한 변수들(가령 개념적 진보와 상업적 발전에 가장 유망한 것으로 간주되는 다양한 과학 분야들의 정체성)만큼이나 과학의 건강성에 중요한 의미를 갖는다. 특히 최근 나타난 "연구도구"의 상품화라는 혁신은 과학연구의 거의 모든 측면에 중대한 함의를 지니는데, 이러한 함의 대부분은 신자유주의의 영향을 받은 과학정책 분석가들에 의해 적절하게 탐구를 거치지 못했다.[63] 과학 전체가 "지식"이라고 불리는 물건 같은 실체를 찍어내는 생산과정이라고 단순히 가정하는 것은 우리의 이해를 증진시키지 못한다. 정보를 물화하고 상품화하는 시도는 그 자체가 현대의 사유화 체제가 만들어낸 산물이다. 이는 결코 완전히 성공을 거둘 수 없는 과정인데, 물화된 정보의 완벽한 성문화와 통제는 과학탐구를 마비시킬 것이기

---

63) Walsh et al.(2003, 2005)에 나오는 연구도구에 대한 논의와 이 연구를 비판한 David (2003)를 보라. 연구도구의 상업화에 관한 또 다른 중요한 연구는 Eisenberg(2001)와 Streitz and Bennett(2003)에 인용돼 있다.

때문이다.

이러한 진술은 과장이 아니다. 예를 들어 3H나 그 외 다른 곳에서 찾아볼 수 있는, 대학과 기업이 단일한 상업적 실체로 수렴하고 있다는 주장을 생각해보자. 대학이 점점 더 정교한 방식으로 기업처럼 행동하는 현상―상표의 활용에서 노동집약적 기능들의 외주 운영까지―을 볼 수 있는 것은 분명 사실이지만, 미국 대학 중에서 비영리기관으로 누리는 특별한 지위나 국가 하부구조 내에서 교육 공간에 주어지는 일련의 부수입들을 송두리째 기꺼이 포기하려 드는 곳은 극히 적을 것이다. 실제로 그것을 포기한 극소수의 대학들―가령 피닉스대학 같은―은 진지한 연구역량을 유지하는 데서 분명히 손을 뗐고 그 결과 디지털 졸업장 공장보다 나을 것이 없어졌다. 1990년대에 기존 대학들에서 진행된 상업화의 대부분은 상대적으로 적은 수의 자연과학 교수들이 비영리 지위의 모든 과실을 그대로 누리면서 상업적 기회를 활용하고 싶어 했던 몇몇 기업가적인 대학 당국자들과 결탁해 나타난 결과였다. 그들이 캐낸 노다지는 대학의 나머지 부분을 온갖 종류의 신자유주의적 "개혁"에 활짝 열어준 트로이의 목마였다. 만약 현존하는 모든 증거와는 정반대로 대학들이 결국 정말 기업이 되어버린다면, 현재 하나의 캠퍼스에 결합되어 있는 숱한 기능들도 산산이 분해될 것을 예상할 수 있다. 도서관은 사라질 것이고(Kirp, 2003: 114), 많은 비용이 드는 직업학교들(대학병원 같은)은 별도의 단위로 이전될 것이며, 고용된 시장지향 연구는 "기술이전 사무소"와 함께 별도의 연구공원에 위치한 계약연구기관으로 옮겨갈 것이고, 극장과 콘서트홀은 독립할 것이며, 저비용 "원격교육"은 값싼 해외노동을 찾아 떠날 것이고, 기숙사는 공공주택으로 매각될 것이다.

현대 과학경제학의 근본적인 수수께끼는 복(Bok, 2003), 볼티모어

(Baltimore, 2003), 더스비 & 더스비(Thursby & Thrusby, 2003)와 같은 후원자들의 말과는 정반대로, 현재 과학 상업화의 질서가 안정적이지도 않고 존립가능하지도 않다는 것이다. 기업들은 학문적 과학이 비용을 절감시켜주는 한 거기에 관심을 갖는다. 다시 말해 대학이 비영리 지위를 이용해 받게 되는 다양한 보조금을 계속 받는 한 말이다. 슬로터와 로즈(Slaughter & Rhoades, 2004: 308)가 말했듯이 "새로운 경제에서의 대학 자본주의는 공공 보조금의 축소가 아닌 이전을 포함한다." 그러나 대학연구의 상업화라는 사실은 그러한 지위와 거기 따른 비용 우위를 위험에 빠뜨린다. 이미 미국의 주 의원들은 주요 대학들이 "재정을 스스로 해결할" 것을 기대한다. 영국의 대학들은 외국인 학생들을 끌어들일 것으로 기대를 받는다. 대학 내 단위들에게 "수입 중앙 관리"를 강제하는 것은 이미 탈챈들러식 기업에서 일어났던 재구조화 과정을 그곳에서 시작한다.(Kirp, 2003: 115-128) 교육이 연구로부터 점점 더 분리되어 비교수진이나 다른 이민노동에 도급을 주면 줄수록, 통합되고 많은 비용이 들어간 전문 연구시설을 유지해야 할 정치적 근거는 희박해진다. 누군가가 그 자체로 수지맞는 기업인 사립대학에 많은 현금을 유산으로 남겨주고 싶어질 이유가 뭐가 있겠는가? 자신의 재산을 제너럴 모터스에 남기고 죽는 사람은 없다.(설사 GM이 약간의 도움을 받는 것에 개의치 않는다고 하더라도 말이다.) 자연과학 교수진이 기업적 역할에 포섭되어 낮 시간에 두 개 이상의 일자리를 유지하게 될수록 사회과학과 인문학의 가난한 "동료"들에게 교차 보조금 지원을 덜 기꺼이 하게 될 것이다. 점점 더 사유화되고 분열된 교육 부문이 얼마나 더 오래 주 보조금이나 자선단체의 보조금을 계속 기반으로 받을 수 있을 것으로 기대할 수 있을까?

학문적 과학의 상업화에서 현재의 수혜자들은 자신들이 가진 황금알을 낳는 거위를 죽여버리고 있는지도 모른다.

결론

과학의 상업화에 대한 관심은 냉전의 해체, 군대 자금지원의 감소, 정부 간섭에 대한 적대감, 과학의 궁극적 목적에 대한 대중의 회의적 태도, 과학자들의 책임에 대한 문제제기, 기업과 과학 간의 관계를 발전시키라는 압박 등과 함께 기하급수적으로 증가했다. 우리는 과학이 조직과 경비절감의 새로운 단계로 진입했다는 사실을 확인하는 것을 넘어, 서로 다른 형태의 자금지원과 조직이 과학의 수행과 내용을 과학사 전반에 걸쳐 형성해왔으며, 이는 상업적 기업, 국가, 대학 간의 동맹관계 변화로 특징지어진다고 주장했다.

오늘날의 전 지구적 사유화 체제에 대해 신자유주의적 관점에서는 국가 연구 시스템이 대학 부문을 좀 더 효율적으로 만들라는 한결같은 시장의 압력에 단순히 반응하고 있는 것뿐이라고 주장하지만, 이러한 분석은 획기적 변화로 귀결되고 있는 일사불란한 활동의 너무나 많은 부분을 놓치고 있다. 이것이야말로 경제학자들과 그들의 발자국을 쫓아온 STS의 분파가 내놓은 수많은 예측에 내재한 문제이다. 오늘날의 상업화된 과학은 20세기 초의 과학과 심대하게 다르며, 그 차이는 이전 시기의 냉전 체제와 다른 정도와 거의 맞먹는다. 우리는 경제적 제도가 과학적 실천의 전 범위—정당한 "과학 저자"의 정의에서부터 지식의 유효성을 금전적 수익가능성과 한데 합쳐버렸을 때 나타나는 결과까지—에 미치는 영향을 탐구하는 STS의 한 버전을 지지한다. 이전에 있었던 실험실 생활에 대한 미시사회학과는 달리, 우리는 행위소들이 사회 속에서 어떻게 "순환"하는가가 아니라 존립가능한 실험실이 어떻게 **구성되고 유지되는가**에 관심이 있다.

특히 우리는 지금까지 제시한 CGE 분석을 확장해 현대 세계체제에 있는 네 번째 부류의 행위자들을 고려에 넣을 필요가 있다고 주장하면서 글을 마치려 한다. 과학은 기업, 정부, 대학에 의해 촉진될 뿐 아니라, 20세기 들어서는 점차로 연구활동과 제도의 상업화와 표준화를 전파시키는 국제기구들에 의해 조직되고 지원을 받아왔다. 여기서 엘징가(Elzinga, 2001)는 국제화와 세계화 사이의 유익한 구분을 제시했다. 전자가 신뢰와 연대감에 입각한 것이라면 후자는 이윤추구 동기에 의해 추동되는 것이다. 전자는 과학기술의 의사소통과 협력을 위한 국가 간 연계의 증식과 확장을 포함한다. 후자는 기술적 동맹뿐 아니라 경쟁 이전 단계의 연구를 대상으로 한 대규모 산업체들 간의 상호연결에 관한 것이다. 전자는 과학 비정부기구(non-governmental organization, NGO)와 간정부기구(inter-governmental organization, IGO)뿐 아니라 비정부 시민사회기구(시민 NGO)에 의해 촉진되는 반면, 후자는 초국적기업들의 지원을 받는다. 엘징가는 자가목표(autoletic) 기구와 타가목표(heteroletic) 기구도 서로 구분했다. 전자는 과학 NGO처럼 과학이라는 목표에 봉사하는 것이고, 후자는 과학 IGO처럼 정부의 활동에 의해 만들어지고 유지되는 것이다.[64]

우리의 목적을 위해서는 다양한 기구들을 세 가지 부류로 나눌 수 있다. (1) 국제무역의 안정된 기반을 제공한다는 명목하에 지적 재산권과 서비스 교역의 표준화된 규칙을 전파하고 강제해온 세계무역기구(Drahos &

---

64) 이에 더해 엘징가(Elzinga, 2001)는 국제화와 세계화를 향한 움직임에도 불구하고 과학지식이 처음 만들어진 곳에 계속 고도로 집중되는 사실은 과학이 공공재라는 관념과 날카롭게 대비된다는 통찰력 있는 지적을 했다.

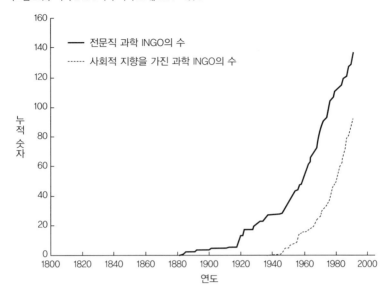

〈그림 26.2〉 과학 INGO의 누적적 토대, 1870~1990

Braithwaite, 2002; Sell, 2003), (2) 유네스코와 세계지적재산권기구(WIPO)를 통해 국제적 과학정책을 촉진해온 유엔, (3) 전 지구적 사유화 체제의 확산에서 결정적인 역할을 담당해온 다수의 국제비정부기구(INGO)(Drori et al., 2003).

　이전의 머턴주의적 접근은 과학이 정치를 넘어서, 혹은 정치 바깥에서 존속하는 것이라고 간주하는 경향이 있었다. 이러한 국제기구들이 몇몇 중추적인 과학제도들을 확산시키는 데 이용한 수단들의 목록보다 이런 믿음이 낡았음을 더 잘 드러내주는 것은 없다. 물론 몇몇 기구들은 국가별 과학자 전문직 단체의 국제 지부에 불과하며, 그런 점에서 과학의 자기조직에 대한 이전의 머턴주의적 이미지에 부합한다. 그러나 제2차 세계대전 후에는 점차 과학자와 일반인들을 활동가 그룹으로 결합시켜 경제 및 정치 발전의 명목으로 제3세계에 "최선의 과학(best-practice science)" 모델의 확산을 추구하는 정치적 지향의 INGO들이 여기 합류했다.

이러한 INGO들의 활동은 앞서 개관한 것처럼 기업들이 어떻게 그토록 넓은 범위의 여러 문화권들을 가로지르는 맥락에서 전 지구적으로 표준화된 연구역량을 활용하는 것이 가능했는가를 어느 정도 설명해준다. 거의 모든 선진국에서, 또 이제는 점점 개발도상국의 일부 지역—가까운 장래에 기업 R&D가 이동하게 될(Economist Intelligence Unit, 2004)—까지도 유사한 과학정책이 퍼져 나가는 것은 많은 부분 INGO들의 활동에 기인한 것이다. INGO들은 지역의 국가 교육 시스템과 정부의 과학정책 부서 내에 상대적으로 전형적인 상업화된 연구의 문화를 전파하고 있다. 표준화를 향한 이러한 압박이 갖는 함의는 탈체현된 "과학적 세계관" 같은 것의 단순한 전파나 이전까지 미개발된 지역에 인터넷을 수출하는 정도를 훨씬 넘어선다. 예를 들어 과학제도의 표준화와 국지적 지식의 정당성 부정은 영리목적 고등교육의 세계화에 필수적인 전제조건임과 동시에(Morey, 2004) 많은 일상적 과학노동을 저임금 국가들에 외주를 주기 위한 전조라는 것이 드러났다. 결국 고임금 대학 부문은 또 한 차례의 심각한 인원삭감, 비용절감, 발달되고 변화한 모국에서 저임금 지역으로의 외주 등으로 고초를 겪을 다음번 주요 경제영역인 셈이다. STS 학자들은 이러한 변화가 과학연구의 내용에 전례 없는 영향을 미치는 일이 임박했음을 깨닫게 될 것이다.

새로운 전 지구적 사유화 체제에 대한 분석은 광범위하고 널리 퍼진 현상이 되고 있는 변화를 이해하기 위해 끌어들이는 이론적 지향에 따라 달라질 것이다. 신고전파 경제학에 입각한 현재 대부분의 연구들은 이 장에서 다루었던 많은 현상들을 무시하거나 잘못 이해해왔다. 이를 대신하기 위해 우리는 새로운 과학의 정치경제학을 제안했다. 이는 STS의 최근 발전과 결합해 상업화가 현대 과학의 실천에 미치는 영향에 대한 독립적 분석을 만들어낼 것이다.

참고문헌

Akera, Atsushi (2002) "IBM's Early Adaptation to Cold War Markets," *Business History Review* 76: 767–802.

Anderson, Howard (2004) "Why Big Companies Can't Invent," *Technology Review* May: 56–59.

Angell, Marcia (2004) *The Truth About the Drug Companies* (New York: Random House).

Apple, Michael (2005) "Education, Markets and an Audit Culture," *Critical Quarterly* 47: 11–29.

Asner, Glen (2004) "The Linear Model, the U.S. Department of Defense, and the Golden Age of Industrial Research," in Karl Grandin, Nina Wormbs, and Sven Widmalm (eds), *The Science-Industry Nexus* (Sagamore: Science History Publications).

Baltimore, David (2003) "On Over-Weighting the Bottom Line," *Science* 301: 1050–1051.

Barry, Andrew & Don Slater (2003) "Technology, Politics and the Market: An Interview with Michel Callon," *Economy and Society* 31: 285–306.

Barry, Andrew, Thomas Osborne, & Nikolas Rose (eds) (1996) *Foucault and Political Reason: Liberalism, Neoliberalism and the Rationalities of Government* (London: UCL Press).

Bassett, Ross (2003) "Review of Etzkowitz: *MIT and the Rise of Entrepreneurial Science*," *Isis* 94(4): 768–769.

Berman, Dennis (2003) "At Bell Labs, Hard Times Take Toll on Pure Science," *Wall Street Journal*, May 23: A1.

Bernstein, Richard (2004) "Germany's Halls of Ivy Are Needing Miracle-Gro," *New York Times*, May 9.

Boersma, Kees (2002) *Inventing Structures for Industrial Research: A History of the Philips Natlab, 1914–1946* (Amsterdam: Askant).

Bok, Derek (2003) *Universities in the Marketplace: The Commercialization of Higher Education* (Princeton, NJ: Princeton University Press).

Borrás, Susana (2003) *The Innovation Policy of the European Union: From*

Government to Governance (Cheltenham, U.K.: Edward Elgar).

Bourdieu, Pierre (2004) *Science of Science and Reflexivity* (Cambridge: Polity Press).

Boyle, James (2000) "Cruel, Mean or Lavish? Economic Analysis, Price Discrimination, and Digital Intellectual Property," *Vanderbilt Law Review* 53: 2007 – 2039.

Brender, Alan (2004) "In Japan, Radical Reform or Same Old Subservience? National Universities Wonder How Much Freedom They Will Be Given Under Looser Government Oversight," *Chronicle of Higher Education*, March 12.

Brown, James R. (2000) "Privatizing the University," *Science* 290: 1701.

Buderi, Robert (2000) *Engines of Tomorrow* (New York: Simon & Schuster).

Buderi, Robert (2002) "The Once and Future Industrial Research," in Albert H. Teich, Stephen D. Nelson, & Stephen J. Lita (eds), *AAAS Science and Technology Policy Yearbook:* 245 – 251.

Burke, James, Gerald Epstein, & Choi Minsik (2004) *Rising Foreign Outsourcing and Employment Losses in U.S. Manufacturing, 1987–2002*, PERI Working Paper No. 89, University of Massachusetts.

Busch, Lawrence, Richard Allison, Craig Harris, Alan Rudy, Bradley T. Shaw, Toby Ten Eyck, Dawn Coppin, Jason Konefal, & Christopher Oliver (2004) *External Review of the Collaborative Research Agreement Between Novartis and the Regents of the University of California* (East Lansing Michigan State University Institute for Food and Agricultural Standards).

Callon, Michel (ed) (1998) *The Laws of the Markets* (Oxford: Blackwell).

Caloghirou, Yannis, Stavres Ionnides, & Nicholas Vontoras (2003) "Research Joint Ventures," *Journal of Economic Surveys* 17: 541 – 570.

Calvert, Jane (2004) "The Idea of Basic Research in Language and Practice," *Minerva* 42: 251 – 268.

Campbell, Eric, Joshua Powers, David Blumenthal, & Brian Biles (2004) "Inside the Triple Helix: Technology Transfer and the Commercialization of the Life Sciences," *Health Affairs* (January – February) 23(1): 64 – 76.

Capshew, James & Karen Rader (1992) "Big Science: Price to the Present," *Osiris* 2nd series 7: 3 – 25.

Chandler, Alfred (1977) *The Visible Hand* (Cambridge, MA: Harvard University Press).

Chandler, Alfred (2005a) "Response to the Symposium," *Enterprise and Society* 6: 134 – 137.

Chandler, Alfred (2005b) *Shaping the Industrial Century* (Cambridge, MA: Harvard University Press).

Chesbrough, Hank (2001) "Is the Central R&D Lab Obsolete?" *Technology Review* April.

Chilvers, C. (2003) "The Dilemmas of Seditious Men: The Crowther-Hessen Correspondence," *British Journal for the History of Science* 36(4): 417–435.

Cohen, Wesley & Stephen Merrill (eds) (2003) *Patents in the Knowledge-Based Economy* (Washington, DC: National Academies Press).

Daemmrich, Arthur (2004) *Pharmacopolitics* (Chapel Hill: University of North Carolina Press).

David, Paul (2003) "The Economic Logic of Open Science and the Balance Between Private Property Rights and the Public Domain in Scientific Information," in *The Role of Scientific and Technical Data and Information in the Public Domain* (Washington, DC: National Academies Press): 19–34.

David, Paul (2004) "Can Open Science Be Protected from the Evolving Regime of IPR Protection?" *Journal of Institutional and Theoretical Economics* 160(1): 9–34.

Delanty, Gerard (2001) *Challenging Knowledge: The University in the Knowledge Society* (Buckingham, U.K.: Open University Press).

Dennis, Michael (1987) "Accounting for Research," *Social Studies of Science* 17: 479–518.

Dennis, Michael (1997) "Historiography of Science: An American Perspective," in John Krige & Dominique Pestre (eds) (1997), *Science in the 20th Century* (Amsterdam: Harwood): 1–26.

Diamond, Arthur M. (1994) "The Economics of Science," discussion paper dated February 13 for National Science Foundation Conference, Washington, DC, January 1995. Appendix of comments by various experts dated December 14, 1994.

Dickson, David & David Noble (1981) "By Force of Reason: The Politics of Science and Technology Policy," in Tom Ferguson & Joel Rogers (eds), *The Hidden Election: Politics and Economics in the 1980 Presidential Campaign* (New York: Pantheon): 260–312.

Dillon, Sam (2004) "U.S. Slips in Status as a Hub of Higher Education," *New York Times*, December 21: A1.

Djelic, Marie-Laure (1998) *Exporting the American Model* (New York: Oxford

University Press).

Djelic, Marie-Laure & Sigrid Quack (eds) (2003) *Globalization and Institutions: Rewriting the Rules of the Economic Game* (Cheltenham, U.K.: Edward Elgar).

Drahos, Peter & John Braithwaite (2002) *Information Feudalism: Who Owns the Knowledge Economy?* (New York: New Press).

Drori, Gili, John Meyer, Francisco Ramirez, & Eric Schofer (2003) *Science in the Modern World Polity: Institutionalization and Globalization* (Stanford, CA: Stanford University Press).

Economist Intelligence Unit (2004) *Scattering the Seed of Invention: The Globalization of Research and Development*. Available at: http://www.eiu.com.

Eisenberg, Rebecca (2001) "Bargaining over the Transfer of Research Tools," in R. Dreyfuss, H. First, & D. Zimmerman (eds), *Expanding the Boundaries of Intellectual Property* (Oxford: Oxford University Press): 223–249.

Elzinga, Aant (2001) "Science and Technology: Internationalization," in Neil J. Schmelser & Paul B. Baltes (eds), *International Encyclopedia of the Social and Behavioural Sciences,* vol. 20 (Elsevier: Amsterdam): 13633–13638.

Elzinga, Aant (2004) "The New Production of Reductionism in Models Relating to Research Policy," in Karl Grandin, Nina Wormbs, & Sven Widmalm (eds), *The Science-Industry Nexus: History, Policy, Implications* (Sagamore Beach, MA: Science History Publications): 277–304. (Symposium paper presented at Nobel Symposium, Swedish Royal Academy of Sciences, Stockholm, November, 2002.).

Endlich, Lisa (2004) *Optical Illusions: Lucent and the Crash of Telecom* (New York: Simon & Schuster).

Etzkowitz, Henry (2002) *MIT and the Rise of Entrepreneurial Science* (London: Routledge).

Etzkowitz, Henry (2003) "Innovation in Innovation: The Triple Helix in University-Industry-Government Relations," *Social Science Information* 42(3): 293–337.

Etzkowitz, Henry & Loet Leydesdorff (2000) "The Dynamics of Innovation: A Triple Helix of University-Industry-Government Relations," *Research Policy* 29(2): 109–123.

Etzkowitz, Henry, Andrew Webster, & P. Healey (eds) (1998) *Capitalizing Knowledge: New Intersections of Industry and Academia* (Albany: State University of New York Press).

Etzkowitz, Henry, Andrew Webster, Christiane Gebhardt, & Branca Terra (2000) "The Future of the University and the University of the Future: Evolution of Ivory Tower to Entrepreneurial Paradigm," *Research Policy* 29: 313–330.

European Commission (2003–2004) *Towards a European Research Area: Science, Technology, and Innovation: Key Figures 2003–2004*. Available at: ec.europa.eu/research.

Ezrahi, Yaron (1990) *The Descent of Icarus* (Cambridge, MA: Harvard University Press).

Feldman, Maryann, Albert Link, & Donald Siegel (2002) *The Economics of Science and Technology* (Boston: Kluwer).

Fish, Catherine (1998) "Removing the Fuel of Interest from the Fires of Genius," *University of Chicago Law Review* 65: 1127–1198.

Foray, Dominique (2004) *The Economics of Knowledge* (Cambridge: MIT Press).

Forman, Paul (1987) "Beyond Quantum Electronics," *Historical Studies in the Physical Sciences* 18: 149–229.

Fox, Robert & Anna Guagnini (1999) *Laboratories, Workshops and Sites* (Berkeley: University of California Press).

Friedman, Milton (1962) *Capitalism and Freedom* (Chicago: University of Chicago Press).

Fuller, Steve (2000) *Thomas Kuhn: A Philosophical History for Our Times* (Chicago: University of Chicago Press).

Fuller, Steve (2002) *Knowledge Management Foundations* (London: Butterworth).

Galison, Peter & Bruce Hevly (eds) (1992) *Big Science* (Stanford, CA: Stanford University Press).

Gaudilliere, Jean-Paul & Ilana Lowy (eds) (1998) *The Invisible Industrialist* (London: Macmillan).

Geiger, Roger (1997) "Science and the University: Patters from U.S. Experience," in John Krige & Dominique Pestre (eds) (1997), *Science in the 20th Century* (Amsterdam: Harwood): 159–174.

Geiger, Roger (2004) *Knowledge and Money* (Stanford, CA: Stanford University Press).

Gibbons, Michael (2003) "Globalization and the Future of Higher Education," in Gilles Breton & Michel Lambert (eds), *Universities and Globalization* (Quebec:

UNESCO): 107-116.

Gibbons, Michael, Camille Limoges, Helga Nowotny, S. Schwartzman, Peter Scott, & Martin Trow (1994) *The New Production of Knowledge* (London: Sage).

Godin, Benoit (2003) "Measuring Science: Is There Basic Research Without Statistics?" *Social Science Information* 42(1): 57-90.

Godin, Benoit (2005) *Measurement and Statistics on Science and Technology* (London: Routledge).

Graham, Margaret (1985) "Corporate Research and Development: The Latest Transformation," *Technology in Society* 7: 179-195.

Greenberg, Daniel (2001) *Science, Money and Politics* (Chicago: University of Chicago Press).

Gruber, Carol (1995) "The Overhead System in Government-Sponsored Academic Science: Origins and Early Development," *Historical Studies in the Physical and Biological Sciences* 25(2): 241-268.

Guena, Aldo, Ammon Salter, & Edward Steinmueller (eds) (2003) *Science and Innovation* (Cheltenham, U.K.: Edward Elgar).

Guggenheim, Michael & Helga Nowotny (2003) "Joy in Repetition Makes the Future Disappear," in Bernward Joerges & Helga Nowotny (eds), *Social Studies of Science and Technology: Looking Back, Looking Ahead* (Dordrecht, Netherlands: Kluwer): 229-258.

Guston, David & Kenneth Kenniston (eds) (1994) *The Fragile Contract* (Cambridge: MIT Press).

Hargreaves Heap, Shaun (2002) "Making British Universities Accountable: In the Public Interest?" in Philip Mirowski & Esther-Mirjam Sent (eds) (2002), *Science Bought and Sold* (Chicago: University of Chicago Press): 387-411.

Hart, David (1998) *Forged Consensus: Science, Technology and Economic Policy in the U.S., 1921–53* (Princeton, NJ: Princeton University Press).

Hart, David (2001) "Antitrust and Technological Innovation in the U.S.: Ideas, Institutions, Decisions and Impacts, 1890-2000," *Research Policy* 30: 923-936.

Hemphill, Thomas (2003) "Role of Competition Policy in the U.S. Innovation System," *Science and Public Policy* 30: 285-294.

Hochstettler, Thomas John (2004) "Aspiring to Steeples of Excellence at German Universities," *Chronicle of Higher Education*, July 30.

Hollinger, David (1990) "Free Enterprise and Free Inquiry: The Emergence of Laissez-Faire Communitarianism in the Ideology of Science in the U.S.," *New Literary History* 21: 897–919.

Hollinger, David (2000) "Money and Academic Freedom a Half Century After McCarthyism: Universities Amid the Force Fields of Capital," in Peggie Hollingsworth (ed), *Unfettered Expression* (Ann Arbor: University of Michigan Press): 161–184.

Hounshell, David (1996) "The Evolution of Industrial Research in the U.S.," in Richard Rosenbloom & William Spencer (eds), *Engines of Innovation* (Cambridge, MA: Harvard Business School Press): 13–85.

Hounshell, David (2000) "The Medium Is the Message," in T. Hughes & A. Hughes (eds), *Systems, Experts and Computers* (Cambridge, MA: MIT Press): 255–310.

Jacobs, Struan (2002) "The Genesis of the 'Scientific Community,'" *Social Epistemology* 16: 157–168.

Jaffe, Adam & Josh Lerner (2004) *Innovation and Its Discontents* (Princeton, NJ: Princeton University Press).

Jasanoff, Sheila (2005) *Designs on Nature* (Princeton, NJ: Princeton University Press).

João Rodrigues, Maria (ed) (2002) *The New Knowledge Economy in Europe: A Strategy for International Competitiveness* (Cheltenham, U.K.: Edward Elgar).

João Rodrigues, Maria (2003) *European Policies for a Knowledge Economy* (Cheltenham, U.K.: Edward Elgar).

Johnson, Stephen B. (2002) *The Secret of Apollo* (Baltimore, MD: Johns Hopkins University Press).

Judson, Horace (2004) *The Great Betrayal: Fraud in Science* (New York: Harcourt).

Kahin, Brian (2001) "The Expansion of the Patent System," *First Monday* 6(1).

Kay, Lily (1993) *The Molecular Vision of Life* (New York: Oxford University Press).

Kirp, David (2003) *Shakespeare, Einstein and the Bottom Line* (Cambridge, MA: Harvard University Press).

Kitcher, Philip (1993) *The Advancement of Science* (New York: Oxford University Press).

Kleinman, Daniel (1995) *Politics on the Endless Frontier* (Durham, NC: Duke University Press).

Kleinman, Daniel (2003) *Impure Cultures: University Biology and the World of*

Commerce (Madison: University of Wisconsin Press).

Kline, Ronald (1995) "Constructing Technology as Applied Science," *Isis* 86: 194–221.

Kohler, Robert (1991) *Partners in Science* (Chicago: University of Chicago Press).

Krige, John & Dominique Pestre (eds) (1997) *Science in the 20th Century* (Amsterdam: Harwood).

Krimsky, Sheldon (2003) *Science in the Private Interest* (Lanham, MD: Rowman & Littlefield).

Kuemmerle, Walter (1999) "Foreign Direct Investment in Industrial Research in the Pharmaceutical and Electronics Industries," *Research Policy* 28: 179–193.

Lamoreaux, Naomi, Daniel Raff, & Peter Temin (2003) "Beyond Markets and Hierarchies," *American Historical Review* 108: 404–433.

Lamoreaux, Naomi, Daniel Raff, & Peter Temin (2004) "Against Whig History," *Enterprise and Society* 5: 376–387.

Langlois, Richard (2004) "Chandler in the Larger Frame," *Enterprise and Society* 5: 355–375.

Larédo, Philippe & Philippe Mustar (eds) (2001) *Research and Innovation Policies in the New Global Economy: An International Comparative Analysis* (Cheltenham, U.K.: Edward Elgar).

Lecuyer, Christophe (1995) "MIT, Progressive Reform and Industrial Science," *Studies in the History of Physical and Biological Sciences* 26(1): 35–88.

Leslie, Stuart (1993) *The Cold War and American Science* (New York: Columbia University Press).

Lessig, Lawrence (2001) *The Future of Ideas* (New York: Random House).

Lessig, Lawrence (2004) *Free Culture*. Available at: http://www.free-culture.org.

Leydesdorff, Loet & Henry Etzkowitz (1998) "The Triple Helix as a Model for Innovation Studies," *Science and Public Policy* 25(3): 195–203.

Leydesdorff, Loet & Henry Etzkowitz (2003) "Can 'the Public' Be Considered a Fourth Helix in University-Industry-Government Relations?" *Science and Public Policy* 30(1): 55–61.

Lowen, Rebecca (1997) *Creating the Cold War University* (Berkeley: University of California Press).

Matkin, Gary (1990) *Technology Transfer and the University* (New York: Macmillan).

Mayer, Anna-K. (2004) "Setting up a Discipline: British History of Science and 'the

End of Ideology,' 1931–48," *Studies in the History and Philosophy of Science* 35: 41–72.

McGucken, William (1984) *Scientists, Society and the State* (Columbus: Ohio State University Press).

McSherry, Corynne (2001) *Who Owns Academic Work? Battling for Control of Intellectual Property* (Cambridge, MA: Harvard University Press).

Mirowski, Philip (2002) *Machine Dreams: Economics Becomes a Cyborg Science* (New York: Cambridge University Press).

Mirowski, Philip (2004a) *The Effortless Economy of Science?* (Durham, NC: Duke University Press).

Mirowski, Philip (2004b) "The Scientific Dimensions of Social Knowledge," *Studies in the History and Philosophy of Science A* (June) 35: 283–326.

Mirowski, Philip (2004c) "Caveat Emptor: Rethinking the Commercialization of Science in America," paper presented to HSS meetings, Austin, TX. Available at: http://hssonline.org.

Mirowski, Philip (2005) "Hoedown at the OK Corral: More Reflections on the 'Social' in Current Philosophy of Science," *Studies in the History and Philosophy of Science* 36(4): 790–800.

Mirowski, Philip (2007) "Markets Come to Bits," *Journal of Economic Behavior and Organization* 63: 209–242.

Mirowski, Philip (forthcomingA) "Why There Is (as Yet) No Such Thing as an Economics of Knowledge," in Harold Kincaid (ed), *The Philosophy of Economics* (Oxford: Oxford University Press).

Mirowski, Philip (forthcomingB) *SciMart: The New Economics of Science* (Cambridge, MA: Harvard University Press).

Mirowski, Philip & Dieter Plehwe (eds) (forthcoming) *The Making of the Neoliberal Thought Collective* (Cambridge, MA: Harvard University Press).

Mirowski, Philip & Edward Nik-Khah (forthcoming) "Markets Made Flesh," in Donald MacKenzie (ed), *Performativity in Economics* (Princeton, NJ: Princeton University Press).

Mirowski, Philip & Esther-Mirjam Sent (eds) (2002) *Science Bought and Sold* (Chicago: University of Chicago Press).

Mirowski, Philip & Rob Van Horn (2005) "The Contract Research Organization and the Commercialization of Science," *Social Studies of Science* 35(4): 503 – 548.

Miyake, Shingo (2004) "Universities Get Taste of Business World," *Nikkei Weekly*, July 26.

Miyoshi, Masao (2000) "Ivory Tower in Escrow," *Boundary 2* 27: 7 – 50.

Monbiot, George (2003) "Guard Dogs of Perception: Corporate Takeover of Science," *Science and Engineering Ethics* 9: 49 – 57.

Morey, Ann (2004) "Globalization and the Emergence of For-Profit Higher Education," *Higher Education* 48: 131 – 150.

Morin, Alexander (1993) *Science Policy and Politics* (Englewood Cliffs, NJ: Prentice-Hall).

Mowery, David (1981) "The Emergence and Growth of Industrial Research in American Manufacturing, 1899 – 1945," Ph.D. diss., Stanford University, Stanford, CA.

Mowery, David (1990) "The Development of Industrial Research in United States Manufacturing," *American Economic Review, Papers and Proceedings* 80: 345 – 349.

Mowery, David & Nathan Rosenberg (1998) *Paths of Innovation* (New York: Cambridge University Press).

Mowery, David, Richard Nelson, Bhaven Sampat, & Arvids Ziedonis (2004) *Ivory Tower and Industrial Innovation* (Stanford, CA: Stanford University Press).

Nace, Ted (2003) *Gangs of America* (San Francisco: Berrett-Koehler).

Narula, Rajneesh (2003) *Globalization and Technology* (Cambridge: Polity Press).

National Bureau of Economic Research (NBER) (1962) *The Rate and Direction of Inventive Activity* (Princeton, NJ: Princeton University Press).

National Science Board (NSB) (2004) *Science and Engineering Indicators 2002* (Arlington, VA: National Science Foundation) Available at: www.nsf.gov/sbe/srs/seind02.

Nelson, Richard (2001) "Observations on the Post Bayh-Dole Rise of Patenting at American Universities," *Journal of Technology Transfer* 26: 13 – 19.

Nelson, Richard (2004) "The Market Economy and the Scientific Commons," *Research Policy* 33: 455 – 471.

Newfield, Christopher (2003) *Ivy and Industry* (Durham, NC: Duke University Press).

Nightingale, Paul (2003) "If Nelson and Winter Are Only Half Right About Tacit

Knowledge, Which Half?" *Industrial and Corporate Change* 12(2): 149–183.

Noble, David (1979) *America by Design* (New York: Oxford University Press).

Nowotny, Helga, Peter Scott, & Michael Gibbons (2001) *Re-Thinking Science: Knowledge and the Public in an Age of Uncertainty* (Cambridge: Polity Press).

Nowotny, Helga, Peter Scott, & Michael Gibbons (2003) "Mode 2 Revisited," *Minerva* 41: 175–194.

Owen-Smith, J. & W. Powell (2003) "The Expanding Role of Patenting in the Life Sciences," *Research Policy* 32(9): 1695–1711.

Pels, Dick (2005) "Mixing Metaphors: Politics or Economics of Knowledge?" in Nico Stehr & Volker Meja (eds), *Society and Knowledge*, 2nd ed. (New Brunswick, NJ: Transaction Publishers): 269–298.

Pestre, Dominique (2003) "Regimes of Knowledge Production in Society: Towards a More Political and Social Reading," *Minerva* 41: 245–261.

Pestre, Dominique & John Krige (1992) "Some Thoughts on the Early History of CERN," in Peter Galison & Bruce Hevly (eds), *Big Science: The Growth of Large-Scale Research* (Stanford, CA: Stanford University Press): 78–99.

Pickering, Andrew (2005) "Decentering Sociology: Synthetic Dyes and Social Theory," *Perspectives on Science* 13: 352–405.

Powell, Woody & Kaisa Snellman (2004) "The Knowledge Economy," *Annual Review of Sociology* 30: 199–220.

Press, Eyal & Jennifer Washburn (2000) "The Kept University," *Atlantic Monthly*, March: 39–54.

Ravetz, Jerome (1971) *Scientific Knowledge and Its Social Problems* (Oxford: Oxford University Press).

Raynor, Gregory (2000) "Engineering Social Reform: The Ford Foundation and Cold War Liberalism, 1908–1959," Ph.D. diss., New York University.

Reddy, Prasada (2000) *The Globalization of Corporate R&D* (London: Routledge).

Reich, Leonard (1985) *The Making of American Industrial Research* (Cambridge: Cambridge University Press).

Reingold, Nathan (ed) (1979) *The Sciences in the American Context* (Washington, DC: Smithsonian Institution Press).

Rodriguez, Maria Joao (2002) *The New Knowledge Economy* (Cheltenham: Elgar).

Rodriguez, Maria Joao (2003) *Economic Policies for the Knowledge Economy*

(Cheltenham: Elgar).

Rose, Nikolas (1999) *Powers of Freedom* (Cambridge: Cambridge University Press).

Samuelson, Paul (2004) "An Interview with Paul Samuelson," *Macroeconomic Dynamics* 8: 519–542.

Scheiding, Thomas (unpublished) "Publish and Perish," Ph.D. diss., University of Notre Dame, Notre Dame, IN.

Sell, Susan (2003) *Private Power, Public Law: The Globalization of Intellectual Property Rights* (New York: Cambridge University Press).

Shapin, Steven (2003) "Ivory Trade," *London Review of Books*, September 11: 15–19.

Shapiro, Carl & Hal Varian (1999) *Information Rules* (Cambridge, MA: Harvard Business School Press).

Shi, Yanfei (2001) *The Economics of Scientific Knowledge* (Cheltenham, U.K.: Edward Elgar).

Shinn, Terry (2002) "The Triple Helix and the New Production of Knowledge," *Social Studies of Science* 32(4): 599–614.

Shinn, Terry (2003) "Industry, Research and Education," in Mary Jo Nye (ed), *Cambridge History of Science*, vol. 5 (New York: Cambridge University Press): 133–153.

Shreeve, James (2004) *The Genome War* (New York: Knopf).

Slaughter, Sheila & Gary Rhoades (2002) "The Emergence of a Competitiveness R&D Policy Coalition and the Commercialization of Academic Science," in Philip Mirowski & Esther-Mirjam Sent (eds) (2002), *Science Bought and Sold* (Chicago: University of Chicago Press): 69–108.

Slaughter, Sheila & Gary Rhoades (2004) *Academic Capitalism and the New Economy* (Baltimore, MD: Johns Hopkins Press).

Slaughter, Sheila, Cynthia Archerd, & Teresa Campbell (2004) "Boundaries and Quandaries: How Professors Negotiate Market Relations," *Review of Higher Education* 28(1): 129–165.

Smith, John Kenly (1990) "The Scientific Tradition in American Industrial Research," *Technology and Culture* 31: 121–131.

Steen, Kathryn (2001) "Patents, Patriotism, and Skilled in the Art: U.S.A. vs. the Chemical Foundation," *Isis* 92: 91–122.

Streitz, Wendy & Alan Bennett (2003) "Material Transfer Agreements: A University

Perspective," *Plant Physiology* 133: 10–13.

Swann, John (1988) *Academic Scientists and the Pharmaceutical Industry* (Baltimore, MD: Johns Hopkins University Press).

Teske, Paul & Renee Johnson (1994) "Moving Towards an American Industrial Technology Policy," *Policy Studies Journal* 22: 296–311.

Thursby, J. & M. Thursby (2003) "University Licensing and the Bayh-Dole Act," *Science* 301: 1052.

Tijssen, Robert (2004) "Is the Commercialization of Scientific Research Affecting the Production of Public Knowledge?" *Research Policy* 33: 709–733.

Tobey, Ronald (1971) *The American Ideology of National Science, 1919–30* (Pittsburgh, PA: University of Pittsburgh Press).

Vaitilingham, Romesh (ed) (1999) *The Economics of the Knowledge-Driven Economy* (London: Department of Trade and Industry).

Van Horn, Robert (unpublished) "The Rise of the Chicago School of Law and Economics," Ph.D. diss., University of Notre Dame, Notre Dame, IN.

Veblen, Thorstein (1918) *The Higher Learning in America* (New York: Heubsch).

Walpen, Bernhard (2004) *Die Offenen Feinde und Ihre Gesellschaft* (Heidelberg: VSA Verlag).

Walsh, John, Ashish Arora, & Wesley Cohen (2003) "Effects of Research Tool Patents and Licensing on Biomedical Innovation," in Wesley Cohen & Stephen Merrill (eds) (2003), *Patents in the Knowledge-Based Economy* (Washington, DC: National Academies Press): 285–340.

Walsh, John, Charlene Cho, & Wesley M. Cohen (2005) "View from the Bench: Patents and Material Transfers," *Science*, September 25, 309: 2002–2003.

Washburn, Jennifer (2005) *University, Inc.* (New York: Basic Books).

Westwick, Peter (2003) *The National Labs: Science in an American System, 1947–74* (Cambridge, MA: Harvard University Press).

Wise, George (1980) "A New Role for Professional Scientists in Industry," *Technology and Culture* 21: 408–429.

Woolgar, Steve (2004) "Marketing Ideas," *Economy and Society* 33: 448–462.

Wright, Gavin (1999) "Can a Nation Learn? American Technology as a Network Phenomenon," in Naomi Lamoreaux, M. Daniel, G. Raff, & Peter Temin (eds), *Learning by Doing in Markets, Firms and Countries* (Chicago: University of

Chicago Press): 295 – 326.

Wright, Susan (1994) *Molecular Politics* (Chicago: University of Chicago Press).

Ziedonis, Arvids A. (2004) "Review of *MIT and the Rise of Entrepreneurial Science*," *Research Policy* 33: 177 – 178.

Ziman, John (1994) *Prometheus Bound* (Cambridge: Cambridge University Press).

27.

과학의 조직적 맥락:
대학과 산업체 간 경계와 관계*

제니퍼 크루아상, 로렐 스미스-도어

상아탑과 영리목적 연구소 사이에는 항상 오가는 것이 있었지만, 1980년 미국에서 바이-돌법이 제정된 이후 이 두 영역은 전례 없는 중첩을 경험해왔다. 이 장에서 우리는 학문과 시장의 논리와 가치 사이의 관계, 인력 교환, 지적 재산권 이전, 거버넌스 문제와 같은 대학-산업체 연구관계(university-industry research relationship, UIRR)를 다룬 학제적 문헌에서의

* 두 번째 저자는 이 논문의 집필과정에서 로버트 슈만 고등연구센터(Robert Schuman Centre for Advanced Studies)의 지원에 감사를 표한다. 그녀는 특히 이 센터에서 대학과 혁신 시스템에 관한 유럽 포럼(European Forum on Universities and Innovation Systems)을 조직했던 리카드 스탠키에비츠, 앨도 지우나와 포럼에서 자신에게 혁신경제학의 세부사항을 가르쳐주려 애쓴 다른 동료들—엘리사 지울리아니, 스테파니 맬로, 필립 모구에로, 피에르 파올로 파트루코, 페트리 루비넨—에게 감사를 표하고자 한다. 우리는 이 책의 논평자와 편집자들이 보내준 격려와 충고에도 감사를 표하고 싶다. 이 개설에 포함된 모든 오류나 생략은 저자들의 책임이다.

쟁점들을 탐구하려 한다. 우리는 대학-산업체 관계를 전 지구 공통의 문제로 만들어온 좀 더 폭넓은 정치적, 경제적 맥락과 전 지구적 연계를 들여다볼 것이다. 아울러 우리의 개설은 대학과 산업체 간의 흐려진 경계가 과학계에서의 경력이나 경제발전에 미치는 영향도 살펴볼 것이다. 여기에 더해 우리는 대학과 산업체 관계를 주제로 다룬 학술연구의 경로도 추적해볼 것이다. 예를 들어 한때 흔히 쓰이던 약어였던 UIRR은 오늘날 "양식 2", "나선형", "대학" 자본주의의 연구조직 모델이 득세하면서 사라져 가고 있다. 그리고 1980년대 이전에는 "기술이전"이 국가의 보조를 받은 지식 산물을 민간기업에 이전하는 것이 아니라, "제1세계"에서 "제3세계" 국가들로 기술을 이전시키는 국제적인 "개발" 노력을 의미했다는 점도 생각해보라.

지난 25년 동안 산업체들과 대학연구자들 사이의 거래는 양과 종류 모두에서 빠른 속도로 팽창해왔다. 미국 연방정부의 연구지원이 정체 상태로 접어든 것처럼 보이는 반면,[1] 산업체들은 대학에 대한 관심을 더욱 높여왔다. 국립보건원(NIH)의 예산은 엄청난 규모를 자랑하긴 하지만(2004년에는 거의 240억 달러에 달했다.), 접수된 연구비 신청서 중 지원을 받은 것은 연구계약 갱신을 포함해 36퍼센트에 지나지 않는다.(Stephan, 2003) 이를 감안해보면 미국의 50개 상위권 연구대학에 재직하는 생명과학자의 28퍼센트가 산업체의 지원을 받고 있다는 사실은 아마 놀랍지 않을 것이다.(Blumenthal et al., 1996) 모든 과학과 공학 분야들을 통틀어 보면 연방정부의 대학연구자 1인당 연구비 지원은 1979년에서 1991년 사이에 실

---

1) 적어도 전통적인 과학기술 기구들을 통해 전달되는 연방 연구비는 정점에 도달한 듯 보인다. Savage(1999)는 1980년에서 1996년 사이에 20배 증가해 3억 2780만 8000달러에 달한 대학 특별예산 지원(academic earmark)을 포함해 도합 51억 달러가 동료심사를 거치지 않는 새로운 메커니즘에 의해 선별된 대학들의 기관 수입으로 들어갔음을 보여주었다.

질 화폐가치로 9.4퍼센트 하락했다.(Cohen et al., 1998) 다시 한 번 미국 50개 상위권 대학의 예를 들면, 대학교수 중 43퍼센트가 장비, 재료, 학생 지원금, 여비 등의 형태로 산업체로부터 지원을 받았다고 보고하고 있다.(Campbell et al., 1998) 대학의 기술 사용허가를 얻어 분리독립한 회사들 같은 초기단계의 기술 모험기업은 대부분 산업체의 지원을 받는다. 분리독립 기업과 창업기업의 31~48퍼센트는 산업체로부터 지원을 받는 반면, 대학에서 지원을 받는 경우는 2~4퍼센트에 그치고 있다.(Auerswald & Branscomb, 2003: 75) 전체적으로 보면 대학연구에 대한 전체 지원액수 대비 산업체 지원의 비율은 1970년에 2.6퍼센트, 1980년에 3.9퍼센트였던 것이 1994년에는 7.1퍼센트로 증가했다.(Henderson et al., 1998)[2] 전체 수입과 비교해보면 아직은 대단치 않은 액수이지만, 이처럼 거의 3배로 증가한 대학 지원은 그럼에도 중요한 함의를 갖는다. 뿐만 아니라 대학의 연구개발 수행은 전체 R&D 지출 대비 1970년대에는 10퍼센트였던 것이 지금은 13퍼센트까지 올랐고 액수로는 대략 360억 달러(1996년 고정 화폐가치로는 330억 달러)에 달한다.(National Science Board, 2004) 이러한 전체 액수에서 서로 다른 부문들이 차지하는 상대적 중요성은 주요 성장 분야가 생명공학으로 넘어가면서 상당한 정도로 변화를 겪었다. UIRR은 중요한 수입원이자 오늘날 대학과 공공생활에서 중요한 쟁점이 되었다는 사실은 분명해 보인다.(Slaughter & Rhoades, 2004; Busch, 2000; Slaughter & Leslie, 1997; Bok, 2003; Bowie, 1994; Cole et al., 1994)

우리는 먼저 대학에서의 상업화의 기원을 설명하려 시도한 학술연구를

---

2) 2002년에 전체 자금과 지원 비율에서 약간 감소가 나타나긴 했지만 전반적 경향을 무너뜨릴 정도는 아니다.

다룬 후, 대학과 산업체 사이의 관계를 정량화하려 노력한 연구를 이어서 다룰 것이고, UIRR을 지리적으로 위치시킨 연구들을 검토할 것이다. 다음으로 우리는 UIRR이 새로운 지식사회의 도래를 의미하는지, 혹은 새로운 종류의 법률적 규제를 필요로 하는지에 대한 논쟁을 검토하면서 UIRR이 가져온 결과를 생각해볼 것이다. 마지막으로 결론에서는 UIRR에 관한 문헌의 확장과 종합을 동시에 이뤄내기 위한 새로운 방향을 논의할 것이다.

맥락과 전례

UIRR의 완전한 역사를 기술하기 위해서는 여러 범주의 학술연구에 주목할 필요가 있다. 대학과 대학 시스템의 역사, 과학연구의 역사(과학사 일반과 장인적 작업으로서의 그 전사), 다양한 연구장소들의 역사(산업연구소, 국립연구소, 현장연구), 국제적인 역사 및 비교연구, 국가정책과 대학-국가 관계의 역사 등이 그것이다. 그처럼 포괄적인 프로젝트는 물론 이 장에서 다룰 수 있는 범위를 벗어난다. 20세기 이후 미국의 한 개 기관에 초점을 맞춘 연구라 하더라도 단행본 1권을 채우기에 충분할 것이며, 이는 이 주제를 다룬 다른 개설들이 보여주는 바와 같다.(가령 Mowery et al., 2004; Etzkowitz, 2002; Leslie, 1993; Mirowski & Sent, 2002)

그러나 시간의 흐름에 따라 UIRR의 궤적을 간략히 검토해보면 주요 연구 및 정책 쟁점들을 개관하는 데 도움이 된다. 미국의 UIRR에서 최초의 중요한 시점은 1862년 모릴법(Morrill Act)의 통과였다. 이 법은 서부 주들에서 공유지를 따로 지정해 사용하거나 매각하도록 함으로써 다음의 기관을 설립하도록 하였다.

그 주된 목적이 농업과 기계 기술과 관련된 학문 분야들을 교육하는 데 있는—하지만 다른 과학이나 고전학을 배제하지 않고 군사 전술교육도 포함하는—대학을 적어도 하나 이상 [설립한다] … 이는 여러 직업과 전문직에 종사하는 산업 계층의 교양교육과 실용교육을 촉진하기 위이다.(Morrill Act, Public Law 37-108, U.S. Statutes at Large 12[1862]: 503)

모릴법은 교육과 지도에 초점을 맞추었지만, 그런 교육의 기반을 당대의 농업 및 제조업 회사들에 두었고 이를 뒷받침하는 일련의 법률이 차례로 제정되는 길을 열었다. 국제적인 영향도 중요했다. 독일에서 건너온 훔볼트의 대학 모델이 하나의 이상을 나타냈는데, 이 모델은 고전적 교양교육 지향과 대중적 대학 환경에서 연구와 교육의 통합을 추구했다.(Geiger, 1986; Lenoir, 1998을 보라.) 미국의 기관들이 이러한 대학 모델을 수용하면서 동시에 변형시킴에 따라, 특정 산업체 활동과의 국지적 연결과 자본 시스템과의 일반적 연결이 대학의 교육과 연구를 형성하게 되었다.(Noble, 1977)

모릴법의 뒤를 이은 1887년의 해치법(Hatch Act)은 농업시험소 체계를 확립했고 농촌지도 사업으로 이어졌다.(Hatch Act, U.S. Code 361, Statute 440[1887]: 313[24]) 다양한 법률과 후속 조치들은 미국에서 광범한 공립대학 시스템의 발전을 촉진했고, 이와 나란히 사립대학과 기술대학들도 계속해서 발전했다. 노블(Noble, 1977)이 주장했듯이, 이를 촉진한 요인들에는 과학기술의 전문직업화, 그리고 전문직과 새롭게 부상하고 있던 기업 자본주의 구조의 제휴도 포함되었다. 상업화와 대학연구에 대한 최근의 관심이 새로운 것이 아니라 지적 생산관계의 정도, 범위, 규모에서 나타난 변화를 반영한 것에 가깝다고 말할 수 있는 것은 부분적으로 이러한 초기의 제휴 때문이다.(Croissant & Restivo, 2001; Weiner, 1986; Rossman et al., 1934)

UIRR에서 두 번째로 나타난 중요한 과정은 현대적인 연방 연구행정의 확립이었다.(Geiger, 1993을 보라.) 불과 한 세대 만에 국립과학재단(NSF; 1950), 국립연구소 시스템(1943), 국방고등연구계획국(DARPA; 1958), 에너지부(DOE; 1971)의 설립 등이 모두 일어났다. 국립보건원은 1887년에 설립됐지만, 제2차 세계대전 이후에—특히 1971년 닉슨 대통령의 "암과의 전쟁" 선포 후에—다른 연방 연구 기획들과 흡사한 재조정과 재조직화를 경험했다. 이러한 두 번째 단계는 나중에 NSF가 된 기구의 틀을 짠 바네바 부시의 1945년 보고서(Bush, [1945]1990)에 요약돼 있는 과학연구의 특정한 선형 모델이 실행에 옮겨졌음을 의미한다. 학자 공동체의 방향제시에 따른 기초연구 투자는 공공영역에서 유통될 기초지식을 제공해주어 민간의 산업연구를 통한 구체적 기술혁신과 국립 내지 군사연구소를 통한 개발 내지 실행을 촉진할 것이었다.[3]

우리는 1980년과 바이-돌법으로 알려진 특허 및 상표법 개정조항의 통과를 세 번째 중요한 단계로 꼽는다. 바이-돌법이 중심적인 역할을 했는지, 또 그것이 특허와 사용허가 활동의 급증에 정확히 어떤 인과적 역할을 했는지는 논쟁이 되어왔지만(Mowery et al., 2004), 1980년대 초에 대학 전반에 걸쳐 특허활동의 증가를 나타내는 굴절점이 있었다는 점은 논박하기 어렵다. 바이-돌법은 대학들이 연방자금을 가지고 해낸 발명에 대해 재산

---

3) 연방정부의 연구 관료기구의 확립은 학부 입학생의 급격한 증가라는 측면에서 고등교육의 "대량화(massification)", 학생 구성의 다양화, 사회운동의 등장, 새로운 학문 분과의 주도권이 대학에 미친 영향과도 시기적으로 일치한다. 이와 관련된 문헌의 시작과 끝으로서 구실을 할 수 있는 책으로는 Kerr(1963)와 Kernan(1997)을 보라.

권을 보유할 수 있도록 허용해주었다. 이런 변화를 정당화하는 근거는 부분적으로 산업체들이 배타적 사용허가를 통해 기본 아이디어를 발전시키는 위험을 감수하도록 장려하고 새로운 기술과 제품의 개발을 촉진하는 금전적 유인과 보상을 제공하는 데 있었다.

바이-돌법 이전에는 연방 연구자금 지원을 받은 지적 재산권(IP) 주장은 그때그때 사안별로 협상이 이뤄졌고, 별도의 협상이 없을 경우 특허의 소유권은 지원 기구에 자동으로 귀속되었다. 1960년대 후반에는 사안별 지적 재산권 부여를 완화하기 위한 메커니즘으로 기관특허협정(Institutional Patent Agreements, IPA)이 발전했다. 많은 기관들은 오늘날 거의 모든 주요 대학에 존재하는 "기술이전 사무소"처럼, 기관 내에 IP 관리를 하는 전문인력을 보유하고 있지 않았다.[4] 대신 많은 대학들은 리서치 코퍼레이션(Research Corporation)과 계약을 맺고 이러한 서비스를 제공받았고, 이것이 바이-돌법 이전의 특허 증가를 부분적으로 가려버렸을 수 있다. 특허권이 개별 기관에 부여된 것이 아니라 연구기업을 통해서 전달되었기 때문이다.(Mowery et al., 2004) 바이-돌법은 한편으로 제2차 세계대전 이후 빠른 속도로 증가해온 연방 연구지원에서 만들어진 IP에 대한 관심의 증가를 반영한 것이며, 다른 한편으로 1980년대 후반에 등장한 대학 특허의 폭발적 성장을 촉진하기도 했다.

4) 대학들이 기관 내 전문인력을 발달시키게 된 것은 대학기술관리자협회(Association of University Technology Managers, AUTM)의 설립과 성장으로 거슬러 올라갈 수 있다. 1974년에 설립된 AUTM은 1998년 연차총회에 600명의 등록 참가자가 있었고, 2004년에는 1760명으로 늘었다. 더 많은 정보는 http://www.autm.net/events/meetings/annual2004.cfm에서 볼 수 있다. 이와 유사하게 1975년에 설립된 기술이전협회(Technology Transfer Society)는 더 폭넓은 구성원을 자랑한다. http://millkern.com/washtts.doc/national.html 을 보라.

연방정책과 법률의 변화와 함께 UIRR에서 다른 실험도 이뤄졌다.(Geiger, 2004, 특히 5장을 보라.) NSF는 1978년에 처음으로 과학기술센터(Science and Technology Center)의 문을 열었고, 1984년에는 최초의 공학연구센터(Engineering Research Center)가 설립됐다.(Adams et al., 2001) 이 센터들은 산업체대학협동연구센터(Industry University Cooperative Research Center, IUCRC)라는 좀 더 일반적인 기획의 중심이 되었고, 1991년에는 개별 주들이 지역경제 발전에 관여하는 특별 프로그램(S/IUCRC)이 NSF에 의해 설립됐다. 2005년 현재 앞서 언급한 50개의 IUCRC가 NSF의 후원을 받고 있으며, 산업체들은 NSF가 지원한 액수의 10~15배를 지원하고 있다.[5] 주 단위의 프로젝트들은 연구공원과 다양한 형태의 창업보육센터(business incubator)의 등장을 촉진했다. 아래에서 논의하겠지만 특히 연구공원은 대학이 있는 지역에 연결되어왔는데, 1953년 스탠퍼드 산학공원(Stanford Industrial Park)은 나중에 실리콘밸리로 성장한 것에 구심점을 제공했고, 1958년에는 노스캐롤라이나에서 리서치 트라이앵글 파크(Research Triangle Park)가 그 뒤를 이었다.[6] 이후 연구공원의 발전이 몇 차례에 걸쳐 물결을 이뤘다.

미국에서 UIRR의 궤적을 정의한 세 가지 중요한 지점이 모두 정부와의 상호작용의 순간임을 감안하면, UIRR 문헌에서 국가, 정책 형성, 정책 실행의 역할에 대해 충분한 연구가 이뤄졌는지는 분명치 않다.[7]

---

5) SRI 인터내셔널이 S/IUCRC 프로그램의 영향을 조사한 보고서는 http://www.nsf.gov/pubs/2001/nsf01110/nsf01110.html을, 국립과학재단이 제공하는 개관은 http://www.nsf.gov/eng/iucrc/directory/overview.jsp를 각각 보라.

6) Denise Drescher(1998) "Research Parks in the United States: A Literature Review"를 보라. http://www.planning.unc.edu/courses/261/drescher.litrev.htm에서 볼 수 있다.

7) 그러나 19세기 독일의 사례에 대한 탐구로는 Lenoir(1998)가 있다.

UIRR은 또한 과학기술학 연구자들이 종종 무시하는 다른 쟁점들과도 연결된다. 개인과 기업의 자선활동, 다른 대학 기능(식당 서비스, 기기 운용, 데이터 시스템, 출판 등)에서의 상업화와 재정지원, 교육활동에서 발생한 지적 재산과 이윤추구 관심사의 등장(저작권이 걸린 강의자료, 원격교육 등)이 여기에 해당한다.(Slaughter & Rhoades, 2004) 고등교육 분야는 (학생 발달, 행정, 재정지원에 대한 연구를 선호하면서) 대체로 연구와 지식생산을 대학에서 일어나는 일들 중 하나 정도로 무시해온 반면, 과학기술학 분야는 대체로 지식생산에서 조직적, 제도적인 구성요소들의 세부사항과 메커니즘을 무시해왔다.

측정법과 경제학: 일을 도구에 맞추기?

대학-산업체 연구관계의 정량화는 혁신의 경제학에서 중심이 되는 과제이며, 그 자체가 1990년대 이후 뒤늦게 크게 성장해온 하위 분야이다. 이러한 경향에 대한 간단한 예시를 위해 우리는 (미국경제학회[American Economic Association]가 색인을 제공하는) 이콘릿(EconLit) 데이터베이스에서 "대학"(그리고 관련된 유사어들)과 "혁신"이라는 용어를 초록에 포함하고 있는 문헌을 찾았다. 1984년에는 한 편의 원고도 나타나지 않았지만, 1994년에는 49편, 2004년에는 57편이 색인 목록에 나왔다. 이러한 문헌(그리고 이와 밀접하게 관련된 혁신관리와 지식관리 분야들)에서 대학에 대한 주된 관심은 경제성장의 원천으로서의 대학이다.

전통적으로 경제학은 대학의 지식을 "공유지"로 여겼다. 어떤 회사도 전용할 수 있는 공공의 자원이라는 것이다.(Arrow, 1962; Nelson, 1962) 기초지식에 대한 투자의 성과를 해당 연구소가 완전히 되가져가는 것은 불가능하므로, 이는 대학에서 공공자금의 지원을 받아야 한다. 따라서 대학과 회사들 사이에 지적 재산 소유물을 증가시키는 정책이 확산되는 것은 고전적인 공유지의 비극 문제를 제기한다. 개별 조직들은 이득을 보지만 전반적인 경제성장에는 손해가 되는 것이다.(Nelson, 2004) 혁신경제학자들 자신도 지식의 "파급(spillover)"은 동등한 기반을 가진 어떤 회사에 의해서도 흡수될 수 있다고 가정함으로써 이 문제를 인식하고 있다. 회사들은 능동적인 학습자이다.(Nelson & Winter, 1982; Cohen & Levinthal, 1990; Feldman, 1994) 그래서 모델들은 점차 회사들이 어떻게 대학이나 다른 회사가 발전시킨 지식을 창출하고 통합시키는 데 능동적 파트너가 되는지를 평가하려 애쓰고 있다.(Laursen & Salter, 2004; Patrucco, forthcoming; Malo & Geuna, 2000; Knoedler, 1993) 이러한 문헌으로부터 우리는 산업체의 특허에 인용된 학술논문의 수가 1990년대 중반을 거치면서 3배로 늘었음을 알 수 있다.(Narin et al., 1997) 그러나 더 오래된 특허를 인용하고 최근의 대학 특허는 종종 덜 인용하는 경향도 나타났다.(Mowery et al., 2004; Thursby & Thursby, 2004) 이는 좀 더 최근의 학문적 지식이 덜 유용해서인가, 아니면 대학교수들이 상업적 노력에서 경쟁하려 애쓰는 것을 회사들이 점차 경계하게 되어서인가?

신고전파 지향이 좀 더 강한 미시경제학자들은 지식 파급에 관한 자신들의 시각을 회사에서 의도치 않게 유출된 정보가 다른 회사들에 가치를 갖는 사례들로 한정하고 있지만(Griliches, 1990), 경제지리학자들은 이 용어를 대학에서 (대체로 첨단기술) 회사로의 지식이전을 의미하는 것으로 받아들여왔다.(Acs et al., 1992; Florida, 2002; Audretch & Stephan, 1996; Bresnahan & Gambardella, 2004) 또한 경쟁, 기술이전, 혁신 시스템의 동역학을 포착하기 위해서는 개별 회사의 방법론보다는 부문 지향성이 필요할

지도 모른다.(Malerba, 2002)

이러한 문헌 전반에 걸쳐 논쟁을 형성하는 것은 UIRR 문제들이 숫자로 측정되거나 모델로 만들어질 수 있는 방식이다. 몇몇 두드러진 사례들을 생각해보자. 《포천》의 미국 1000대 대기업의 기술 관리자들을 대상으로 한 일명 예일 설문조사(Klevorick et al., 1995)는 이러한 문헌에서 지식이 대학에서 산업체로 흐르는 **중요한** 열 가지 통로로 간주하는 것을 구성하는 조치들(특허/사용허가, 출판물, 학술회의, 고용, 대학원생 등을 포함하는)의 목록을 제시했다. 이러한 미국에서의 조사들을 통해 우리는 특허가 기술이전의 가장 중요한 수단으로 간주되지 않는다는 것을 알 수 있다.(10개 중 8위에 불과하다. Cohen et al., 2002를 보라.) 그러나 예를 들어 실제 협력에 대한 현장에서의 관찰을 통해 목록에 들어 있지 않은 학습의 다른 차원들(던져야 하는 다른 질문들은 제쳐두더라도)을 밝혀낼 수도 있다. 유럽에서 대학-산업체 관계에 관한 질문들을 포함하는 대규모의 국가 간 설문조사는 PACE(Arundel & Geuna, 2004)나 KNOW(Fontana et al., 2004)처럼 눈을 잡아끄는 약어들을 갖고 있거나, 그렇지 않으면 혁신에 도움을 주겠다는 자신들의 약속을 나타내고 있다.(가령 공동체혁신조사[Community Innovation Survey]처럼 말이다. Mohnen & Hoareau, 2003을 보라.)

전 지구적 지식생산의 측정에서 대학의 역할은 아마도 계량경제 모델에서 가장 문제가 되는 가정들을 보여주는 사례일 것이다. 존스의 논문(Jones, 2002)은 미국, 일본, 독일, 영국, 프랑스의 대학 이공계 졸업생의 수가 전 지구적 지식기반에 대한 유효한 측정치이자 전 세계의 어떤 이윤추구 회사도 사용할 수 있는 탈체현된 지식 저장고라고 가정한다. 그러한 가정들은 간명한 경제 모델을 만들 수 있게 해주지만, 이는 신고전파 미시경제학 훈련을 요구하는 듯 보이는 사회적으로 약호화된 구성의 단계를 수반한다.(MacKenzie & Millo, 2003; Knorr Cetina & Preda, 2004; Callon, 1998; Jones & Williams, 1998)

혁신경제학자들은 엄격한 신고전파 가정들을 넘어 여러 방식으로 정량적 분석을 확장해왔다. 가령 대학과 산업체 사이의 커뮤니케이션 통로들에 주목하는 식으로 말이다. 대학과 산업체 간의 협력에 대한 경험적으로 좀 더 정교하고 미묘한 접근법으로 연결망 모델들이 제안돼왔다.(Owen-Smith & Powell, 2001; Geuna et al., 2003; Waluszewski, 2004; Giuliani & Bell, 2005; Gambardella & Malerba, 1999) 여기서 지식의 흐름은 일방통행이 아니다. 산업체와 대학 사이에 쌍방향 통행이 일어나는 것이다. 혁신에 대한 이러한 접근은 경제학자뿐 아니라 사회학자들도 포함한다는 점에서 좀 더 학제적이기도 하다.

이러한 문헌에서는 경제에 이득이 되는가에 강조점이 찍히는 경향이 있다. 예를 들어 UIRR에 관해 영국 정부에 제출된 보고서(Scott et al., 2001)에서는 여덟 가지 이득(새로운 정보, 숙련된 졸업생, 과학 연결망, 문제풀이 능력, 새로운 기기 사용, 새로운 회사, 사회와 규제 관련 지식, 다른 것으로 대신할 수 없는 시설에 대한 접근성)이 열거되는 반면, 그에 대응하는 잠재적 비용의 목록은 아예 빠져 있다. 회사와 공공 연구기관 사이의 관계를 정량화한 분석은 공식적 협력에 관해 이용가능한 문서자료나 비공식 연계에 관한 소규모 표본으로 여전히 제한돼 있다.

UIRR에 관한 지식에는 분야별 전문화에 기인한 빈틈이 있지만, UIRR에 대한 연구들 간의 방법론적 통합이 이뤄지지 못해 생긴 빈틈도 있다. 구체적이고 사례에 기반한 수많은 연구들―역사적인 것도 있고 현재 상황에 관한 것도 있다―이 나와 있고(Hackett, 2001), 여기에 더해 대중언론의 기사, 과학 잡지의 사설과 기사, 그리고 간혹 UIRR을 둘러싼 쟁점들을 다룬 정부 문서 등에 근거한 인상 위주의 설명도 존재한다. 또한 연구 실천과 추론을 다룬 민족지연구와 질적 연구도 있는데, 가령 상업적 농업의 인식 틀과 IP에 대한 관심이 어떻게 식물병리학 실험실에서 지식의 방향과 내용을 미묘하게 형성하는가를 다룬 클라인먼의 연구(Kleinman, 2003)나 IP 생산 관행에 대한 연구(McCray & Croissant, 2001; Kaghan, 2001)가 여기 속한다. 콜리바스와 파월(Colyvas & Powell, 2006)은 기술이전 사무소(TTO)들이 점차 대학 내에 제도화되어왔음을 보여주었다. 스탠퍼드대학의 TTO는 발명의 공개에 대해 그때그때 다른 반응을 보이다가 1980년대에 상업화 과정이 정당성을 얻으면서 점차 표준화의 길을 걸었고, 1990년대 중반이 되어서야 기술이전이 완전히 제도화되었다.

또한 산업체(Mansfield, 1991; Cohen et al., 2002)와 대학(대학기술관리자협회가 회원들을 대상으로 시행하는 정기 설문조사)의 기술 관리자, 대학교수(Louis et al., 2002; Owen-Smith & Powell, 2001; Blumenthal et al., 1996; Campbell & Slaughter, 1999; Campbell, 1995), 대학 행정가(Slaughter, 1993), 학생들(Hackett, 1990)을 대상으로 한 수많은 설문조사들이 나와 있다. 연구 진실성과 과학 부정행위에 대한 연구는 성장산업이지만, 아직까지 그 영역에서 산업체의 자금지원이 하는 역할은 거의 주목을 받지 못했다.(하지만 Campbell, 1995; Holleman, 2005를 보라.) 그러나 UIRR에 관해 가장 규모가 크고 성장하고 있는 탐구 방식은 특허와 사용허가 계약에 대한 정량적 분석에 기반한 것이었다. 이는 지적 작업으로부터 수익을 벌어들이는 수단으로서 특허가 가진 진정한 힘을 반영한 것이기도 하고, 분석의 범위에 대한 제약을 나타내는 것이기도 하다. 누군가가 망치를 갖고 있으면 세상 만물이 못으로 보이기 마련이다. 여러 가지 면에서 혁신경제학의 하위 분야는 회사를 맥락 없는 암흑상자로 보는 엄격한 신고전파 가정들을 넘어선 진보를 나타내고 있지만, 이는 여전히 계량경제학의 도구로 망치질을 할 수 있는 문제를 제기하는 데 국한돼 있다.

위치, 위치, 위치?

위치는 부동산에서 중요하지만 UIRR**에서도** 중요하다. 아울러 우리는 UIRR이 사회적 위치, 즉 제도적 계층화 시스템에 대한 영향을 보여준다는 점에서 은유적으로도 "위치"에 관한 얘기를 할 수 있다. 위치**가** UIRR 활동에 미치는 영향은 무엇이며, 또 인접성(propinquity)—공간적 근접이 풍부한 지적, 경제적 상호작용을 낳는 원리—은 어떻게 작동하는가?(Geiger, 2004: 205) 그리고 지리적, 사회적 측면 모두에서 위치**에** 미치는 영향은 무엇인가? 예를 들어 학부 교육의 명성과 가치는 시장집약적인 제도적 순위 경쟁을 반영해(Owen-Smith, 2001) "선별된 학교들에 대해 차등적인 수익이 돌아가는데 … 이는 사회적 사실이기도 하고 자기충족적 예언이기도 하다." 따라서 UIRR의 한 가지 결과는 계층화된 시스템 내에서 대학의 사회적 "위치"가 변화하는 것이다.(Geiger, 2004: 262)

연구센터들은 대체로 대학 내에 위치하고 있지만, 그것이 처한 특정한 제도적 위치는 학술적 주목을 받지 못했다. 앞서 언급했듯이, 연방정부와 산업체들이 그런 센터들에 상당한 자원을 쏟아붓고 있음을 감안하면 의당 그런 주목이 이뤄졌어야 하는데도 말이다. 국립과학재단과 그 외 협력적 센터에 관여하는 다른 기구들은 이러한 센터들이 산업체로부터 받은 돈으로 스스로 재정을 확보하기를 희망해왔다. IUCRC 회원들에 대한 설문조사에서는 응답한 회사들이 자신들의 활동을 통해 경제적 이득을 보고 있음이 밝혀졌다.(Adams et al., 2001) 그러나 공학연구센터 같은 IUCRC들이 주정부나 연방정부 지원에서 성공적으로 독립할 수 있을지는 불분명하며(Feller, 2002), 연구센터와 연구공원을 정부의 자금지원에서 독립시키는 것에는 문제가 없는지도 입증되지 못했다.(Newcomer, 2001; Fischer, 1999; Geiger, 2004)

연구공원과 보육센터는 UIRR이 일어나는 특별한 장소였지만, 대체로 별도의 문헌에서 다루어졌다. 모든 연구공원이나 보육센터가 대학과 연계된 것은 아니지만, 이런 관계는 널리 퍼져 있다. 2004년 기준으로 북미에는 40개 주 내지 준주에 195개 이상의 연구공원이 있는데, 각각에는 평균 3399명이 고용돼 있고 시설당 41개 회사가 참여하고 있었으며 평균 자본투자액은 1억 8628만 327달러였다. 2003년에 연구공원의 고위인사들을 대상으로 한 설문조사에 따르면, 연구공원의 83퍼센트는 비영리기구였고, 62퍼센트는 창업보육의 요소를 포함하고 있었으며, 70퍼센트는 공공자금으로 설립됐고, 61퍼센트는 공공자금을 이용해 입주기업을 끌어들였다.[8] 연구공원은 재단들이 하는 방식과 흡사하게 대학들이 어느 정도 거리를 두면서도 경제발전에 일익을 담당할 수 있는 메커니즘을 제공한다.

대학활동으로부터의 분리독립을 활성화하는 것은 때때로 과학공원의 주요 임무로 간주된다.(Stankiewicz, 1994) 스탠키에비츠는 과학공원이 "대학과 기업의 확립된 구조에 잘 들어맞지 않는 활동들을 위한 제도적 공간을 창출하려는 시도를 한다."고 주장했다.(1994: 102) 분리독립 기업은 수가 많지만, 규모가 커지거나 오래 살아남는 기업은 드물다. 이러한 생존율

---

8) Association of University Research Parks, "Critical Role and Economic Impact of University Research Parks," Congressional Breakfast, Hyatt Regency Hotel, Washington, DC, March 4, 2004. http://www.aurp.net/about/critical_role.ppt를 보라.

이 의미하는 바는 모호하다. 분리독립의 목표가 무엇인가에 달려 있기 때문이다. 대기업이 사들인 소규모 회사는 분리독립 그 자체의 의미에 비춰 보면 "실패"가 되겠지만, 잠재적으로 기술의 재분배를 가져올 수도 있다. 또한 분리독립 기업이 대규모의 제조업이나 컨설팅 관련 회사로 변화해야 하는지 여부도 불분명하다. 이는 대학이 그 회사에 갖고 있는 관심을 근본적으로 바꿔놓을 것이니 말이다. 이는 "성공"을 혁신가와 기관들의 목표를 반영하는 방식으로 정의할 것을 요구한다. 대학교수의 분리독립은 애덤스 등(Adams et al., 2001)이 "투입의 전용(input diversion)"이라고 언급한 잠재적 문제를 야기한다. 대학교수가 회사와 연관된 연구를 위해 캠퍼스에 들이는 노력을 줄임으로써 그로부터 발생하는 손실을 은폐하고 존슨(Johnson, 2001)이 몇 가지 잠재적 이해충돌 내지 직무충돌(conflicts of commitment)로 파악한 것 중 하나를 건드릴 수 있는 것이다. 링크와 스콧(Link & Scott, 2003)은 연구공원이 모기관의 학문적 사명에서 좀 더 응용된 교육과정으로 이동하는 측정가능한 경향을 갖는다고 지적했다.

대학과 회사들은 종종 지역적 기반 위에서 연구 협력관계를 맺는다. 지역적 UIRR은 전 지구적 혁신에 기여하는가? 지역의 정치적, 기술적, 지리적 기반은 대학과 회사들에 있는 과학자와 엔지니어들 간의 협력을 촉진한다. 색스니언(Saxenian, 1996)은 스탠퍼드대학의 프레더릭 터먼이 어떻게 휴렛이나 패커드 같은 학생들에게 학문적 스승 이상의 역할을 해주었는지 설명했다. 터먼은 새로운 정보기술 산업을 위한 훈련장으로 스탠퍼드 산업공원을 설립했고, 이곳에서 열린 경계와 조직 간 협력이라는 아이디어는 실리콘밸리를 자극했다. 실리콘밸리는 첨단기술 엔지니어들이 자신을 고용한 특정 조직에 대한 충성심보다 지역적 정체성을 더 많이 느끼는 장소가 되었다. UIRR을 통해 자신들의 지역에 그것의 성공을 모방하려 하는

정치인이나 로비스트들에게 실리콘밸리가 전설적인 우상이 되었음은 두말할 나위도 없다.[9]

그러나 지리적 클러스터가 어느 정도까지 재생산될 수 있는지, 클러스터가 어느 정도까지 성공을 거둘 수 있는지(특히 정부의 지원이 없을 때), 그리고 새로운 커뮤니케이션 기술이 어느 정도까지 근접성을 덜 중요한 것으로 만들 수 있는지는 분명치 않다.(Hawkes, 1997) 매시와 그 동료들(Massey et al., 1992)은 연구공원이 주는 유익한 효과가 대체로 과장되었다는 설득력 있는 주장을 펼쳤다. 특히 재산세 면제와 같은 계속된 국가의 지원이 그것의 성공을 뒷받침했다는 점을 감안할 때 그렇다. 시겔과 그 동료들이 영국에서 수행한 연구(Siegel et al., 2003)에 따르면 연구공원과 연계를 맺은 회사는 다른 회사들에 비해 연구 생산성에서 약간 더 나은 모습을 보여주지만, 그의 연구는 일차적으로 생산성의 가치 측정이 아닌 숫자 측정(예컨대 특허 수 같은)에 기반하고 있다.

새로운 대학들이 IP 무대로 빠르게 유입되면서 "질"—중요성을 나타내는 인용 수의 폭이나 일반성—은 겉보기에 하락하고 있는 것처럼 보인다.(Henderson et al., 1998; Mowery & Ziedonis, 2002; Sampat et al., 2003) 마찬가지로 연구공원의 빠른 팽창과 지역발전을 위한 실리콘밸리 모델의 모방이 대학도시들에서 부동산 붐을 일으킨 것은 분명하지만 지역발전에 미친 영향은 불분명했다.(Knapp, 1998을 보라.) 명성이 떨어지는 기관 옆에 연구공원을 개발하는 것이 회사나 지역에 경제적 이득을 가져다주지 못할 수도 있는 것처럼, 대학의 계층화 역시 지적 재산의 인지된 가치에 영향을 미친다.

---

9) 예를 들어 미시간 주의 생명공학 기획을 보라. http://www.michbio.org에서 볼 수 있다.

명성에 따른 기관의 계층화는 연구나 지적 재산의 활용으로부터 오직 부분적으로만 독립적이다. 1991년에는 상위 20개 기관이 전체 특허의 대략 70퍼센트를 취득했다.(Henderson et al., 1998) 연방 R&D 자원의 80퍼센트는 100개 기관으로 들어가며, 상위 10개 기관이 전체 지출의 21퍼센트를 수령한다.(Owen-Smith, 2001; Schultz, 1996; Chubin & Hackett, 1990) 공공 연구비 지원액과 특허 취득 성적이 서로 완벽하게 겹쳐지는 것은 아니다.(Owen-Smith, 2001) 바이-돌법 제정 이후 시간이 지나면서 연구나 특허 취득에서 대학의 계층화는 점차 안정되었고, 1990년대 이후에는 "공공"과학과 "민간"과학의 성공 사이에 강한 상관관계가 있으며, 안정된 특허 출원 엘리트가 등장했다. 이는 기관 차원에서 IP 활동의 누적 이득을 나타내는 마태효과(Matthew effect)를 보여주고 있다.(Merton, 1988; Merton & Zuckerman, 1968) 이전에 IP 활동의 경험이 있는 조직이 경제적 수익을 올릴 능력을 더 갖고 있다는 것이다.

펠러와 동료 연구자들(Feller et al., 2002)은 특허에서의 성공이 지분 보유에서의 차별적 전략으로 이어진다고 주장했다. 최상위 엘리트 기관과 가장 성공을 거두지 못한 기관은 모두 특허 사용허가를 통한 직접 보상을 추구하는 대가로 창업회사에 대한 지분 보유의 위험을 감수하는 반면, 중간쯤에 위치한 기관은 이러한 전략을 적극적으로 추구하지 않는다. 좀 더 성공한 기관들은 IP로부터의 이윤획득이 지연되거나 아예 불가능한 상황을 감당할 능력이 있는 반면, 가장 성공을 거두지 못한 기관은 새로운 지식의 활용을 위한 경주에서 아무것도 잃을 것이 없는 것처럼 행동하는 듯 보인다.

국제적으로 IP에 대한 고려와 경제지리학은 제도적 계층화와 관련된 지속적인 쟁점들을 낳고 있기도 하다. 예를 들어 바코로스와 그 동료들

(Bakouros et al., 2002)은 그리스에서 세 개의 기술공원이 새로운 사업의 보육에서나 인근 대학들과의 연계 형성에서 특별한 성공을 거두지 못하고 있음을 보여준다. 이는 정확히 어떤 요인들이 연구공원을 작동하게 만드는가를 결정하려는 연구의 증가로 이어져 왔다.

미국은 UIRR을 통해 혁신을 발전시키는 능력에서 예외적인 존재로 간주되고 있다. 미국 대학 시스템 내부에 있는 목표의 크기와 혼종성이 이러한 예외성에 기여한다. 예를 들어 19세기에 설립된 토지양허대학은 그 당시에 유럽의 중앙집중화된 엘리트 학문과 비교해볼 때, 실용적 연구 문제에 초점을 맞추었고 고등교육에 폭넓은 인구집단을 포함시켰다.(Rosenberg & Nelson, 1994) 또한 점점 그 수가 늘어나고 다양해지고 있던 미국의 연구대학 시스템 내에도 공간이 있었다. 기초 과학지식 발견과 학술논문 출간이라는 이상에 따라 설립된 존스홉킨스 같은 대학이 그런 예이다.(Feldman & Desroches, 2004) 그러나 바이-돌법 이후 상업화의 압력이 미국의 대학 시스템 내에 동질성을 만들어내고 있다면, 미국은 스스로 성공의 덫에 빠져들지도 모른다. UIRR의 공식화는 미국에서 혁신의 불꽃을 꺼뜨릴 수도 있다. 성공을 거두었을 때의 UIRR은 종종 표준적 방식으로 계획할 수 없는 경로의존성(초기에 일어난 사건들이 기술의 발전에서 어울리지 않게 큰 중요성을 갖는 현상)의 요소를 나타내 보였다. 가령 1970년대와 1980년대 동안 신시사이저 음악의 FM 음향 변조가 상업화된 사례를 생각해보자.(Nelson, 2005) 이 기술을 개발한 스탠퍼드의 음악가 겸 컴퓨터 프로그래머는 야마하의 고위층 R&D 이사가 캘리포니아를 방문했을 때 우연히 야마하와 접촉했고 그들은 그를 즉시 만났다. 스탠퍼드에서 가장 돈을 많이 벌어들인 특허 사용허가 중 하나이면서 야마하에서 가장 많이 팔린 신시사이저는 그로부터 나온 UIRR의 결과로 탄생했다.

대학-산업체 연계로부터 새로운 지식생산 사회로: 우리는 여기서 그곳으로 갈 수 있는가?

기자들과 다양한 분야의 학자들은 21세기를 지식사회의 시대로 흔히 그려내면서, 이처럼 새로운 전 지구적 지식생산에서 대학과 산업체 간의 협력관계 증진이 담당할 중심적 역할을 종종 강조한다.(Stehr, 1994) 대학과 산업체 사이의 현재 연계 상태는 광범한 사회적 변화를 나타내고 있는가? 만약 그렇다면 그것이 의미하는 바는 무엇인가? 이 분야의 문헌은 개별 과학자의 경력에서부터 지식교역의 세계화에 이르기까지 모든 수준에서 함의를 고찰해왔다.

규범에서 나온 소명

과학의 소명은 대학의 제도적 질서를 반영한다. 이는 과학사회학 문헌의 기본 가정이다. 1940년대와 1950년대에 로버트 머턴(Merton, 1973)이 이끄는 과학사회학은 사회적 순응을 이해하려는 노력을 기울였다.(아마도 당시 미국에서 인기 있었던 조류를 반영했을 것이다.) 머턴은 대학 내에서 기능하는 과학의 시스템을 위해 이상적인 경우 과학자들 사이에 보편적으로 퍼져 있는 네 가지 규범으로 구성된 기풍을 개관했다. 규범들 중 하나인 공산주의(나중에 공유주의로 바뀜)는 과학자들이 자신의 결과를 공개적으로 소통할 것을 요청한다. 산업체는 발견으로부터 경제적 수익을 확보하기 위해 비밀주의를 강제함으로써 과학에서의 의사소통을 저해할 것이다. 물론 머턴은 물리학이 방위산업과 밀접하게 연계돼 있던 제2차 세계대전 시기에 과학의 규범에 관한 논문을 썼다는 점에서 이상주의적이었다.(Shorett et al., 2003)

최근 문헌은 과학자들이 여전히 머턴 규범을 나타내고 있음을 보여준다. 비록 이윤추구라는 가치가 그와 나란히 나타나고 있긴 하지만 말이다. 초와 그 동료들(Cho et al., 2003)이 실험실 연구자들을 대상으로 설문조사한 결과에 따르면, 그중 85퍼센트는 특허가 과학자들 간에 공유되는 정보의 양을 감소시킨다고 답했다. 그러나 오언-스미스와 파월(Owen-Smith & Powell, 2001; Powell & Owen-Smith, 1998)이 생명과학자들과 인터뷰한 결과는 과학자-기업가 역할을 중심으로 새로운 규범이 더해졌음을 드러내고 있다. 자이먼(Ziman, 1994)은 독점적 지식과 그 외 "탈학문적" 규범들이 소명으로서의 과학이 직업으로서의 과학으로 변화하고 있음을 나타낸다고 주장했다. 해킷(Hackett, 1990)은 소명으로서의 과학 문제를 명시적으로 다루면서 고전적 규범과 새로운 현실—어떤 대학과학자들에겐 연구자금 부담의 해결이었고, 다른 과학자들에겐 계약직 강의교수 자리였다—사이의 긴장을 발견했다. 반면 루이스(Louis et al., 2002), 캠벨(Campbell et al., 1998), 블루멘털(Blumenthal et al., 1996) 등은 모두 생명과학자들에 대한 설문조사를 통해 비밀주의와 논문발표의 지연, 그 외 규범상의 갈등에 대한 우려를 보고했다. 과학자들은 대체로 여전히 특허보다는 논문발표에 초점을 맞추고 있고(Agrawal & Henderson, 2002), 상업화 노력은 변화하는 연구 초점보다는 기존의 연구와 연계되어 있다.(Thursby & Thursby, 2002; Colyvas et al., 2002) 그럼에도 불구하고 상업화 노력에 관여하고 있는 대학과학자들이 좀 더 비밀주의 성향을 띠게 되었다는 보고들도 몇몇 나와 있다.(Blumenthal et al., 1997; Campbell et al., 2002; Walsh & Hong, 2003)

일견 모순되는 규범체계들이 평화롭게 공존할 수 있을까? 세넷(Sennett, 1998)은 회의적인 태도를 취한다. 그는 새로운 경제에서의 유연성과 빠른 변화가 사람들의 경력에 의미를 부여하는 서사의 생성을 허락하지 않는다고 주장했다. 그러나 과학자들은 회복이 빠르다. 그들은 작업환경 속에 있는 새로움 그 자체로부터 손쉽게 의미를 만들어낸다.(Smith-Doerr, 2005) 과학자들에게 제도적 긴장을 무시할 수 있는 가능성을 더 많이 제공하는 것은 바로 좀 더 복잡하고 상호연결된 조직구조이다. 스미스-도어(Smith-Doerr, 2005)는 이 점을 과학자들이 전통적인 학문적 규범과 자신들이 일하는 혁신적인 상업적 환경에 관한 담론 사이의 긴장을 감추려 하는 생명공학 회사의 맥락에서 보여주었다. 대학과학자들을 대상으로 한 클라인먼의 연구(Kleinman, 2003)는 대학과 산업체 사이의 긴장을 감추는 생명공학의 또 다른 차원을 나타낸다. 그는 회사의 이해관계가 대개 돈과 비밀주의를 직접 맞바꾸는 식이 아니라 간접적인 방식으로 표현됨을 보여주었다. 20세기 후반의 생명공학은 20세기 중반 황금기 시절의 얘기와 눈에 띄는 대조를 이룬다. 바로 산업체가 대학보다 일견 더욱 개방된 연구 환경을 제공해 준다는 것이다.(Rabinow, 1996; Owen-Smith & Powell, 2001; Rayman, 2001; Smith-Doerr, 2004) 과학자들의 산업체 혐오증이라는 것이 실제로 존재하는지, 그렇다면 어떤 구조를 가지고 있는지의 문제는 충분한 탐구가 이뤄지지 못하고 있다.

머턴 규범이 현실에 대한 묘사라기보다는 일종의 이념형을 제시한다는 주장이 미트로프(Mitroff, 1974) 이후 흔히 볼 수 있는 후렴구가 된 것은 분명하다. 그러나 "황금기" 시절 얘기에 담긴 불화―이전 시기에 상업적 맥락에서 활동했던 과학자들에 가해진 제약(Kornhauser, 1962; Noble, 1977; Hounshell & Smith, 1988)―는 언급되지 않은 채 빠져 있고, 이 우화는 크게 비판을 받지 않은 채 계속해서 전달되고 있는 것 같다. 예를 들어 머턴주의 규범 구조는 학생들을 위한 입문서에 계속해서 등장하고 있고(National Academy of Science, 1995), 연구 부정행위 산업에 관해 새롭게 등장하는 연구의 중요한 차원들을 떠받치고 있다. 그러나 섀핀(Shapin, 2004)

은 그간 간과되어온 문헌을 탐색해 바로 그와 같은 비판을 제기했다. 전후의 산업가들이 과학자들에 대한 관리 방법을 고안해내려 노력한 내용을 담은 문헌이다. 관리자들은 머턴과 그 제자들(Barber, 1952; Hagstrom, 1965)이 대학에서 사회화된 과학자들은 산업체의 비밀주의와 자율성 결여를 참아내지 못한다는 생각을 만들어내고 있던 1940년대에서 1960년대 사이에 집필작업을 하고 있었음에도, 산업체에 속한 과학자들의 문제에 대해 대단히 다른 상을 갖고 있었다. 섀핀은 산업가들의 불만이 학문적 이상과 산업연구소 사이의 역할 갈등과는 아무런 상관도 없었다고 주장했다. 오히려 산업가들은 과학자들이 논문발표를 통해 그들이 속한 분야의 첨단연구를 따라잡을 수 있도록 어떻게 동기부여를 할 수 있을지를 걱정하고 있었다. 그럼에도 섀핀의 자료 속에서 우리는 관리자들의 목소리만 들을 수 있을 뿐이며, 과학자들 자신의 목소리는 들리지 않는다.

모델, 양식, 은유: 범주화의 창안자와 비판자들

UIRR은 개별 과학자들이 자신의 경력(내지 소명)을 어떻게 간주해야 하는가에 미치는 영향을 넘어서는 더 큰 함의를 갖는 것으로 생각된다. 1980년 이후 대학과 산업체 간의 협력은 종종 지식생산의 "선형 모델"로부터의 단절로 범주화된다. 선형 모델에 따르면, 대학에서 나온 기초지식은 산업체에 의해 개발돼 기술로 응용된다. 칼롱(Callon, 2003)은 바네바 부시의 '끝없는 프런티어'에서 케네스 애로의 '공공재로서의 과학'까지를 포괄하는 관점을 묘사할 때 "냉전기의 제도적 질서"라는 표현을 더 선호한다. 그는 이러한 질서가 실재 존재했다기보다는 일종의 경계설정 주장이었다고 주장했다. 대학연구를 시장에서 분리시키려 노력한 선형적 서사였다는 것이다. 반면 선형 모델과 대조를 이루는 새로운 과학조직은 양식 2(Gibbons et al., 1994), 대학 자본주의(Slaughter & Leslie, 1997), 삼중나선 모델(Etzkowitz et al., 1998; Etzkowitz & Leydesdorff, 1997) 등 다양한 용어로 불린다. 기번스와 다섯 명의 공저자들(Gibbons et al., 1994)은 이전의 선형 모델을 양식 1로 범주화해 양식 2와 대비시켰다. 양식 1 지식은 대학의 학문 분과 내부로 제한돼 있고, 위계적으로 조직돼 있으며, 발견 혹은 응용으로 나뉘어 있다. 기번스 등(Gibbons et al., 1994)에 따르면, 양식 2 지식은 학문 분과를 넘어서는 문제에 초점을 맞추고, 혁신을 위해 조밀한 연결망을 통해 의사소통을 하며, 과학적 유능함의 표준화가 혼종적인 정보 원천들을 따라 일어나기 때문에 긴장을 야기한다. 이와 유사하게 에츠코비츠와 레이데스도르프는 새로운 지식생산을 낡은 선형 모델로부터의 단절로 범주화하기 위해 삼중나선의 은유를 사용한다. 삼중나선은 대학, 산업체, 정부 간의 상호연결된 커뮤니케이션이 나선 모양으로 뻗어 나가는 것을 나타낸다.(Etzkowitz et al., 1998; Etzkowitz & Leydesdorff, 2000) 대학-산업체-정부의 삼중나선은 기관들이 연결을 통해 수렴하고 있음을 의미한다. 대학은 좀 더 기업가적으로 변모하고, 산업체는 좀 더 지식기반으로 변모하며, 정부는 좀 더 관계적으로 변모한다. 그 결과는 회사들의 형성과 지역의 이익이다. 후지가키와 레이데스도르프(Fujigaki & Leydesdorff, 2000)는 좀 더 나은 질적 통제가 프로젝트 개발 연결망에서의 커뮤니케이션을 통해 작동하는 것이며, 이를 프로젝트가 끝난 이후의 문제로 남겨두어서는 안 된다고 주장했다. 일련의 삼중나선 학술회의들은 이 모델을 서로 다른 환경에 적용하는 학술연구를 촉진했다. 가령 학문 분과를 초월한 분야들이 점점 더 많이 등장해 모델에 부합하는 모습을 보이고 있는 일본과 싱가포르(Baber, 2001)가 그런 예이다.

냉전이 서서히 종말을 고하면서 과학정책의 담론―특히 연방정부가 하는 연구투자의 정당화—은 "경쟁력" 의제에 따른 변화를 겪었다. 이러한 의제는 일본과 유럽 경제의 부활에 맞선 기업과 정책 이해관계(Slaughter, 1996), 그리고 상업화를 통해 자금과 지위를 확보하려는 대학의 이해관계(Slaughter, 1993)의 수렴을 반영한 것이었다. 스토크스(Stokes, 1997)는 "기초"연구와 "응용"연구의 구분을 불안정하게 만들었다. 지식활동은 근본 원리와 일반화된 개념틀의 탐구에 초점을 맞추는 것과 관련해 다양하게 범주화할 수 있고, 아니면 일차적인 지적 공동체 외부에 있는 구성원들이 도출해낸 문제들과 관련해 위치시킬 수 있으며, 아니면 둘 다 하지 않을 수도 있고, 그도 아니면 둘 다 할 수도 있다. "사용에서 영감을 얻은 기초연구", "순수 기초"연구, "순수 응용"연구라는 2×2 표는 어떤 지식이 어떤 자금지원 체제하에서 높은 우선순위를 부여받을 수 있는가 하는 고려를 가능케 한다. 애초의 정식화(Gibbons et al., 1994)에 따르면 학문 분과를 초월한 "응용"연구로의 전면적 이동에 특권을 부여했던 양식 2 지식생산과는 달리, 스토크스의 개념틀에서는 시장 논리에도, 이론적 일반화를 제공하는 연구(즉, 인문학 연구와 그 외 다른 형태의 탐구)에 특권을 부여하는 모델에도 연계돼 있지 않은 일관된 연구공간이 남아 있다.

대학 자본주의 모델이 지식생산의 역사적 범주화에서 양식 2나 삼중나선과 흡사한 상을 그려내긴 하지만, 결국 이러한 변화가 대학과 사회 일반에 이득이 되느냐 손해가 되느냐에 관해서는 기본적인 의견불일치가 있다. 규범적 입장은 종종 의미론에서 드러나는데, 이는 그리 놀라운 일이 아니다. 나선은 생명공학 연구의 상징이며, 그 자체가 UIRR의 수익성을 나타내는 정수이다. 대학 자본주의는 신마르크스주의 지향성을 대외적으로 드러낸다. 이 모델에서 대학 자본주의(Slaughter & Leslie, 1997; Slaughter & Rhoades, 2004)는 경제적 세계화, 자금 삭감, 정보기술, 신자유주의적 규제

완화에 의해 빚어진 것이다. 대학이 처한 이러한 맥락은 학문적 규범에서 엄청나게 경쟁적인 기회주의로 향하는 변화를 유발한다. 연방정부의 지원을 받기 위한 경쟁이 커짐에 따라, 대학은 산업체와의 잠재적인 파우스트의 거래에 직면하게 된다.(Bok, 2003; Cole, 1994) 예를 들어 대학원생들의 연구를 어디로 이끌고 갈 것인가에 관한 대학과학자들의 결정은 산업체의 자금지원을 유지하기 위해 결과를 내야 한다는 압박에 의해 영향을 받는다.(Slaughter et al., 2002)

아마 지식생산의 범주화가 (긍정적이건 부정적이건) 주목을 끄는 것은 그 자체로 아주 손쉽게 정책결정의 정당화로 이어질 수 있기 때문일 것이다. 뭉뚱그려 보면 지식생산에서의 급격한 변화 모델들(특히 대학의 자율성 감소)은 과학의 거버넌스를 재고해볼 수 있는 여지를 제공해왔다. 예를 들어 새로운 지식생산 양식이 갖는 정책적 함의 중 하나는 대학들이 대학실험실 내에 머무르지 말고 다양한 장소들을 가로지르며 박사학위자들을 훈련시켜야 한다는 것일 터이다.(Rip, 2004) 응용을 규제하고 과학에서의 소유권에 관한 규칙을 정립해야 한다는 주장을 펼치기도 쉬워진다.(Stehr, 2004)

어쨌든 STS 학자들이 지식생산 모델들—특히 규범적으로 긍정적인 모델들—에 내보인 반응은 대단히 비판적인 어조를 띠었다. 양식 2와 삼중나선 모델은 지식 그 자체를 대학과 산업체 과학자들 사이에서 손쉽게 넘겨줄 수 있는 암흑상자로 취급했다는 비판을 받았다. 지식이 어떻게 구성되는가와 같은 인식론적 감수성의 결여는 STS에서 중대한 약점으로 간주된다.(Baber, 1998) 비판자들은 이러한 모델들이 연구를 제도 바깥에 있는 무정형의 환경에서 일어나는 것으로 제시했다고 주장한다. 사이버 공간과 지식생성은 융합되고 있는 듯 보이지만, 사실 지식은 그 암묵적 성격, 사회적 노력, 하부구조의 요구 속에서 "끈적거리는" 존재로 정보 바이트와는 동일한 것이 아니다. 엘징가(Elzinga, 2004)는 지식에 대한 이처럼 탈맥락화된 관점이 "보편적" 삼중나선 모델을 제3세계 국가들에 팔아먹는 데 쓰이고 있다고 주장했다. 여기에 바로 STS 비판의 핵심이 위치해 있는 듯 보인다. 지식은 사회적 맥락 속에, 사람들 간의 관계 속에, 물질과의 관계 속에 배태돼 있다는 것이다. 전 지구적 지식사회에서 자유롭게 흐르는 정보—삼중나선/양식 2가 제시하는 상—는 이러한 배태성을 놓치고 만다.(Grundmann, 2004)

또한 이 모델들은 "현재주의적"이라고 할 수 있다. 역사적 맥락이 결여된 이러한 모델들은 신자유주의적 사유화와 세계화를 촉진하는 경향을 갖는다.(Drori et al., 2003; Pestre, 2000) 이 모델들 속에 약호화된 신자유주의는 국가의 정책으로 번역된다. 비판자들은 심지어 급격한 불연속 변화 명제가 이를 주창하는 저자들에게 더 많은 연구자금을 끌어들이기 위한 의제라고 주장하고 있다.(Godin, 1998; Shinn, 1999) 더 나아가 신(Shinn, 2002)은 이러한 모델들이 학술연구에 대한 지속적 기여라기보다는 지적 유행에 가까울 거라고 예측하기까지 한다.

도널드 매켄지(MacKenzie, 2004)는 STS 학자들도 스스로를 구성주의적인 눈으로 봐야 함을 상기시킨다. 이론적 모델 그 자체가 반드시 정치적 함의를 갖는 것은 아니다. 함의를 구성해내는 것은 사람들이다. 그러나 이론적 모델(가령 양식 2)은 실제로 힘을 가지며, 자기충족적 예언이 될 수 있다. 양식 2의 저자들 자신은 자신들의 책이 어떻게 직장의 재조직화를 정당화하기 위해 경영대학과 간호사 등에 의해 사용되었는지 적고 있다.(Nowotny et al., 2003)

요컨대 지식생산의 새로운 조직에 대한 반응은 엇갈렸다. 어떤 사람들은 대학과 산업체 간의 상호작용 증가가 건강한 경제를 이끄는 주요 원동력인 혁신을 자극한다고 칭찬했다.(가령 Libecap, 2005; Zemsky et al., 2005; McKelvey et al., 2004; Florida, 2002; Stephan & Audretch, 1999; Etzkowitz et al., 1998; Lundvall, 1992; Hodges, 2001) 반면 다른 사람들은 학문의 자유 상실과 대학 내부의 가치 변화를 비난했다.(가령 Nelson, 2004; Slaughter & Rhoades, 2004; Croissant & Restivo, 2001; Washburn, 2005) 또 다른 사람들은 역사 속에서 유사한 경향들을 찾아볼 수 있는데도 현재의 대학-산업체 관계를 거대한 변화로 정의하는 학술연구를 비판했다.(Pestre, 2000; Shinn, 2002) 날카로운 의견불일치에도 불구하고 전체적으로 보면 지식생산에 관해 그 수가 점점 늘어나고 있는 문헌들은 대학교수들이 사회 속에서 대학의 역할에 대해 좀 더 자기성찰적으로 변모하고 있음을 보여준다. 과학자들에게 좀 더 폭넓은 사고를 요구하는 정책(가령 연구자금을 위한)은 이러한 성찰적 전환의 한 가지 예이다.(Rip, 2004) 과학자들은 설사 상아탑 내에서 한 번도 실제로 살아본 적이 없다 해도, 오늘날에는 세분화된 전문가를 넘어서 자신들의 작업이 갖는 좀 더 폭넓은 함의를 숙고할 것으로 기대를 받고 있다.

결론

기술이전에 대한 연구에서 신참과 고참 연구자는 손쉽게 구분할 수 있다. 혼란을 겪지 않는 사람이 신참이다.(Bozeman, 2000: 627)

대학-산업체 연계의 조직에 관한 문헌을 개설한 이 글은 대체로 뚝뚝 끊어져 있다. 본문을 이루는 각각의 절들(역사, 측정법, 모델, 위치)은 많은 점에서 서로 독립적이다. 이러한 종류의 분할은 문헌 그 자체를 반영한 결과이다. 문헌을 구성하는 서로 다른 흐름들(가령 경제학 내지 경영학과 기술

사) 간의 어떤 "대화"도 비판의 형태를 띠는 듯 보이며, 특히 역사적 추세를 나타낸 모델을 놓고 비판이 제기되어왔다. 우리는 과학기술에서 산업체/대학/정부를 뒤섞는 것(가령 삼중나선 모델)이 좀 더 혼종적이고 전통적인 제도적 경계선을 고수하는 것보다 더 나은 정책인지 알기 위해 엄격한 정량적 자료를 얼마나 많이 필요로 하는가?(MacKenzie, 2004)

우리는 원인과 결과, 정책과 그 실행 사이의 관계를 가려낼 수 있어야 하며, 프레이밍 가정에 대해 계속해서 따져 물어야 한다. 예를 들어 UIRR에 관한 선제적 문헌의 경우, 연구공원의 입지선정이건 가장 생산적인 IP정책의 선택이건 간에 UIRR이 갖는 함의와 UIRR에 관한 연구에 대해 좀 더 실질적인 논의가 필요하다. 우리는 어떻게 그 일을 "더 잘할" 수 있겠는가, 그리고 더 잘한다는 것을 어떻게 정의할 것인가? 예를 들어 특허나 연구센터나 연구공원은 제대로 작동하는가? 여기서 "제대로 작동한다."는 말의 의미는 무엇인가? 대체 누구에게 제대로 작동한다는 것인가?

마틴(Martin, 1998)이 주장했듯이, 특허를 통해 지적 재산권을 확보하는 데 기반을 둔 경제 시스템을 틀짓는 데 있어 대체로 검증되지 않은 수많은 가정들이 존재한다. 예를 들어 극소전자공학 같은 일부 산업의 경우, 기술의 수명은 특허의 수명은 고사하고 특허를 확보하는 데 소요되는 시간보다 훨씬 더 짧다. 따라서 영업비밀과 빠른 시장 출시가 혁신으로부터 경제적 수익을 얻어내는 가장 좋은 보증수표이다. 특허는 때때로 혁신을 가로막는 데 사용된다. 특허는 기술적으로 우회할 수 있다. 때때로 특허가 소송을 걸기 위한 허가증에 불과한 경우도 있다.[10]

---

10) IP 보호를 위한 저작권 비판도 이와 관련돼 있다. Vaidhyanathan(2001)은 미국 법에 예시돼 있는 특정한 국제적 지적 재산권 체제의 확산이 창조성을 질식시키고 비사유재산 문화

대학과 산업체의 이해관계를 매개하기 위해 종종 소환되는 법률적 메커니즘은 특허법이다. 선견지명을 담은 아이젠버그의 1987년 논문은 특허에 담긴 공개의 요소가 실제로는 논문발표보다 더 자유로운 과학 커뮤니케이션으로 이어질 수 있다고 주장한다. 그녀는 자신의 주장을 뒷받침하는 논거로 1980년 《생물화학저널(*Journal of Biological Chemistry*)》에서 오간 논쟁을 예로 들었다.(Eisenberg, 1987) 논쟁이 되었던 문제는 이 학술지에 발표된 모든 논문에서 사용된 생물학적 재료들을 공공의 사용을 위해 제공할 것(가령 배양물 수집 센터에 예치하는 식으로)을 의무화한 정책이었다. 과학자들은 상업적 동기와는 무관한 이유로 이렇게 하기를 원치 않았다. 주된 우려는 무임승차자가 나타나 자신들이 발표한 논문의 재연성을 차지해버리면 저자들은 자신들의 발견을 논문으로 발표한 데서 나오는 배타적 이득을 잃게 된다는 것이었다. 아이젠버그는 특허가 과학자들에게 배타적 권리를 허용해줌으로써 모든 관련 논문이 나올 때까지 발견을 감추려는 유인을 떨어뜨린다고 주장한다. 실제로 특허는 NIH가 2000년대 초반에 정보를 공공영역에 두기 위해서 인간유전체에 대해 취했던 접근법이기도 했다. 특허가 제공해주는 독점은 산업연구소뿐 아니라 공공 연구기관에서도 혁신에 자극을 주는 역할을 한다. 이는 부분적으로 그것이 갖는 자기충족적 특성 때문이다.

UIRR에 대한 법률적 접근은 과학지식을 "공유지"로 보는 관념에서 시작한다. 기초연구는 새로운 아이디어나 제품을 만들기 위해 누구나 끌어 쓸 수 있는 공공재를 제공한다. 헬러와 아이젠버그(Heller & Eisenberg, 1998)

전통—미국 흑인들의 블루스 전통에서 다른 이의 곡을 빌려오는 기풍이나 랩과 힙합에서 이뤄지는 샘플링과 잘라 붙이기의 새로운 실험 같은—에 해를 입힌다고 주장했다.

는 과학에서 과도한 특허활동으로 생기는 문제는 자원이 고갈돼버리는 고전적인 공유지의 비극이 아니라 "공유지 반대(anticommons)"의 문제라고 주장했다. 초기단계에서 지식의 사유화(대학에 의한 것이건 회사에 의한 것이건)는 생명을 구하는 생의학적 혁신과 같은 나중 단계의 발전을 저해한다.(Nelson, 2001) 이에 대해 레식(Lessig, 2004)은 인터넷에서 쓸 수 있는 "크리에이티브 커먼즈(creative commons)" 사용허가 틀을 개발했고, 그 일환으로 자신의 책 『자유문화(*Free Culture*)』를 온라인에 올려놓았다.[11] (레식은 온라인에 떠 있는 창의적 내용에 대한 수입을 얻기 위한 대기업의 소송 제기가 항공운송 초기에 "자기네" 상공으로 날아간 비행기 때문에 죽은 닭들을 보상하라는 농부들의 말도 안 되는 소송과 흡사하다고 믿는다. 레식이 보기에 인터넷은 상공과 같은 것이고, 사회가 자유롭게 사용해 이득을 얻는 공공의 공유지이다.) 대학들은 좀 더 개방적인 크리에이티브 커먼즈의 지지자가 될 개연성이 높다.

아이젠버그(Eisenberg, 2003)는 최근의 법률적 발전을 묘사하면서 머디 대 듀크대학(Madey vs. Duke University) 판결이 대학에서의 특허 강제에 미칠 가능한 영향을 설명하고 있다. 이 판결은 학술연구가 특허침해로부터 면제된다는 그간의 전통을 대학의 과학자들로부터 앗아버렸다. 이러한 전통은 1813년 스토리 판사가 순수한 철학적 호기심에서 수행한 실험은 지적 재산권 분쟁으로부터 면제된다는 견해를 낸 이후 줄곧 규범으로 자리를 잡아온 것이었다. 흥미로운 것은 대학들이 상업적 영역을 침범하고 있으니 비용을 지불해야 한다고 주장하는 회사가 소송을 제기한 것이 아니었다는 것이다. 머디 대 듀크는 대학 내부의 다툼이었다. 머디 교수는 듀크대학에 임용될 때 스탠퍼드에서 듀크로 지적 재산권을 가지고 왔다. 듀

---

11) http://free-culture.org/freecontent에서 볼 수 있다.

크대학에서 해임된 후 머디는 IP에 근거한 연구비 신청을 계속하려 했으나 듀크대학은 이를 문제 삼았다. 법원은 오늘날 대학이 하는 "일"이 연구비 신청서 작성과 지적 재산권에 너무나 뒤얽혀 있기 때문에 "연구 면제"는 더 이상 적용될 수 없다고 판결했다.

그러나 재피와 러너(Jaffe & Lerner, 2004)에 따르면 (특히 미국에서) 법률적 특허 시스템이 가진 진짜 문제는 낮은 질의 특허의 창궐을 부추기는 데 있다. 미국은 특허 보유자가 거의 언제나 승리하는 법정 시스템을 발전시켜왔다. 이는 이른바 특허괴물(patent troll)이 기관들의 일상업무를 방해할 수 있는 특허를 사들이면 보상을 받는다는 것을 의미한다. 예를 들어 "콜센터"에 관한 일련의 특허 소유자들은 고객 서비스의 중단가능성을 피하려는 신용카드 회사들로부터 정기적으로 수백만 달러의 합의금을 받는다. 망가진 특허 시스템이 대학에 갖는 함의는 특허활동에 점점 더 많은 비용이 든다는 것이다. 특허권 침해 소송을 거는 것도 그렇지만, 고의적인 업무방해를 피하는 것은 그보다 더 많은 돈이 든다.

특허권의 개념틀은 또 다른 중요한 질문을 제기한다. 일견 특혜의 문제에 관심을 가진 듯 보이는 문헌이 선진국의 과학자와 대학교수들을 제외한 다른 사람들에게 갖는 함의는 어떤 것인가? 예를 들어 현재 지적 재산에 관한 국제조약(무역 관련 지적 재산권 협정, 약칭 TRIPs)은 핵심 국가들과 대기업들의 재산권을 보호하면서 저개발국의 빈민들을 위한 의약품과 같은 기초 품목에 대한 접근을 희생시키고 있다.(Drahos & Mayne, 2002) HIV/에이즈 활동가들은 지적 재산 체제가 연구를 지연시키고, 비용을 높이며, 새로운 지식의 재연이나 비판적 검토를 가로막을 수 있다는 점을 우려한다.[12] UIRR에 대한 협소한 시장지향적 사고방식과 상반되는 지속가능한 발전은 대학과 산업체, 지역사회 단체들 간의 협력에 의해 지역적 수준에서 촉진될 수 있다.(Forrant & Pyle, 2002) 그러나 UIRR과 IUCRC에 관한 연구는 소규모 회사와 비영리기구들이 대학의 지식과 시설에 대한 접근권을 놓고 경쟁하기에 충분한 자원을 갖고 있지 못할 수 있음을 시사한다. "세방화(glocalization)"는 전 지구적 지식과 시스템이 지역의 특수성과 만날 때 변형되는 경향임을 감안하면(Ritzer, 2004; Robertson, 1995), 삼중나선이나 어떤 다른 모델이 제3세계 맥락에 일종의 패권적 적용이 되는 것을 지나치게 우려할 필요는 없을 것이다. 과학의 실행은 논문발표, 학생, 전문직 종사자 혹은 국가 부처의 존재, 그 어떤 측면에서 측정하더라도 불균등한 과정이며(Schofer, 2004; Jang, 2004; Finnemore, 1993), 미국에서 유럽으로 모델을 이전시키는 것도 충분히 어려운 일이었다.(Owen-Smith et al., 2002; Mali, 2000; Balazs & Plonski, 1994) 예를 들어 국가의 경제발전을 위해 과학연구에 투자하는 것은 단기적으로 경제발전에 상당한 **부정적** 영향을 미치는 반면(Drori et al., 2003), 과학노동력에 대한 투자는 긍정적 이득을 제공해준다. 이는 경제발전의 일차적 전략으로서의 IP에 대한 좀 더 큰 규모의 비판을 다시금 환기시킨다. 그러나 노동력 개발 정책이 상상력 넘치는 방식으로 실행되지 않는다면—그리고 대학에 대한 자금지원이 전 지구 사회 속에서 국가의 경제적 안녕과 관련되지 않는다면—고등교육의 상품화는 부국과 빈국 사이, 또 어떤 주어진 국가 내부에서의 격차를 더욱 악화시킬 수 있다. 그렇다면 "기술이전"이 국제적 발전의 문제에서 대학을 위한 계량경제학의 문제로 변모한 것은 한 바퀴를 돌아 제자리에 온 것처럼 보인다.

---

12) "History of Changing IP Policies," Yale AIDS Network, April 19, 2003. http://www.yale.edu/aidsnetwork/Spring%202003%20Univ%20IP%20History.ppt#1에서 볼 수 있다.

UIRR이 갖는 국제적 함의와 함께, 페미니즘, 환경운동, 환자 권익옹호 단체 같은 다양한 사회운동에 몸담은 사람들과 시장과 밀접하지 않은 인문학과 사회과학 분야의 학자들은 UIRR에 대해 계속해서 관심을 가져야 한다. 예를 들어 전통적인 학계와 산업계의 노동분업이 정말 다양화되고 있는지를 생각해보라. 과학자들 간의 동질성은 전통적 위계로부터 비롯되는데, 그 속에는 숨은 계층화가 도사리고 있다.(Smith-Doerr, 2004) 젠더, 인종, 계급 쟁점들은 대학-산업체에 관한 대부분의 논의에서 배제되는 것처럼 보인다. 과학자들은 압도적으로 백인 남성이 많을뿐더러, 대학-산업체 연구를 연구하는 학자들 역시 마찬가지인 것 같다. 2004년에 출간된 UIRR의 함의를 다룬 두 권의 논문집은 이를 잘 보여준다. 그랜딘 등이 편집한 책(Grandin et al., 2004)은 남성 기고자 20명에 여성 기고자는 6명(개발도상국에서 1명)이었고, 스테어가 편집한 책(Stehr, 2004)에는 17명의 기고자 모두가 남성이었다. 참가자들 사이에 어떻게 다양성을 포괄할 것인가를 넘어, 토착 자원의 착취나 "탈대학교수(unfaculty, 대학이 학문적 교육과 학습을 위한 유일한 장소라는 관념을 변화시키려는 학자들의 운동으로 대학의 경계를 넘어 지적 호기심을 가진 대중과 직접 만나는 것을 목표로 한다—옮긴이)"와 같은 관심사들은 어디에서 다룰 수 있겠는가? 전통적인 대학 시스템과 새롭게 등장한 좀 더 상업적 이해를 가진 버전 모두에서, 시스템 외부에 있는 "대상"인 사람들(가령 토착부족 집단에 관해서는 Reardon, 2005를 보라.)과 내부에 있는 "임시직 과학자"들(Hackett, 1990을 보라.)은 지속적으로 과학에서 받는 것보다 더 많은 것을 주고 있는 듯 보인다. 그렇다면 그들이 왜 변화에 신경을 써야 하겠는가?

과학에 몸담고 있지 않은 사람들의 경우, 시장과 밀접하지 않은 활동에서의 연구와—좀 더 넓게 보아—교육은 무시나 명시적인 삭감으로 인해 고통을 겪을 수 있다. 그러나 풀러(Fuller, 2004)의 주장에 따르면, UIRR에 관여하고 있는 과학자들에게 생기는 "사회적 자본의 창조적 파괴"의 원천이 될 수 있는 것은 바로 대학의 교육기능이다. 아울러 UIRR에 대한 강도 높은 참여는 대학과 좀 더 일반적으로 과학을 강도 높은 검토에 노출시켜 대중의 과학 신뢰에 관한 질문을 제기하고 제도의 전반적 정당성에 관한 우려를 낳는다.(Rampton & Stauber, 2001; Weisbrod, 1998) 상업화는 유전자변형식품이나 약품 안전성에 관한 우려에서처럼 과학에 대한 대중의 우려에서 중심에 놓여 있으며, 사회운동의 지식생산 접근이나 좀 더 일반적인 대중의 지식생산 참여 및 접근을 형성하는 요인들 중 하나이기도 하다.(Frickel & Moore, 2005) UIRR에 관한 논의는 학문 분과 간 경계, 그리고 더 나아가 지식생산과 거버넌스 제도의 경계를 넘어 좀 더 폭넓은 순환으로 나아가야 한다. 앞으로의 연구는 UIRR 활동에서의 다양성 문제와 UIRR과 공공재 개념에 관한 이론적, 경험적 탐구를 다룰 필요가 있다. UIRR과 조직의 변화에서 정당성과 동형화라는 요소의 역할도 명시적으로 연구되어야 한다. 현재 대학조직의 불안정화는 다양한 원천들에 기인한 것이기 때문에, 정교한 정량적, 정성적 도구들이 필요할 것이다. 아그라왈(Agrawal, 2001)은 UIRR에 관한 경제학 문헌에서 경험연구가 필요한 영역을 찾아냈는데, 여기에는 산업별 지식 흡수 역량 비교, 공식 TTO와 특허 바깥에서 일어나는 기술이전에 대한 이해, 그리고 지식의 파급이 특정한 지리적 장소에 집중돼 있지 않은 사례의 탐구 등이 포함된다.

참고문헌

Acs, Zoltan J., David B. Audretsch, & Maryann P. Feldman (1992) "Real Effects of Academic Research: A Comment," *American Economic Review* 82: 363–367.

Adams, J. D., E. P. Chiang, & K. Starkey (2001) "Industry-University Cooperative Research Centers," *Journal of Technology Transfer* 26(1–2): 73–86.

Agrawal, Ajay (2001) "University-to-Industry Knowledge Transfer: Literature Review and Unanswered Questions," *International Journal of Management Reviews* 3: 285–302.

Agrawal, A. & R. Henderson (2002) "Putting Patents in Context: Exploring Knowledge Transfer from MIT," *Management Science* 48(1): 44–60.

Arrow, K. J. (1962) "Economic Welfare and the Allocation of Resources for Inventions," in R. R. Nelson (ed), *The Rate and Direction of Inventive Activity: Economic and Social Factors* (Princeton, NJ: Princeton University Press): 609–625.

Arundel, A. & Aldo Geuna (2004) "Proximity and the Use of Public Science by Innovative European Firms," *Economics of Innovation and New Technology* 13: 559–580.

Audretsch, David B. & Paula E. Stephan (1996) "Company-Scientist Locational Links: The Case of Biotechnology," *American Economic Review* 86: 641–652.

Auerswald, Philip E. & Lewis M. Branscomb (2003) "Start-Ups and Spin-Offs: Collective Entrepreneurship Between Invention and Innovation," in D. M. Hart (ed), *The Emergence of Entrepreneurship Policy: Governance, Start-Ups, and Growth in the U.S. Knowledge Economy* (Cambridge: Cambridge University Press): 61–91.

Baber, Zaheer (1998) "Science and Technology Studies After the 'Science Wars'," *Southeast Asian Journal of Social Science* 26: 113–120.

Baber, Zaheer (2001) "Globalization and Scientific Research: The Emerging Triple Helix of State-Industry-University Relations in Japan and Singapore," *Bulletin of Science, Technology and Society* 21: 401–408.

Bakouros, Yiannis L., Dimitry C. Mardas, & Nikos C. Varsakelis (2002) "Science Park: A High-Tech Fantasy? An Analysis of Greece," *Technovation* 22: 123–128.

Balazs, Katalin & Guilherme Ary Plonski (1994) "Academic-Industry Relations in Middle-Income Countries: East Europe and Ibero-America," *Science and Public*

Policy 21: 109 – 116.

Barber, Bernard (1952) *Science and the Social Order* (New York: Collier).

Blumenthal, David, E. G. Campbell, M. S. Anderson, N. Causino, & K. S. Louis (1997) "Withholding Research Results in Academic Life Science: Evidence from a National Survey of Faculty," *Journal of the American Medical Association* 277(15): 1224 – 1228.

Blumenthal, David, N. N. Causino, E. Campbell, & K. S. Lewis (1996) "Relationships Between Academic Institutions and Industry in the Life Sciences: An Industry Survey," *New England Journal of Medicine* 334: 368 – 373.

Bok, Derek Curtis (2003) *Universities in the Marketplace: The Commercialization of Higher Education* (Princeton, NJ: Princeton University Press).

Bowie, Norman E. (ed) (1994) *University-Business Partnerships: An Assessment* (Lanham, MD: Rowman & Littlefield).

Bozeman B. (2000) "Technology Transfer and Public Policy: A Review of Research and Theory," *Research Policy* 29: 627 – 655.

Bresnahan, T. & Alfonso Gambardella (eds) (2004) *Building High-Tech Clusters: Silicon Valley and Beyond* (Cambridge: Cambridge University Press).

Busch, Lawrence (2000) *The Eclipse of Morality: Science, State, and Market* (New York: Aldine de Gruyter).

Bush, Vannevar ([1945]1990) *Science: The Endless Frontier* (Washington, DC: National Science Foundation).

Callon, Michel (1998) *The Laws of the Markets* (London: Blackwell).

Callon, Michel (2003) "The Increasing Involvement of Concerned Groups in R&D Policies: What Lessons for Public Powers?" in Aldo Geuna, J. Ammon Salter, & W. Edward Steinmueller (eds), *Science and Innovation: Rethinking the Rationales for Funding and Governance* (Cheltenham, U.K.: Edward Elgar): 30 – 68.

Campbell, E. G., B. R. Clarridge, M. Gokhale, & L. Birenbaum (2002) "Data Withholding in Academic Genetics: Evidence from a National Survey," *Journal of the American Medical Association* 287: 473 – 480.

Campbell, E. G., K. S. Louis, & D. Blumenthal (1998) "Looking a Gift Horse in the Mouth: Corporate Gifts Supporting Life Sciences Research," *Journal of the American Medical Association* 279: 995 – 999.

Campbell, Teresa Isabelle Daza (1995) "Protecting the Public's Trust: A Search for

Balance Among Benefits and Conflicts in University-Industry Relationships," Ph.D. diss., University of Arizona, Tucson.

Campbell, Teresa & Sheila Slaughter (1999) "Faculty and Administrator Attitudes Toward Potential Conflicts of Interest, Commitment, and Equity in University-Industry Relations," *Journal of Higher Education* (May – June) 70(3): 309 – 332.

Cho, Mildred K., S. Illangasekare, M. A. Weaver, D.G.B. Leonard, & J. F. Merz (2003) "Effects of Gene Patents and Licenses on the Provision of Clinical Genetic Testing Services," *Journal of Molecular Diagnosis* 5: 3 – 8.

Chubin, Darryl E. & Edward J. Hackett (1990) *Peerless Science: Peer Review in U.S. Science Policy* (Albany: State University of New York Press).

Cohen, Wesley & D. Levinthal (1990) "Absorptive Capacity: A New Perspective on Learning and Innovation," *Administrative Science Quarterly* 35: 128 – 152.

Cohen, Wesley M., Richard R. Nelson, & John P. Walsh (2002) "Links and Impacts: The Influence of Public Research on Industrial R&D," *Management Science* 48: 1 – 23.

Cohen, W., R. Florida, L. Randazzese, & J. Walsh (1998) "Industry and the Academy: Uneasy Partners in the Cause of Technological Advance," in R. Noll (ed), *Challenges to the Research University* (Washington, DC: Brookings Institution): 171 – 200.

Cole, Jonathan R. (1994) "Balancing Acts: Dilemmas of Choice Facing Research Universities," in Jonathan R. Cole, Elinor G. Barber, & S. R. Graubard (eds), *The Research University in a Time of Discontent* (Baltimore, MD: Johns Hopkins University Press): 1 – 36.

Cole, Jonathan R., Elinor G. Barber, & Stephen R. Graubard (eds) (1994) *The Research University in a Time of Discontent* (Baltimore, MD: Johns Hopkins University Press).

Colyvas, Jeannette A. & Walter W. Powell (2006) "Roads to Institutionalization: The Remaking of Boundaries Between Public and Private Science," *Research in Organizational Behavior* 27: 305 – 353.

Colyvas, Jeanette, Michael Crow, Annetine Gelijns, Roberto Mazzoleni, Richard R. Nelson, Nathan Rosenberg, & Bhaven N. Sampat (2002) "How Do University Inventions Get into Practice?" *Management Science* 48(1): 61 – 72.

Croissant, Jennifer & Sal P. Restivo (2001) *Degrees of Compromise: Industrial Interests and Academic Values* (Albany: State University of New York Press).

Drahos, Peter & Ruth Mayne (eds) (2002) *Global Intellectual Property Rights: Knowledge, Access, and Development* (London: Palgrave Macmillan).

Drori, Gili, John W. Meyer, Francisco O. Ramirez, & Evan Schofer (2003) *Science in the Modern World Polity: Institutionalization and Globalization* (Stanford, CA: Stanford University Press).

Eisenberg, Rebecca S. (1987) "Proprietary Rights and the Norms of Science in Biotechnology Research," *Yale Law Journal* 97: 177–231.

Eisenberg, Rebecca (2003) "Patent Swords and Shields," *Science* 299: 1018–1019.

Elzinga, Aant (2004) "The New Production of Reductionism in Models Relating to Research Policy," in Karl Grandin, Nina Wormbs, & Sven Widmalm (eds), *The Science-Industry Nexus: History, Policy, Implications* (Sagamore Beach, MA: Science History Publications/USA): 277–304.

Etzkowitz, Henry (2002) *MIT and the Rise of Entrepreneurial Science* (London and New York: Routledge).

Etzkowitz, Henry & Loet Leydesdorff (eds) (1997) *Universities and the Global Knowledge Economy: A Triple Helix of University-Industry-Government Relations* (London: Cassell).

Etzkowitz, Henry & Loet Leydesdorff (2000) "The Dynamics of Innovation: From National Systems and 'Mode 2' to a Triple Helix of University-Industry-Government Relations," *Research Policy* 29: 109–123.

Etzkowitz, Henry, Andrew Webster, & Peter Healy (1998) *Capitalizing Knowledge: New Intersections of Industry and Academia* (Albany: State University of New York Press).

Feldman, M. P. (1994) *The Geography of Innovation* (Boston: Kluwer).

Feldman, M. P. & P. Desroches (2004) "Truth for Its Own Sake: Academic Culture and Technology Transfer at Johns Hopkins University," *Minerva* 42: 105–126.

Feller, Irwin (2002) "Impacts of Research Universities on Technological Innovation in Industry: Evidence from Engineering Research Centers" (with Catherine Ailes & J. David Roessner) *Research Policy* 31: 457–474.

Feller, Irwin, Maryann Feldman, Janet Bercovitz, & Richard Burton (2002) "Equity and the Technology Transfer Strategies of American Research Universities," *Management Science* 48: 105–121.

Finnemore, Martha (1993) "International Organizations as Teachers of Norms: The United Nations Educational, Scientific, and Cultural Organization and Science Policy," *International Organization* 47(4): 565–597.

Fischer, Howard (1999) "Lawmaker Wants Schools to Sell Research Parks," *Arizona Business Gazette* 119(3)(January 21): 1.

Florida, Richard (2002) *The Rise of the Creative Class* (New York: Basic Books).

Fontana, Roberto, Aldo Geuna & M. Matt (2004) "Firm Size and Openness: The Driving Forces of University-Industry Collaboration," in Y. Calaoghirous, A. Constantelou, & N. S. Vonortas (eds), *Knowledge Flows in European Industry: Mechanisms and Policy Implications* (London: Routledge).

Forrant, Robert & Jean L. Pyle (2002) "Globalization, Universities and Sustainable Human Development," *Development* 45: 102–106.

Frickel, Scott & Kelly Moore (eds) (2005) *The New Political Sociology of Science: Institutions, Networks, and Power* (Madison: University of Wisconsin Press).

Fujigaki, Yuko & Loet Leydesdorff (2000) "Quality Control and Validation Boundaries in a Triple Helix of University-Industry-Government: 'Mode 2' and the Future of University Research," *Social Science Information* 39: 635–655.

Fuller, Steve (2004) "In Search of Vehicles for Knowledge Governance: On the Need for Institutions That Creatively Destroy Social Capital," in N. Stehr (ed), *The Governance of Knowledge* (New Brunswick, NJ: Transaction): 41–78.

Gambardella, A. & F. Malerba (eds) (1999) *The Organization of Economic Innovation in Europe* (Cambridge: Cambridge University Press).

Geiger, Roger L. (1986) *To Advance Knowledge: The Growth of American Research Universities, 1900–1940* (New York: Oxford University Press).

Geiger, Roger L. (1993) *Research and Relevant Knowledge: American Universities Since World War II* (New York: Oxford University Press).

Geiger, Roger L. (2004) *Knowledge and Money: Research Universities and the Paradox of the Marketplace* (Stanford, CA: Stanford University Press).

Geuna, Aldo, Ammon J. Salter, & W. Edward Steinmueller (2003) *Science and Innovation: Rethinking the Rationales for Funding and Governance* (Cheltenham, U.K.: Edward Elgar).

Gibbons, Michael, Camille Limoges, Helga Nowotny, Simon Schwartzman, Peter Scott, & Martin Trow (1994) *The New Production of Knowledge: The Dynamics of*

Science and Research in Contemporary Societies (London and Thousand Oaks, CA: Sage).

Giuliani, Elisa & M. Bell (2005) "The Micro-Determinants of Meso Learning and Innovation: Evidence from a Chilean Wine Cluster," *Research Policy* 34: 47–58.

Godin, Benoit (1998) "Writing Performative History: The New New Atlantis?" *Social Studies of Science* 28: 465–483.

Grandin, Karl, Nina Wormbs & Sven Widmalm (eds) (2004) *The Science-Industry Nexus: History, Policy, Implications* (Sagamore Beach, MA: Science History Publications/USA).

Griliches, Zvi (1990) "Patent Statistics as Economic Indicators: A Survey," *Journal of Economic Literature* 28: 1661–1707.

Grundmann, Reiner (2004) "Concluding Observations: Free Flow of Information or Embedded Expertise? Notes on the Regulation of Knowledge," in Nico Stehr (ed), *The Governance of Knowledge* (New Brunswick, NJ: Transaction): 269–286.

Hackett, Edward J. (1990) "Science as a Vocation in the 1990s: The Changing Organizational Culture of Science," *Journal of Higher Education* 61(3): 241–279.

Hackett, Edward J. (2001) "Organizational Perspectives on University-Industry Research Relations," in Jennifer Croissant & Sal P. Restivo (eds), *Degrees of Compromise: Industrial Interests and Academic Values* (Albany: State University of New York Press): 1–22.

Hagstrom, Warren O. (1965) *The Scientific Community* (Carbondale: Southern Illinois University Press).

Hawkes, Nigel (1997) "What Use Is a Science Park?" *The Times* (February 10): 15.

Heller, Michael & Rebecca S. Eisenberg (1998) "Can Patents Deter Innovation? The Anticommons in Biomedical Research," *Science* 280(5364): 698–701.

Henderson, Rebecca, Adam B. Jaffe, & Manuel Trajtenberg (1998) "Universities as a Source of Commercial Technology: A Detailed Analysis of University Patenting, 1965–1988," *Review of Economics and Statistics* 80(1): 119–127.

Hodges, D. A. (2001) "University-Industry Cooperation and the Emergence of Start-Up Companies," Public Symposium at Research Institute of Economy, Trade, and Industry, Tokyo. Available at: http://www.rieti.go.jp/en/events/01121101/doc.html. Also available at: http://andros.eecs.berkeley.edu/~hodges/UIC&ESUC.pdf.

Holleman, Margaret Ann Phillippi (2005) "Effects of Academic-Industry Relations of the Professional Socialization of Graduate Science Students," Ph.D. diss., University of Arizona, Tucson.

Hounshell, David A. & John Kenly Smith, Jr. (1988) *Science and Corporate Strategy: DuPont R&D, 1902 – 1980* (New York: Cambridge University Press).

Jaffe, Adam & Josh Lerner (2004) *Innovation and Its Discontents: How Our Broken Patent System Is Endangering Innovation and Progress and What to Do About It* (Princeton, NJ: Princeton University Press).

Jang, Yong Suk (2004) "The Worldwide Founding of Ministries of Science and Technology, 1950 – 1990," *Sociological Perspectives* 43(2): 247 – 270.

Johnson, Deborah G. (2001) "Conflicts of Interest and Industry-Funded Research: Chasing Norms for Professional Practice in the Academy," in Jennifer Croissant & Sal P. Restivo (eds), *Degrees of Compromise: Industrial Interests and Academic Values* (Albany: State University of New York Press): 185 – 198.

Jones, Charles I. (2002) "Sources of U.S. Economic Growth in a World of Ideas," *American Economic Review* 92: 220 – 239.

Jones, Charles I. & John C. Williams (1998) "Measuring the Social Return to R&D," *Quarterly Journal of Economics* 113(4): 1119 – 1135.

Kaghan, William N. (2001) "Harnessing a Public Conglomerate: Professional Technology Transfer Managers and the Entrepreneurial University," in Jennifer Croissant & Sal P. Restivo (eds) (2001) *Degrees of Compromise: Industrial Interest and Academic Values* (Albany: State University of New York Press): 77 – 101.

Kernan, Alvin (ed) (1997) *What's Happened to the Humanities?* (Princeton, NJ: Princeton University Press).

Kerr, Clark (1963) *The Uses of the University* (Cambridge, MA: Harvard University Press).

Kleinman, Daniel Lee (2003) *Impure Cultures: University Biology and the World of Commerce* (Madison: University of Wisconsin Press).

Klevorick, A. K., R. C. Levin, R. R. Nelson & S. G. Winter (1995) "On the Sources and Significance of Interindustry Differences in Technology Opportunities," *Research Policy* 24: 185 – 205.

Knapp, Kevin (1998) "A Suburb Pulls the Plug on Its High-Tech Dreams," *Crain's Chicago Business* 21(22): 4 – 6.

Knoedler, Janet T. (1993) "Market Structure, Industrial Research, and Consumers of

Innovation: Forging Backward Linkages to Research in the Turn-of-the-Century U.S. Steel Industry," *Business History Review* 67(1): 98 – 139.

Knorr Cetina, Karin D. & Alex Preda (2004) *The Sociology of Financial Markets* (Oxford: Oxford University Press).

Kornhauser, William (1962) *Scientists in Industry: Conflict and Accommodation* (Berkeley: University of California Press).

Laursen, K. & A. Salter (2004) "Searching Low and High: What Types of Firms Use Universities as a Source of Innovation?" *Research Policy* 33: 1201 – 1215.

Lenoir, Timothy (1998) "Revolution from Above: The Role of the State in Creating the German Research System, 1810 – 1910," *American Economic Review* 88(2): 22 – 27.

Leslie, Stuart W. (1993) *The Cold War and American Science: The Military-Industrial-Academic Complex at MIT and Stanford* (New York: Columbia University Press).

Lessig, Lawrence (2004) *Free Culture: How Big Media Uses Technology and the Law to Lock Down Culture and Control Creativity* (New York: Penguin Press).

Libecap, Gary (ed) (2005) *University Entrepreneurship and Technology Transfer 16* (Storrs, CT: JAI/Elsevier).

Link, Albert N. & John T. Scott (2003) "U.S. Science Parks: The Diffusion of an Innovation: Effects on the Academic Missions of Universities," *International Journal of Industrial Organization* 22: 1323 – 1356.

Louis, Karen Seashore, Lisa M. Jones, & Eric G. Campbell (2002) "Sharing in Science," *American Scientist* 90(4): 304 – 308.

Lundvall, Bengt-Ake (ed) (1992) *National Systems of Innovation: Towards a Theory of Innovation and Interactive Learning* (London: Pinter).

MacKenzie, Donald (2004) "Relating Science, Technology, and Industry After the Linear Model (Commentary)," in Karl Grandin, Nina Wormbs, & Sven Widmalm (eds), *The Science-Industry Nexus: History, Policy, Implications* (Sagamore Beach, MA: Science History Publications/USA): 305 – 312.

MacKenzie, Donald & Yuval Millo (2003) "Constructing a Market, Performing Theory: The Historical Sociology of a Financial Derivatives Exchange," *American Journal of Sociology* 109: 107 – 145.

Malerba, Franco (2002) "Sectoral Systems of Innovation and Production," *Research Policy* 31: 247 – 264.

Mali, Franc (2000) "Obstacles in Developing University, Government and Industry

Links: The Case of Slovenia," *Science Studies* 13: 31 – 49.

Malo, Stéphane & Aldo Geuna (2000) "Science-Technology Linkages in an Emerging Research Platform: The Case of Combinatorial Chemistry and Biology," *Scientometrics* 47: 303 – 321.

Mansfield, E. (1991) "Academic Research and Industrial Innovation," *Research Policy* 20: 1 – 12.

Martin, Brian (1998) *Information Liberation: Challenging the Corruptions of Information Power* (London: Freedom Press).

Massey, D., P. Quintas, & D. Wield (1992) *High-Tech Fantasies: Science Parks in Society and Space* (London: Routledge).

McCray, W. Patrick & Jennifer L. Croissant (2001) "Entrepreneurship in Technology Transfer Offices: Making Work Visible," in Jennifer Croissant & Sal P. Restivo (eds), *Degrees of Compromise: Industrial Interest and Academic Values* (Albany: State University of New York Press): 55 – 76.

McKelvey, Maureen, Annika Rickne, & Jens Laage-Hellman (eds) (2004) *The Economic Dynamics of Modern Biotechnology* (Cheltenham, U.K.: Edward Elgar).

Merton, Robert K. (1973) "The Normative Structure of Science," in N. W. Storer (ed), *The Sociology of Science: Theoretical and Empirical Investigations* (Chicago: University of Chicago Press): 267 – 278.

Merton, Robert K. (1988) "The Matthew Effect in Science. 2. Cumulative Advantage and the Symbolism of Intellectual Property," *Isis* 79: 606 – 623.

Merton, Robert K. & Harriet K. Zuckerman (1968) "The Matthew Effect in Science: The Reward and Communication Systems of Science Are Considered," *Science* 199(3810)(January 5): 55 – 63.

Mirowski, Philip & Esther-Miriam Sent (2002) *Science Bought and Sold: Essays in the Economics of Science* (Chicago: University of Chicago Press).

Mitroff, Ian I. (1974) *The Subjective Side of Science: A Philosophical Inquiry into the Psychology of the Apollo Moon Scientists* (Amsterdam: Elsevier).

Mohnen, P. & C. Hoareau (2003) "What Type of Enterprise Forges Close Links with Universities and Government Labs? Evidence from CIS 2," *Managerial and Decision Economics* 24: 133 – 145.

Mowery, David C. & Arvids A. Ziedonis (2002) "Academic Patent Quality and Quantity Before and After the Bayh-Dole Act in the United States," *Research Policy*

31: 399–418.

Mowery, David C., Richard C. Nelson, Bhaven N. Sampat, & Arvids A. Ziedonis (2004) *Ivory Tower and Industrial Innovation: University-Industry Technology Transfer Before and After the Bayh-Dole Act* (Stanford, CA: Stanford Business Books).

Narin, F., K. S. Hamilton, & D. Olivastro (1997) "The Increasing Linkage Between U.S. Technology and Public Science," *Research Policy* 26(3): 317–330.

National Academy of Science (1995) *On Being a Scientist: The Responsible Conduct of Research* (Washington, DC: National Academy of Science).

National Science Board (2004) *Science and Engineering Indicators* (Washington, DC: National Science Foundation).

Nelson, A. J. (2005) "Cacophony or Harmony? Multivocal Logics and Technology Licensing by the Stanford University Department of Music," *Industrial and Corporate Change* 14: 93–118.

Nelson, Richard R. (ed) (1962) *The Rate and Direction of Inventive Activity* (Princeton, NJ: Princeton University Press).

Nelson, Richard R. (2001) "Observations on the Post Bayh-Dole Rise in Patenting at American Research Universities," *Journal of Technology Transfer* 26: 13–19.

Nelson, Richard R. (2004) "The Market Economy and the Scientific Commons," *Research Policy* 33: 455–471.

Nelson, R. & S. Winter (1982) *An Evolutionary Theory of Economic Change* (Cambridge, MA: Harvard University Press).

Newcomer, Jeffrey L. (2001) "Your Space or Mine? Organizational Interactions in the Development of a Two-Arm Robotic Testbed," in Jennifer Croissant & Sal P. Restivo (eds), *Degrees of Compromise: Industrial Interests and Academic Values* (Albany: State University of New York Press): 199–224.

Noble, David F. (1977) *America by Design: Science, Technology, and the Rise of Corporate Capitalism* (New York: Knopf).

Nowotny, Helga, Peter Scott & Michael Gibbons (2003) "Mode 2 Revisited: The New Production of Knowledge," *Minerva* 41: 179–194.

Owen-Smith, Jason D. (2001) "New Arenas for University Competition: Accumulative Advantage in Academic Patenting," in Jennifer Croissant & Sal P. Restivo (eds), *Degrees of Compromise: Industrial Interests and Academic Values* (Albany: State University of New York Press): 23–54.

Owen-Smith, Jason & Walter W. Powell (2001) "Careers and Contradictions: Faculty Responses to the Transformation of Knowledge and Its Uses in the Life Sciences," in Steven P. Vallas (ed), *Research in the Sociology of Work: 10: The Transformation of Work* (Greenwich, CT: JAI Press): 109–140.

Owen-Smith, J., M. Riccaboni, F. Pammolli, & W. W. Powell (2002) "A Comparison of U.S. and European University-Industry Relations in the Life Sciences," *Management Science* 48: 24–43.

Patrucco, P. P. (forthcoming) "Collective Knowledge Production, Costs and the Dynamics of Technological Systems," *Economics of Innovation and New Technology*.

Pestre, Dominique (2000) "The Production of Knowledge Between Academies and Markets: A Historical Reading of the Book *The New Production of Knowledge*," *Science, Technology and Society* 5: 169–181.

Powell, Walter W. & Jason Owen-Smith (1998) "Universities and the Market for Intellectual Property in the Life Sciences," *Journal of Policy Analysis and Management* 17(2): 253–277.

Rabinow, Paul (1996) *Making PCR: A Story of Biotechnology* (Chicago: University of Chicago Press).

Rampton, Sheldon & John Stauber (2001) *Trust Us, We're Experts: How Industry Manipulates Science and Gambles with Your Future* (New York: Jeremy P. Tarcher/Putnam).

Rayman, Paula M. (2001) *Beyond the Bottom Line: The Search for Dignity at Work* (New York: Palgrave).

Reardon, Jenny (2005) "Creating Participatory Subjects: Science, Race and Democracy in a Genomic Age," in S. Frickel & K. Moore (eds), *The New Political Sociology of Science* (Madison: University of Wisconsin Press): 351–377.

Rip, Arie (2004) "Strategic Research, Post-Modern Universities and Research Training," *Higher Education Policy* 17: 153–166.

Ritzer, George (2004) *The Globalization of Nothing* (London: Sage).

Robertson, R. (1995) "Globalization: Time-Space and Homogeneity-Heterogeneity," in M. Featherstone, S. Lash, & R. Robertson (eds), *Global Modernities* (London: Sage): 25–44.

Rosenberg, Nathan & Richard R. Nelson (1994) "American Universities and Technical

Advance in Industry," *Research Policy* 23: 323-348.

Rossman, Joseph, F. G. Cottrell, A. W. Hull, & A. F. Woods (1934) *Science 79: The Protection by Patents of Scientific Discoveries* (New York: American Association for the Advancement of Science, Publication OP-01).

Sampat, Bhaven N., David C. Mowery, & Arvids A. Ziedonis (2003) "Changes in University Patent Quality After the Bayh-Dole Act: A Re-Examination," *International Journal of Industrial Organization* 21(9): 1371-1390.

Savage, James D. (1999) *Funding Science in America: Congress, Universities and the Politics of the Academic Pork Barrel* (Cambridge: Cambridge University Press).

Saxenian, AnnaLee (1996) *Regional Advantage: Culture and Competition in Silicon Valley and Route 128* (Cambridge, MA: Harvard University Press).

Schofer, Evan (2004) "Cross-National Differences in the Expansion of Science, 1970-1990," *Social Forces* 83(1): 215-248.

Schultz, J. (1996) "Interactions Between University and Industry," in F. B. Rudolph & L. W. McIntire (eds), *Biotechnology* (Washington, DC: Joseph Henry Press): 131-146.

Scott, Alister, Grove Steyn, Aldo Geuna, Stefano Brusoni & Ed Steinmueller (2001) "The Economic Returns to Basic Research and the Benefits of University-Industry Relationships: A Literature Review and Update of Findings," Report for the Office of Science and Technology, DTI, U.K. Science and Technology Policy Research, University of Sussex, Brighton. Available at: http://www.sussex.ac.uk/spru/documents.

Sennett, Richard (1998) *The Corrosion of Character: The Personal Consequences of Work in the New Capitalism* (New York: W. W. Norton).

Shapin, Steven (2004) "Who Is the Industrial Scientist? Commentary from Academic Sociology and from the Shop-Floor in the United States, ca. 1900 to ca. 1970," in Karl Grandin, Nina Wormbs, & Sven Widmalm (eds), *The Science-Industry Nexus: History, Policy, Implications* (Sagamore Beach, MA: Science History Publications/ USA): 337-363.

Shinn, Terry (1999) "Change or Mutation? Reflections on the Foundations of Contemporary Science," *Social Science Information* 38: 149-176.

Shinn, Terry (2002) "The Triple Helix and New Production of Knowledge: Prepackaged Thinking on Science and Technology," *Social Studies of Science* 32:

599 – 614.

Shorett, Peter, Paul Rabinow, & Paul R. Billings (2003) "The Changing Norms of the Life Sciences," *Nature Biotechnology* 21: 123 – 125.

Siegel, Donald S., Paul Westhead, & Mike Wright (2003) "Assessing the Impact of University Science Parks on Research Productivity: Exploratory Firm-Level Evidence from the United Kingdom," *International Journal of Industrial Organization* 21(9): 1357 – 1370.

Slaughter, Sheila (1993) "Beyond Basic Science: Research University Presidents' Narratives of Science Policy," *Science, Technology & Human Values* 18(3): 278 – 302.

Slaughter, Sheila (1996) "The Emergence of a Competitiveness Research and Development Policy Coalition and the Commercialization of Academic Science and Technology," *Science, Technology & Human Values* 21(3): 303 – 339.

Slaughter, Sheila & Larry Leslie (1997) *Academic Capitalism: Politics, Policies, and the Entrepreneurial University* (Baltimore, MD: Johns Hopkins University Press).

Slaughter, Sheila & Gary Rhoades (2004) *Academic Capitalism and the New Economy: Markets, State, and Higher Education* (Baltimore, MD: Johns Hopkins University Press).

Slaughter, Sheila, Teresa I. D. Campbell, Peggy Holleman, & Edward Morgan (2002) "The Traffic in Students: Graduate Students as Tokens of Exchange Between Industry and Academe," *Science, Technology & Human Values* 27(2): 282 – 313.

Smith-Doerr, Laurel (2004) *Women's Work: Gender Equality vs. Hierarchy in the Life Sciences* (Boulder, CO: Lynne Rienner).

Smith-Doerr, Laurel (2005) "Institutionalizing the Network Form: How Life Scientists Legitimate Work in the Biotechnology Industry," *Sociological Forum* 20(2): 271 – 99.

Stankiewicz, Rikard (1994) "University Firms: Spin-Off Companies from Universities," *Science and Public Policy* 21: 99 – 107.

Stehr, Nico (1994) *Knowledge Societies* (London and Thousand Oaks, CA: Sage).

Stehr, Nico (ed) (2004) *The Governance of Knowledge* (New Brunswick, NJ: Transaction).

Stephan, Paula E. (2003) "Commentary (New Actor Relationships)," in Aldo Geuna, Ammon J. Alter, & W. Edward Steinmueller (eds), *Science and Innovation:*

Rethinking the Rationales for Funding and Governance (Cheltenham, U.K.: Edward Elgar): 233 – 236.

Stephan, Paula & David Audretsch (eds) (1999) *The Economics of Science and Innovation* (Cheltenham, U.K.: Edward Elgar).

Stokes, Donald E. (1997) *Pasteur's Quadrant: Basic Science and Technological Innovation* (Washington, DC: Brookings Institute Press).

Thursby, Jerry G. & Marie C. Thursby (2002) "Who Is Selling the Ivory Tower? Sources of Growth in University Licensing," *Management Science* 48(1): 90 – 105.

Thursby, J. G. & M. C. Thursby (2004) "Are Faculty Critical? Their Role in University-Industry Licensing," *Contemporary Economic Policy* 22: 162 – 178.

Vaidhyanathan, Siva (2001) *Copyrights and Copywrongs: The Rise of Intellectual Property and How It Threatens Creativity* (New York: New York University Press).

Walsh, John P. & Wei Hong (2003) "Secrecy Is Increasing in Step with Competition" (Letter), *Nature* 422(6934): 801 – 802.

Waluszewski, Alexandra (2004) "How Social Science Is Colored by Its Research Tools: Or What's Behind the Different Interpretations of a Growing 'Biotech Valley'?" in Karl Grandin, Nina Wormbs, & Sven Widmalm (eds), *Science-Industry Nexus: History, Policy, Implications* (Sagamore Beach, MA: Science History Publications/ USA): 93 – 118.

Washburn, Jennifer (2005) *University, Inc.: The Corporate Corruption of Higher Education* (New York: Basic Books).

Weiner, Charles (1986) "Universities, Professors, and Patents: A Continuing Controversy," *Technology Review* 1: 33 – 43.

Weisbrod, Burton (1998) *To Profit or Not to Profit? The Commercial Transformation of the Nonprofit Sector* (New York: Cambridge University Press).

Zemsky, Robert, Gregory R. Wegner, & William F. Massy (2005) *Remaking the American University: Market-Smart and Mission-Centered* (New Brunswick, NJ: Rutgers University Press).

Ziman, John (1994) *Prometheus Bound: Science in a Steady State* (Cambridge: Cambridge University Press).

28.
과학기술과 군대: 우선순위, 관심사, 가능성

브라이언 래퍼트, 브라이언 발머, 존 스톤

모든 것이 바뀌었다.

과학기술과 군대 사이의 관계는 20세기 내내 대중논쟁과 정치논쟁의 중요한 주제였고, 이는 21세기에 접어들어서도 계속되고 있다.(Edgerton, 1990; Mendelsohn, 1997) 적어도 제2차 세계대전 이후부터는 전 세계 과학기술 인력과 자원의 상당 비율이 국방 관련 노력에 투입돼왔다. 그러나 각국 정부들이 그러한 노력에 계속해서 중요성을 부여했음에도 불구하고, 군사 R&D의 효과성과 그것이 충족하려는 목표는 항상 의문의 대상이었다. 아울러 국제정세의 발전도 그러한 지출을 떠받치는 기본 가정들이 여전히 건전한 것인가 하는 불안감을 만들어왔다. 최근 들어 9/11 공격은 "모든 것이 바뀌었다."는 널리 퍼진 인식으로 이어졌고, 특히 안보 위협에 대한 인식이나 군사력의 사용에 부여되는 정당성에 관해서 그러했다. 이는 다시 실상 바뀐 것은 거의 없다는 식의 대항 주장을 만들어냈다.

이 장에서는 1977년 첫 번째 『편람』의 출간 이후에 나온 과학기술과 군대 사이의 관계에 대한 STS 분석을 개설해보려 한다. 특히 군사 문제에서 과학기술의 위치와 목적을 이해하려는 시도에서 변화와 연속성의 관념이 어떻게 개진되어왔는가 하는 문제에 초점을 맞출 것이다. 이 장은 국제정세에서 어떤 사건이 독특한 것이고 어떤 사건이 흔한 것인지에 대한 인식이 어떻게 과학기술과 군대 사이의 관계에 대한 분석에 널리 퍼지게 되었는지를 부각시킬 것이다. 이러한 문제들을 고려하면서 이 장은 또한 시간이 흐르면서 STS의 우선순위와 시각이 변화를 겪은 방식에 대해서도 다룰 것이다.

과학기술, 전쟁, STS의 형성

하비 사폴스키가 쓴 「과학기술과 군사정책」이라는 장(Sapolsky, 1977)을 읽어보면 당시 과학기술 연구의 상태뿐 아니라 1970년대 말의 국제적 맥락에 대해서도 많은 것을 알 수 있다. 이 장은 미국과 소련 간 경쟁의 동역학이 전략적 사고를 지배하고 있던 냉전기에 씌어졌다. 사폴스키가 기본적으로 정해진 제약이 없는 군사-기술 혁신과정과 그로부터 유래할 수 있는 결과를 관리하는 것에 커다란 중요성을 부과한 것은 이런 배경 위에서 보아야 한다.

사폴스키는 군사 목적의 과학기술 활용과 군사 R&D가 과학에 미치는 영향과 관련된 수많은 주요한 정책 쟁점들을 개관했다. 그가 쓴 장의 많은 부분은 기술변화의 관리와 연관된 도전, 군사 R&D의 조직, 이러한 지출을 통해 민간 부문과 군사 부문에 돌아가는 이득 같은 주제들에 초점을 맞추고 있다. 진보한 무기들은 복수의 목적을 위해, 또 새로운 군사 환경에서 사용하기 위해 설계된 시스템 속으로 점차 통합되고 있는 것으로 이해되었다. 그 결과는 무기 발전에서 복잡성을 향한 지속적 추동력으로 나타났고, 이는 기술적 형태와 정치적 형태의 불확실성을 모두 수반함으로써 무기획득과정을 향상시키려는 노력에 좌절을 안겨주었다.(Perry, 1970; Leitenberg, 1973) 사폴스키는 또한 군사 R&D 노력과 연관된 제도적 배치를 둘러싼 논쟁, "군산복합체"의 존재 여부(가령 Lieberson, 1971), 그리고 더 많은 생산 경쟁을 야기할 수 있는 배치(Kurth, 1971) 등에도 상당한 주의를 기울였다. 당시 무기 프로그램에서 기초연구의 중요성은 점점 의문시되고 있었고, 이러한 발전은 국방 관련 사안들에 관한 조언자로서 과학자와 엔지니어들의 지위를 약화시켰다.(가령 Smith, 1966; Boffey, 1975) 그러나 개인으로나 집단으로서 과학자들이 여전히 중심적인 역할을 하던 영역이 하나 있었는데 군축 협정을 수립하고 강제하는 국제적 노력이 그것이었다. 이러한 기여의 일부로, 응용 군사연구에 대해 국제적으로 제한을 둘수 있는지가 새롭게 논의해볼 만한 영역으로 등장했다.(Ruina, 1971)

이처럼 1977년 『편람』에 기고한 사폴스키의 논문은 주로 군사 R&D와 연관된 정책 쟁점들에 초점을 맞추었고, 대체로 정치학의 시각에서 이를 바라보았다. 군사 과학기술 그 자체를 문제 삼을 수 있다는 관념은 짧게 언급되는 데 그쳤다. "새로운 무기들은 기술적 힘의 산물이기보다는 제도적, 사회-정치적 요인들의 산물인 것처럼 보인다."는 사폴스키의 논평(Sapolsky, 1977: 453)에서 볼 수 있는 것처럼 말이다.

1995년판 STS『편람』에서 빔 슈미트는 1970년대 말과 1990년대 초의 국제적 맥락 사이의 차이점과 공통점, 그리고 그에 따르는 과학기술 분석에서의 우선순위를 지적했다.(Smit, 1995) 그가 쓴 장의 부제―"변화하는 관계"―는 과학기술과 군대 사이의 연관이 냉전에 지배되던 가까운 과거와 아직 불확실한 미래 사이의 어딘가에 위치해 있다는 평가를 나타냈다.

사폴스키가 논문을 기고했던 시기와 비교해보면, 군사 목적의 과학기술 활용과 군사 R&D가 과학기술 발전의 성격에 미치는 영향의 이해와 관련해 다섯 가지의 심대한 변화를 파악해낼 수 있다. 그중 하나는 군사 R&D에서 대학이 차지하던 위치의 변화였는데, 이러한 과정은 특히 미국에서 두드러지게 나타났다. 1970년대 중반에서 1980년대 중반 사이에 대학으로 들어가는 군대의 자금은 거의 세 배로 증가했는데, 이러한 증가분은 분야별로 불균등하게 나타났다. 이러한 발전과 나란히 누가, 어떤 자원을, 어떤 목적으로 받는가에 관한 정책적 할당의 문제가 제기되었고, 그러한 연구에 더 큰 중요성이 부여되면서 과연 그것이 바람직한가에 관한 폭넓은 논쟁이 촉발되었다. 도덕적, 정치적 논쟁의 중심에는 군사연구와 대학의 목표가 양립가능한가 하는 문제가 놓여 있었는데(Dickson, 1984; Kevles, 1978), 이러한 논쟁은 종종 이후 STS에서 문제를 제기해온 과학의 객관적, 중립적, 몰가치적 속성에 의존했다. 군사 관련 연구의 유효성을 둘러싼 좀 더 통상적인 관심사는 군대의 자금지원에 수반되는 단서조항들(가령 논문발표의 제약)이 과학을 생산적이게 하는 조건들(가령 개방성, 회의주의)을 위험에 빠뜨리고 있는가에 관한 논의를 촉진했다. 이는 STS가 널리 표명된 수많은 가정들에 문제를 제기한 또 다른 주제였다. 당시 대학연구자들의 우선순위가 군대의 자금에 의해 형성되고 있는가 하는 문제에 관해서도 논쟁이 있었는데, 이 논쟁 역시 과학의 "자연적인" 경로나 "기초"연구와 "응용"연구 사이의 구분에 관한 의문스러운 가정들에 둘러싸여 있었다. 대학의 위치와 관련해 슈미트는 STS가 다음과 같은 주제들에 관해 흥미롭고 새로운 질문들을 던지기 시작했다고 썼다. 가령 자금지원의 의제를 결정하는 것은 과학자들인가 군대인가, 미국에서의 발전은 연구의 방향에서 전 지구적 영향력을 미치고 있는가, 군대의 자금지원이 과학의 이론에 영향을 미칠 수 있는가와 같은 주제들이 그것이다.(Forman, 1987; Gerjuoy & Beranger, 1989)

　슈미트가 파악한 다른 네 가지 변화들은 군사적 목적을 위한 과학기술의 활용을 중심에 두고 있다. 먼저 냉전의 종식과 함께 민간기술과 군사기술의 통합이 많은 주목을 끄는 주제가 되었다. 시대적 분위기를 반영해 슈미트는 이렇게 논평하고 있다.(Smit, 1995: 618) "한 가지는 이미 분명하다. 군대의 예산과 군사력은 미국과 모든 유럽 국가에서 상당한 정도로 축소될 것이다." 따라서 많은 군사비 지출을 해온 이들 국가가 군대-산업체 역량을 앞으로 어떻게 구성할 것인가를 놓고 커다란 노력이 요구되는 질문들을 던지기 시작하는 것은 그리 놀라운 일이 아니다. 이른바 민군겸용 기술(dual-use technology)에 대한 탐색은 많은 서구의 정부들을 사로잡은 주요 관심사가 되었다. 이는 미국에서 특히 그러했는데, 미국에서는 이러한 정책이 국방 생산 역량의 대규모 전환을 요구하는 목소리를 가라앉히는 역할을 했고(Branscomb et al., 1992) "기민한" "포스트포드주의" 생산 관행에 대한 요구와도 서로 만났다. 고등연구계획국(Advanced Research Projects Agency) 같은 조직들은 군대의 자금지원과 전문성을 민간 혁신으로 전용하는 데서 결정적으로 중요한 역할을 부여받았다. 이러한 배경하에서 STS 연구는 "민간" 목적과 "군사" 목적의 양립가능성뿐 아니라 "민간"기술, "군사"기술, "민군겸용"기술 사이에 구분선을 긋는 방식에도 도움을 줄 것으로 보였다.(Elzinga, 1990; Gummett, 1990, 1991; Gummett & Reppy, 1988; Irvine & Martin, 1984) 이러한 기여의 일부로, 역사적 사례연구들은 군사적 요구사항이 민간의 제조업과 생산기술을 촉진했을 뿐 아니라(가령 Smith, 1985; Noble, 1985), 민간기술의 특성을 형성하는 데서도(가령 레이저[Seidel, 1987], 트랜지스터[Misa, 1985], 원자로 설계[Hewlett & Holl, 1989]) 중요한 역할을 했음을 보여주었다.

STS가 정책 논의와 연관을 갖는 것으로 슈미트가 파악한, 중요한 변화가 있었던 두 번째 영역은 군사 R&D의 방향을 조종하는 것에 대해 새롭게 등장한 관심이었다.(Greenwood, 1990; Woodhouse, 1990; Smit, 1991) 이와 관련해 전통적 정책 관심사들에 대한 재고가 이뤄지고 있던 영역은 군비경쟁 행동이었다. 여기서는 수많은 연구들이 무기의 개발과 조달에서 작동하는 복수의 동역학을 이미 제시했고, 이는 기술과 R&D를 억제하려는 탈냉전 시기의 노력에 교훈을 제공해줄 수 있었다.(Buzan, 1987; Ellis, 1987) 실제로 1970년대 이후 군비경쟁의 "작용-반작용" 모델(국가를 경쟁국들에서 일어난 기술발전에 단순히 반응하는 존재로 간주하는)로부터 벗어나 "국내 구조" 모델(국가 내부의 정치적, 경제적, 사회적 요인들을 군비경쟁 행동의 설명에 포함시키는)로 넘어가는 두드러진 변화가 나타났다.(Buzan & Herring, 1998)

이러한 새로운 이해들은 그 자체로 슈미트가 논의한 다섯 번째 주요한 발전에 의해 지탱되었다. STS 내에서 기술발전을 떠받치는 과정들에 대한 인식이 새롭게 등장했다는 점이 그것이었다. 무기혁신 과정을 탐구한 핵심 연구들(가령 MacKenzie, 1990; Gummett & Reppy, 1990; Kaldor, 1982)은 기술의 사회적 구성 내지 형성을 이해하려는 폭넓은 노력을 보완하고 있었다. 이러한 발전에는 기술이 과학적 발견에서 자연스럽게 흘러나온다고 보는 기존의 선형적 혁신 모델에 대한 비판이 수반되었고, 이 비판은 다시 "과학"과 "기술"에 대한 지배적인 정의를 약화시켰다. 그 대신 STS 내에서는 과학, 기술, 사회가 별개의 존재가 아니라 "이음새 없는 그물망"이나 사회기술적 연결망을 이루는 것으로 간주해야 함을 강조한 분석적 접근이 등장했다. 그러한 접근은 과거의 분석에서 쓰였던 구분에 의문을 제기했다. 가령 무기획득 과정에서 "기술적" 형태의 불확실성과 "정치적" 형태의 불확실성을 구분한 사폴스키처럼 말이다.

이전에 나온 두 권의 『편람』에 수록된 장들에 대한 지금까지의 짧은 설명은 거기서 다뤄진 쟁점들의 범위와 함께 그것에 부여된 우선순위를 나타내고 있다. 이미 제시한 것처럼, 변화와 연속성의 관념은 과학기술과 군대 사이의 관계를 탐구하는 노력에 널리 퍼져 있었다. 그래서 군사 목적의 과학기술 활용이나 군사 R&D가 과학의 조직에 미치는 영향과 연관된 정책 쟁점들은 두 개의 장에서 모두 주요한 주제였지만, 이들은 서로 다른 환경과의 관련 속에서 다루어졌다. 변화 그 자체는 통상적인 발전과정의 일부로 간주할 수 있는데, 군사 R&D가 항시 변화하는 안보 환경 속에서 수행된다는 의미에서 그렇다. 이는 다시 이러한 주요 주제들에 대한 지속적인 관심을 정당화해준다.

이전에 씌어진 두 개의 장들은 또한 과학기술 연구를 어떻게 그려내었는가에 따라 특징지을 수 있다. 사폴스키의 개설은 분석가들이 과학기술과 군대와 연관된 쟁점들에 관해 어떤 얘기를 하고 있는가를 직접적으로 다루었고, 과학기술 그 자체나 그것과 사회, 경제, 정치, 군대 사이의 경계를 문제 삼지는 않았다. 사폴스키가 인용한 연구들은 다양한 분야들에서 나오긴 했지만, 주로 정치학이 많았다. 슈미트는 유사한 내용적 관심사를 다루었지만 새롭게 등장한 다학문 분야인 STS와 명시적으로 동일시했고, 이는 전통적 관심사들에 관해 몇몇 구분되는 시각들—특히 기술의 "암흑상자 열기"라는 측면에서—을 가져다주었다.

STS는 1990년대 초 이후 계속 발전해왔고, 이 장의 남은 부분에서는 그 얘기를 최신 버전으로 업데이트해보려 한다. 이 장에서는 과학기술과 군대와 연관된 전반적인 정책 쟁점들에 대한 개설은 시도하지 않을 것이다. 이 분야의 계속된 발전을 감안해, 이 장에서는 대신 STS가 그러한 사안들에 대해 구체적으로 어떤 얘기를 해야 하는가 하는 질문에 초점을 맞출 것이다. 이러한 접근을 위해서는 어떤 연구가 STS 연구로 간주되며 "그것"은 과학기술과 군대에 대한 이해에 어떤 독특한 기여를 해왔는가 하는 질문을 다뤄야만 한다. 분야의 명칭과 이쪽 문헌에 대한 제대로 된 기여는 어떤 것인가 하는 판단은 서로가 서로를 정의한다. 이 문제는 STS의 경우에 특히 두드러지게 나타나는데, STS는 단일한 혹은 제한된 일단의 이론, 방법, 탐구 주제들을 참조해 경계를 정할 수 없기 때문이다. 과학기술이 분산적이고 혼종적인 실천으로 이해된다면 STS에 깔끔한 경계를 정해주는 것은 그 자체로 문제의 소지가 있다. 그래서 전체적으로 볼 때, 이 장의 남은 부분은 과학기술과 군대와 연관된 최근 STS 주제들의 부각, 우선순위, 목적을 개설하면서 동시에 이것이 이뤄지는 방식에 질문을 던지는 것을 목표로 한다.

STS와 군대: 그 이상의 연속성, 더 많은 변화

슈미트가 쓴 장이 출간된 이후 일어난 사건들은 계속해서 안보와 군사적 사안에 관한 이전의 가정과 의제들에 도전해왔다. 냉전기의 이데올로기적 분열의 쇠퇴는 많은 논평가들로 하여금 자유민주주의와 시장경제의 승리로 특징지어지는 새로운 시대의 도래를 예견케 했다.(가령 Fukuyama, 1992) 그러나 1990년대에 서구의 정부들은 국제 공동체의 기준을 넘은 것으로 판단되는 "불량" 국가들과 냉전종식의 결과로 나타난 정치, 경제권력의 재편성을 견뎌내지 못한 것으로 판명된 "실패" 국가들에 점점 더 관심을 쏟게 되었다. 이러한 새로운 문제들을 해소하려는 노력은 평화유지 활동에서 강압적 무력 사용을 거쳐 체제변화를 겨냥한 전면 침공에 이르기까지 다양한 군사적 대응으로 이어졌다.

이러한 배경하에서 STS 분야의 학자들은 군사적 목적의 과학기술 활용과 군사 R&D가 과학발전에 미치는 영향과 연관된 전통적 관심사들을 계속 탐구해왔다. 그러나 그들이 지금까지 탐구되지 않았던 주제들에도 주의를 돌리면서, STS의 한쪽 구석을 차지하고 있는 "그들"에 인류학이나 문화연구 같은 분야들에서 온 새로운 학자들이 합류하게 된 것은 그리 놀라운 일이 아니다.

군사 R&D 내에서 대학의 역할 변화와 관련해 슈미트(Smit, 1995)는 세 가지 전통적 관심사들을 파악해냈다. 도덕적, 정치적 쟁점, 군대의 목표와 대학의 사명 사이의 괴리, 군사연구가 과학기술의 방향에 미치는 영향이 그것이다.(가령 Wright, 1991; Edgerton, 1996; Kaiser, 2004) 1990년대 초 이후 이러한 관심사들에 대한 분석은 두 가지 중요한 발전을 배경으로 해서 이뤄져 왔다. 첫째, 새롭게 문서고의 자료들이 공개되고 탈냉전 시기에 투명성이 다소 증가하면서 지식생산의 사회적 배경으로서 군사연구시설을 탐구하는 것이 가능해졌다.(가령 Bud & Gummett, 1999; Forman & Sanchez-Ron, 1996) 둘째, 과학과 군대의 관계를 "이음새 없는 그물망"으로 해석함으로써 STS 학자들은 이전까지 "비(非)인식론적"인 것으로 정의되어 제도주의 과학사회학이나 과학정책에 한정되었던 주제들을 다시 들여다볼 수 있게 되었다. 그 결과 군사연구의 윤리와 같은 해묵은 주제가 최근 군사 프로젝트와 관련된 과학자들의 도덕적 개념틀에 대한 구성주의적 연구로 다시 활기를 찾았다. 예를 들어 소프(Thorpe, 2004b)는 오펜하이머가 원자폭탄의 창안을 둘러싼 도덕성과 씨름하는 동안, 과학 전문직 내에서 협소하고 시야가 좁은 전문화의 좀 더 일반적인 경향이 나타나는 데 대해서도 그에 못지않게 우려를 했다고 주장했다. 이는 도덕적 숙고와 반성을 사전에 배제해버리고 과학자들이 "보편적 지식인"으로서 이전에 하던 역할로부터 과학자들을 떼어놓기 때문이었다. 대학과 과학자들이 군사연구개발 활동에 종사할 때 내세우는 정당화를 연구한 다른 학자들은 이러한 정당화가 머턴 규범들의 억압이나 포기를 포함한다고 보는 것은 지나치게 단순한 견해이며, 이는 무기연구소의 전문직 이데올로기와 문화의 일부로 간주해야 한다는 주장을 펼쳤다.(Balmer, 2002; Reppy, 1999; Gusterson, 1998)

대학과 군사연구의 양립가능성에 대한 이전의 우려들은 서로 다른 R&D 활동의 문화에 대한 좀 더 폭넓은 탐구로 이어졌다. 연구자들은 비밀주의 관계에 의해 "무기 문화"라고 이름 붙일 만한 것이 형성되었음을 알아냈다. 비밀주의 관계는 도덕적 규제의 형태를 가능하게 했고, 특이한 도덕경제의 발달을 촉진했으며, 특정한 연구 경로나 연구 실천을 정당화했다. 예를 들어 맨해튼 프로젝트에서 구획화(compartmentalization)와 시간의 엄격한 조직은 윤리적 우려에 관해 숙고할 기회를 차단해버렸다고 할 수 있다.(Thorpe, 2004a) 비밀주의는 군사기관에만 한정된 것은 아니지만, 죽음이 연구과정의 일상적 목표가 된 공간을 특징짓는 요소를 이룬다. 그 결과 비밀주의는 단순히 정보의 흐름이나 정보에 대한 접근을 제한하는 것이 아니라는 주장이 나왔다. 대신 학자들은 과학자들이 비밀주의에 관해 얘기하는 방식(Dennis, 1999), 비밀주의가 과학에서 저자의 지위를 어떻게 바꾸었는지(Gusterson, 2003), 그리고 비밀주의가 어떻게 사회적 정체성을 구성하게 되었는지(Wright & Wallace, 2002)에 주목해야 한다고 주장해왔다. 예컨대 비밀주의는 군사연구자들이 자기 자신을 과학자로 보는 방식에 영향을 미친다. 그들은 "그냥 과학자가 되는 것이 아니라 무기 과학자가 된다."고 거스터슨은 주장한다.(Gusterson, 1998: 89) 이는 다시 그들이 가족이나 사회의 다른 부분과 관계 맺는 방식에 영향을 준다. 최근의 분석을 보면 전통적인 SSK 관심사의 핵심에 더욱 가까워져, 비밀주의가 지식과 공동생산되는 것으로 간주되고 있다. 비밀주의를 확립하고 유지하는 특정한 실천들이 특정한 유형의 실험이나 현장연구와 나란히 구성된다는 것이다. 예를 들어 1952년에 트롤 어선이 생물학전 병원체에 노출되는 사건이 있은 후, 비밀주의의 실행과 사고를 모니터링 실험으로 둔갑시키는 일은 서로 완전히 뒤얽혔다.(Balmer, 2004) 비밀주의가 갖는 이러한 생산적 차원이 분명하게 드러나는 또 다른 경우는 비밀주의가 깨지면서 정확히 무엇이 누구에게 알려져 있는가에 대한 상이한 해석이 등장할 때이다.(Masco, 2002; Kaiser, 2005; Balmer, 2006)

군대가 과학기술 변화의 방향에 미치는 영향으로 눈을 돌리면, 전쟁의 명령이 과학에 어떤 영향을 주었는가를 보여주는 역사적 연구들이 최근 들어 등장했다. 그중에는 제2차 세계대전 동안 물리학자와 경제학자들이 군대가 지원하는 오퍼레이션 리서치로 옮겨가고, 그러한 이동이 전후 경제학의 분야 지형도에 가져온 결과를 그려낸 미로스키의 연구가 있다.(Mirowski, 1999, 2001) 전쟁은 또한 생물학 연구에도 자극과 방향성을 제공했다. 제2차 세계대전 이전에 식물의 옥신(auxin)은 성장 촉진제로 개념화되었으나, 전쟁의 도래는 이 물질을 [적의] 작물을 고사시키려는 전시 노력이라는 맥락 속에서 잠재적 "제거제(killer)"로 보도록 부추겼다.(Rasmussen, 2001) 좀 더 전기적인 수준에서 갤리슨(Galison, 1998)은 전시 로스앨러모스에서 높은 평가를 받았던 유형의 시각화가능한 해법과 이론화는 리처드 파인먼이 연구하고 이론화를 하는 개인적 방식에 지속적으로 영향을 주어 파인먼 도형(Feynman diagram)의 발전을 촉진했다고 주장했다.

냉전기의 관심사 역시 군대의 후원이 과학기술 발전에 중요한 영향력으로 작용했음을 의미했다. 앞서 지적한 대로 STS 내에서 이 주제에 관한 최근의 연구들은 대체로 군대가 과학의 "자연스러운" 궤적을 왜곡시켰는가 하는 우려로부터 거리를 두어왔다. 대신 그들은 군대의 후원이 미친 영향을 사실에 반하는 어떤 순수한 궤적을 언급하지 않고 그려내는 분석의 틀을 제시했다.(Cloud, 2003; Dennis, 2003; Barth, 2003) 적어도 미국에서는 군대가 MIT나 스탠퍼드 같은 대학 전체의 성격에 심대한 영향을 미쳤다는 사실이 밝혀졌다.(Leslie, 1993; Lowen, 1997) 군대의 자금지원과 목표는 물리학과 공학처럼 이미 잘 알려져 있는 영역 외의 학문 분야들에도 영향을 미쳤음이 드러났다. 이러한 경향을 따른 최근 연구들에는 지구과학(Doel, 2003; Harper, 2003; Oreskes, 2003; Barth, 2003), 사회과학(Mirowski, 2001; Lowen, 1997; Solovey, 2001), 심지어 조류학(MacCleod, 2001)까지 포함된다. 이러한 수많은 논평가들은 비밀 군사연구와 나란히 민간연구가 공존했다고 설명하면서(아울러 van Keuren, 2001도 보라.) 비밀주의가 어떻게 민간연구와 군사연구가 분리돼 있다는 인상을 만들어냈는지를 지적했다. 이러한 인상은 냉전기 동안 두 부문 사이에 만들어진 긴밀한 연계나 경계면 구역의 존재와 모순되는 것이다.(Cloud, 2001; Dennis, 1994)

전시와 평화 시에 군사기관의 조직 역시 연구의 방향에 영향을 주는 것으로 밝혀졌다. 앞서 인용했던 군대가 기술에 미친 영향에 관한 연구에 더해, 이든(Eden, 2004)은 과학지식의 조직적 "프레이밍"에 초점을 맞추었다. 이든은 과학에 대한 사회적 연구와 조직이론에 의지해 핵폭탄에 의한 피해라는 현상이 군사 계획가와 과학자들에 의해 화재 피해보다는 폭풍에 초점을 맞추는 방식으로 틀지어졌다고 주장했다. 화재 피해는 예측가능성이 훨씬 떨어지는 것으로 간주되었고, (소방관들처럼) "화재 피해 프레임" 내에서 활동하는 사람들은 대체로 주변화되었다. 이든의 연구는 군대에 대한 과학 자문위원들이 하는 역할에 대한 제도적 연구들을 보완했다. 이러한 연구들은 길핀의 선구적 연구(Gilpin, 1962)를 토대로 과학적 자문의 본질에 대한 최근 STS의 통찰을 끌어들여, 특정한 사회적, 정치적 맥락 속에서 전문가 자문과 자문위원 모두가 어떻게 구성되는가를 보여주고 있다.(Balmer, 2001; Thorpe, 2002)

최근 STS에서는 민간기술과 군사기술의 통합이나 이들 간의 전환에 대해서는 거의 주목이 이뤄지지 않고 있다. 1990년대 초 이후 외교정책의 수단으로 무력이 빈번하게 사용되면서 군사산업의 대대적인 민간 전환에 대한 초기의 희망 중 많은 부분이 꺾여버렸다. 그럼에도 불구하고 마틴(Martin, 1993, 1997, 2001)은 군사력과 군사장비를 비폭력적 형태의 자기방어로 대체하자는 제안들을 해왔다. 아울러 냉전기의 군사적 경쟁이 낳은 가장 위험한 산물 중 일부를 처분하는 것과 관련된 도전, 그리고 처분 결정이 기술적 고려뿐 아니라 정치적 고려에 의해 형성되는 방식에도 주목이 이뤄졌다. 맥팔레인(Macfarlane, 2003)은 미국에서 핵폐기물의 장기 저장을 위한 부지를 선정하는 표면상 과학적인 과정이 아울러 정치적인 과정이기도 했으며, 정치적 차원 그 자체도 문제해결에 돌려진 과학지식의 성격에 의해 영향을 받았음을 보여주었다. 따라서 맥팔레인이 보기에 부지 선정과정에는 정치와 과학의 "공동생산"이 수반되었다. 퍼트렐(Futrell, 2003)은 미국의 화학무기 처분 프로그램에 대한 연구에서, 대중이 고도로 기술적인 사안에 관한 정책 수립에서 긍정적 영향을 미칠 수 있는 능력을 갖추었음을 보여주었다. 퍼트렐에 따르면 대중참여는 더 큰 정치적 정당성을 가질뿐 아니라 기술 전문가들만 모여 내린 결정보다 기술적으로도 우수한 결정을 만들어낼 수 있었다.

1995년판 『편람』에 기고한 논문에서 슈미트는 기술의 사회적 구성에 관해 새롭게 등장하는 문헌들이 기술시스템의 발전에 대한 우리의 이해에 광범한 변화를 가져오고 있음을 지적했다. 무기의 발전 및 획득과 연관된 과정은 오랫동안 느슨한 의미에서 "구성주의적"이라고 할 만한 용어로 이해돼왔다. 새로운 무기가 기술의 발전으로부터 아무런 문제없이 따라 나온다는 식의 단순화된 관념이 무기획득에 관한 문헌에서 두드러진 특징을 이룬 적은 한 번도 없었다. 그와는 정반대로, 냉전기의 많은 연구들은 무기획득 과정에서 군종 간의 경쟁관계나 서로 경쟁하는 관료와 국내 정치의 이해세력들이 두드러진 역할을 한다는 점에 주의를 기울였다.(가령 Armacost, 1969; Halperin, 1972) 그래서 지금 되돌아보면 이러한 연구들은 군사기술의 "사회적 형성"을 보여주는 중요한 사례에 해당한다는 주장도 나왔다.(MacKenzie & Wajcman, 1999: 347) 그러나 매켄지의 미사일 유도 시스템 분석(Mackenzie, 1990) 같은 선구적인 구성주의 연구들—기술의 발전과 이후의 기술 궤적이 결코 필연적인 것이 아님을 보여준—이 새로운 무기의 기원에 대한 좀 더 최근의 연구에 도움을 주었다는 것은 분명한 사실이다.(가령 Farrell, 1997; Spinardi, 1994)

올더마스턴에서 이뤄진 영국의 핵무기 개발을 연구한 스피너디(Spinardi, 1997)는 무기 설계자들이 군사적 요구조건에 대해 상당한—하지만 일방적이지는 않은—영향력을 행사했다고 주장한다. 그들은 무엇을 만들어내는 것이 가능한지 하는 기술적 판단을 내릴 수 있는 강력한 위치에 있었기 때문이었다. 모이(Moy, 2001)는 시기적으로 좀 더 과거로 거슬러 올라가, 양차 세계대전 사이의 기간에 미국의 육군 항공대와 해병대가 어떻게 자신들의 정치적 이해관계와 문화적 가치를 반영해 서로 다른 기술(각각 정밀 폭격과 수륙양용 작전)을 개발해냈는지를 보여주었다. 이런 점에서 육군 항공대와 해병대는 새롭게 등장하는 기술이 군사작전의 미래에 자동으로 미치게

176

될 영향을 예측하기보다는, 그들의 관료적 이해관계와 부합하는 특정한 작전을 수행할 수 있도록 해주는 기술들을 개발한 셈이었다.

구성주의 전통의 다른 연구들은 군사 관련 기술들에 초점을 맞추면서 기술적, 정치적, 사회적인 것이 서로 뒤얽히는 것을 이해하고(Edwards, 1996), 근대주의와 탈근대주의 사이의 구분에 의문을 제기하고(Law, 2002), 군사적 환경에서의 혁신이 갖는 특이성의 지도를 그려내는(Abbate, 1999) 등의 목표를 내걸었다. 웨버(Weber, 1997)는 미국 군용 항공기의 조종석 설계에서 나타난 우연적 과정들이 이후 어떻게 여성들을 조종사로부터 배제하는 결과를 낳았는지 부각시킴으로써 군사기술이 본래 남성적이라는 관념을 공격했다. 구성주의 분석들은 슈미트가 지적했던 재래식 무기와 비재래식 무기에서의 군비경쟁이라는 주제로 연구를 계속 확장해왔다. 그린(Grin, 1998)은 군사기술 혁신이 "조직의 연결망" 안에서 일어난다는 점을 강조하면서 이것이 군사기술의 발전을 정치적으로 바람직한 방향으로 이끌고 가는 데 시사하는 가능성을 탐구했다.

또한 구성주의자들은 과학기술 지식의 항구불변성에 관한 널리 퍼진 가정에도 도전장을 내밀었다. 사폴스키(Sapolsky, 1977: 461)는 첫 번째 STS 『편람』에서 군축 노력을 탐구하면서, "일단 만들어진 지식은 되돌릴 수 없다."는 사람들을 낙담시키는 소식을 전했다. 이후 매켄지와 스피너디(MacKenzie & Spinardi, 1996)는 핵무기 생산에 (공식화된 지식과 반대되는) 암묵적 지식이 필요하다는 사실은 곧 새로운 프로그램에서는 그런 지식이 사소하지 않은 방식으로 재발명되어야 함을 의미한다고 주장했다. 암묵적 숙련의 습득을 통한 재발명의 필요성은 핵무기의 확산을 제약할 뿐 아니라, 자신이 가진 숙련을 실습하지 않으면 한때 핵무기 생산에서 유능했던 사람들도 그러한 능력을 잃어버릴 수 있음을 말해준다.

무기의 획득에서 그것이 만들어내는 효과로 눈을 돌리면, 우리는 군사 기술이 종종 구성주의적 접근을 실증하는 "어려운 사례"를 제공하는 것으로 간주돼왔음을 기억할 필요가 있다. 구성주의가 그러한 주제에 대한 연구에서 잘 들어맞는다면, (주장컨대) 다른 주제들에 대해서도 마찬가지일 것이다. 콜린스와 핀치(Collins & Pinch, 1998)는 1991년 걸프전 때 미국의 패트리어트 미사일 시스템의 성능을 둘러싼 논쟁을 분석했는데, 이는 무기기술의 효과성에 대한 평가에서 넓은 협상의 여지가 있음을 보여준다. 패트리어트가 과연 성공했는지, 성공했다면 어떤 기준에서 그러했는지에 관한 의견불일치의 존재(의견불일치는 2003년 이라크전쟁까지도 계속되었다[Postol, 2004])는 기술의 효과성을 측정하려는 노력이 어떻게 사회적 활동으로서 작동하는지를 명백하게 보여준다. 그러나 통상적 사고에 대한 그런 도전들에도 불구하고, 그린트와 울가(Grint & Woolgar, 1997)는 무기에 대한 사례연구를 이용해 많은 구성주의자들이 해석의 행위와 독립적으로 알려질 수 있는 기술의 특정한 핵심 능력들이 존재한다는 관념에 여전히 집착하고 있다고 주장했다. 다른 학자들은 이 논쟁의 조건을 무엇이 참인가에서 무엇이 참인지를 우리가 어떻게 아는가로 옮겨놓음으로써 그린트와 울가의 연구를 더욱 발전시켰다. 그들은 그린트와 울가의 연구를 이용해 STS에서 상대주의적 접근과 실재론적 접근을 가르는 분석적 이분법에 의문을 제기했고, 군사력을 어느 정도까지 용인할 수 있는가에 대한 협정을 제정하려는 시도에서 동원되는 "처분 전략"을 문제 삼기도 했다.(Rappert, 2001, 2005)

최근 STS 문헌에서 나타나는 많은 연구들은 『편람』의 이전 판들에서 만들어진 범주들에 깔끔하게 들어맞지 않는다. 이러한 연구들에는 이란-콘트라 청문회에서의 행동을 설명하는 역사의 구성(Lynch & Bogen, 1996),

핵잠수함 산업의 지배적인 행위자 연결망에서 나타난 인간과 기술의 "탈역할부여(disenrollment)"(Mort & Michael, 1998), 걸프전 관련 질병의 사회적 구성(Brown et al., 2001; Zavestoski et al., 2002) 등 매우 다양한 관심사들이 포괄된다. 민델(Mindell, 2000)은 새로운 기술의 도입과 관련해 군 장병들의 전쟁 경험이 어떻게 영향을 받는지를 탐구했다. 오늘날의 전쟁에서 유혈 사태를 최소화해야 한다는 흔히 들을 수 있는 요구사항에 대해, 래퍼트(Rappert, 2003a)는 무기의 능력은 무기 그 자체에 내재해 있다는 관념을 구성주의적으로 풀어헤치는 관점에 입각해 이른바 비살상무기(nonlethal weapon)의 확산을 탐구했다. 비서구 사회에서 과학의 군사화 역시 STS와 연관 분야들에서 학문적 관심을 끌기 시작했다.(Abraham, 1998; Gerovitch, 2001, 2002; Holloway, 1996)

사회과학과 인문학에서 몸에 초점을 맞추는 좀 더 일반적인 경향을 따라서, STS 분야도 뒤늦게 군대와 몸의 관계에 대해 다소 관심을 보이기 시작했다.[1] 린디는 원자폭탄 희생자들의 신체 일부가 미국에서 일본으로 결국 송환되는 과정을 연구하면서, 과학이 "절단되어 흩어져 있는 인간 신체 수집품을 둘러싼 서류 보관 시스템, 부검 절차, 외교적 협상"을 통해 특정한 권력/지식 연계를 구성하는 데서 어떻게 결정적인 역할을 했는지를 보여주었다.(Lindee, 1999: 377) 그녀는 신체 일부들이 "특별한 희생자로서의 상태로 동결"되었다고 주장했다. "전쟁에서 얻은 전리품"의 한 부분인 신체 일부들은 과학연구를 위해 일본에서 옮겨졌고 미국의 승리를 나타내는 물질적 예증을 제공했다. 그것의 송환은 일본이 다시 정치적 힘을 갖게 된

---

1) 의학사에서도 군사의학에 대한 새로운 연구에서 이 주제를 발전시켜왔다. 이에 대한 개관은 Bourke(2000)를 보라.

맥락에서야 비로소 이뤄졌다. 그럼에도 불구하고 신체 일부에 대한 양국의 관심은 여전히 주로 과학적인 것으로 "연구하고, 자르고, 전시하는" 동기에 맞춰져 있었고 (가령) 일본의 대중에게 애도의 기회를 허용하자는 것이 아니었다. 비슷한 맥락에서 거스터슨은 히로시마와 나가사키 원폭투하의 피해 정도와 영향을 계산하는 것과 관련된 과학적 실천들—가령 부상을 입은 희생자를 등 뒤에서 혹은 매우 가까운 곳에서 초점을 맞춰 찍은 사진들을 이용한—이 고통받는 몸 전체를 감춰버렸다고 주장했다. 그는 자신의 주장을 1991년 걸프전까지 확장해, 무기나 기계들이 다른 무기나 기계들과 싸운다는 식의 기술관료적인 군사 담론이 전쟁 희생자의 몸을 사라지게 만드는 강력한 방법을 제공했다고 주장하고 있다. 이러한 담론은 전쟁이 사람을 죽이는 일 없이 수행되고 있다는 이미지에 일조함으로써 "초현실적인 시뮬레이션의 분위기"를 더해주었다.(Gusterson, 2004: 73)

시뮬레이션이라는 주제에 관해서 르누아르와 데르 데리안은 학자, 엔터테인먼트 산업, 군대 사이에 대체로 드문드문 나타나는—하지만 점차로 계획하에 이뤄지는—연계의 지형도를 그려냈다.(Lenoir, 2000; der Derian, 2001) 그들은 각각 "군대-엔터테인먼트 복합체", "군대-산업-매체-엔터테인먼트 연결망"이라는 용어를 써서 군대가 점점 시뮬레이션된 환경과 시나리오를 훈련 목적으로 많이 사용하는 현실을 포착하려 했다. "한때 낙수효과에 의해 민간으로 전용되었던 군사기술이 이제는 게임, 놀이기구, 영화의 특수효과에서 볼 수 있는 것보다 종종 뒤지게 된" 시점에 말이다.(Lenoir, 2000: 328)[2] 동일한 기술이 군사적 임무와 게임을 하는 데 모두 사용되는

---

2) 이처럼 탈냉전 시기에 군사 R&D 투자와 국방예산 전반이 삭감되면서 군사적 문제에 대해 군 주도의 해법에서 상업 주도의 해법으로 넘어가는 현상은 컴퓨터 보안 분야에서도 나타

현실에서, 환상과 실제 사이의 경계는 점차 흐려지고 있다고 그들은 주장한다. 그러나 이처럼 시뮬레이션을 통해 경계가 흐려지는 것은 역사적 전례를 갖고 있다. 가마리-타브리지(Ghamari-Tabrizi, 2000, 2005)는 랜드연구소의 사회과학자들이 냉전 동안 군대를 위해 역할극 시나리오와 인간-기계 시뮬레이션(여기서는 핵공격 같은 정교한 작전을 위해 지휘통제 센터를 완전히 새로 지었다.)을 만들어내는 데서 담당했던 역할을 그려냈다. 시나리오는 객관적이고 현실적일 것을 의도했으나, 가마리-타브리지는 무엇을 객관적이고 현실적인 것으로 간주할지, 좀 더 정확하게는 시뮬레이션의 어떤 요소가 현실성과 객관성에 관련된 것이며 어떤 요소가 불필요하거나 대수롭지 않은 것인지를 놓고 벌어진 논쟁의 동역학을 드러내 보여주었다. 결국 비교해볼 만한 실제 비상사태가 일어나지 않은 상황에서, 이러한 논쟁의 해결은 시뮬레이션된 상황 바깥에서 어떤 일이 일어날지에 대한 직관과 판단의 문제가 되었다고 그녀는 주장한다.

시뮬레이션 시험의 참가자들은 사이보그 실험의 피험자로 간주할 수 있다. 그리고 냉전의 종식과 함께 인간을 대상으로 한 매우 다양한 군사연구의 기록이 점점 많이 나오고 있다.(Moreno, 2001) 미첼(Mitchell, 2003)은 과학학의 시각에 입각해 병사들의 몸이 어떻게 군사과학을 위한 논쟁적인 대상이 되었는지를 기록했다. 원자탄이 폭발한 장소를 가로질러 병사들이 포복을 하도록 한 실험이 대중에게 알려진 후, 영국 국방부는 이에 대해 어떤 보상도 이뤄지지 않을 거라고 못을 박았다. 그 연구는 몸에 대해 수

났다.(MacKenzie & Pottinger, 1997) 민간 R&D와 군사 R&D의 관계에 대한 좀 더 완전한 논의는 Branscomb et al.(1992)을 참조하고, "민간이전"에서 "민군겸용"이라는 용어로의 변환은 Molas-Gallart(1997)와 Cowan & Foray(1995)를 보라.

행된 것이 아니라 병사들이 입은 옷에 대해 수행된 것이기 때문이라는 것이었다. 민간인들의 몸도 마찬가지로 군사적 목적을 위한 실험재료로 재구성될 수 있다.(Balmer, 2003, 2004; Crease, 2003) 1960년대에 영국 도싯 카운티 전역에 병원성이 없는 세균을 대규모로 살포한 사건은 이를 잘 보여주는 증거이다.(Balmer, 2003) 군대가 민간인들을 실험 외부에 있는 것으로 간주하긴 했지만, 대중에 대한 안전성과 비밀유지에 대한 고려는 여전히 실험의 수행에 영향을 주었다.

STS 문헌에서 나타난 이처럼 다양한 연구들은 이 주제가 『편람』의 이전 판들을 지배했던 정책적 관심사를 훌쩍 넘어 확장하고 있음을 보여준다. 그러나 STS가 과학기술과 군대의 관계에 대한 "결정적" 이해에 어떤 독특한 기여를 했는지 정의하는 것은 쉽지 않다. 군사적 사안과 관련해 다른 분야들에서 나타난 발전들이 나란히 전개되었지만, STS와 직접적인 연계는 거의 없었다.(그러나 Herrera, 2003을 보라.) 1990년대 초 이후 국제관계에 대해 관념작용에 기반한 접근이 권력 내지 이해관계에 기반해 정치적 사안을 설명하는 전통적 접근에 도전장을 내밀었다. 이러한 도전을 이루는 중요한 요소 중 하나는 정체성을 구성하고 행동을 규제하는 데 있어 사회적 규범이 하는 역할을 지적하는 것이다. 마찬가지로 전쟁 수행과 군사력 운용에 대한 연구에서도, 규범기반 접근이 무기의 발전에 관한 자연주의적, 합리주의적, 결정론적 가정들에 의문을 제기해왔고, 아울러 자기 정체성 관념과 기술에 대한 평가가 어떻게 공동구성되는지를 탐구했다. 이에 따라 많은 개발도상국들이 첨단기술 무기류를 들여오는 이유는 전략적 계산에 의해 정의되는 군사적 능력의 필요 때문이 아니라 근대적 국가가 된다는 것이 갖는 의미에 관한 정체성 고려 때문이라는 주장이 제기되었다.(Eyre & Schuman, 1996) 핵무기 사용(Tannenwald, 1999)과 화학무기 개발(Price, 1997)을 금기시하는 경향에 대한 연구는 특정한 무기의 사용이 거의 심각하게 고려되지 못할 정도로 낙인이 찍히게 되는 과정을 자세하게 보여주고 있다. 태넌월드와 프라이스는 모두 이러한 금기에 대한 순응—주로 서구 산업국가들이 널리 퍼뜨리고 있는—이 "문명화"가 의미하는 바를 정의하는 수단을 구성한다고 주장했다. 그러나 프라이스(Price, 1997)라는 예외를 빼면, 국제관계에서 규범을 강조하는 이러한 일군의 연구들은 이 장에서 언급된 다른 기술 분석들을 거의 명시적으로 참조하지 않고 있다.

9/11 이후 세계의 안보

9/11 사건과 그 여파는 국제안보에서 변화와 연속성의 정도나 그 결과 무엇을 해야 하는가에 관해 정책결정자, 학자, 대중 모두에게 중요한 질문을 던졌다. 전 지구적 테러와 "대량살상무기"의 확산은 현재 수많은 정책적, 대중적 논의를 지배하고 있으며, 군사력의 사용은 서구의 정책에서 반복적으로 나타나는—논란을 일으키지 않는 것은 아니지만—측면이 되었다. 그 결과 "군대의 예산과 군사력은 미국과 모든 유럽 국가에서 상당한 정도로 축소될 것"이라는 슈미트(Smit, 1995)의 예측은 실현되지 못했다. 오히려 정반대로 부시 행정부가 회계연도 2006년에 국방비 지출로 요청한 4193억 달러는 2001년에 비해 41퍼센트 증액된 것이다. 이 중에서 대략 694억 달러(16.6퍼센트)가 새로운 군사적 능력의 창출과 연관된 연구, 개발, 시험, 평가 활동에 할당되었다.(Whitehouse, 2005)

바이커(Bijker, 2003)는 기술사회들이 9/11 때문에 변화하고 있는지, 만약 그렇다면 어떻게 변화하고 있는지 하는 질문을 던졌다. 그러나 아직까지 9/11 이후의 상황을 STS의 렌즈를 통해 다룬 필자들은 얼마 되지 않는다. 이들 각각은 서로 다른 방식으로 현재의 안보 상황이 근본적으로 새로운 것이라는 주장에 논란의 여지가 있다고 보고 있다. 결국 서구의 많은 기술시스템의 복잡성이 갑자기 위험요인으로 탈바꿈한 것도 아니고, 테러 행동을 지탱하는 (비)합리성이 서구사회에 전적으로 이질적인 것도 아니며, 국제적 테러와 9/11 이후의 탄저균 공격의 위험에 대한 미국의 대응에 역사적 전례를 찾아볼 수 없는 것도 아니라는 것이다. 위너(Winner, 2004)는 정책결정자와 사회과학자들이 "저 바깥의" 적에 초점을 맞춤으로써, 많은 대규모 기술시스템이 지닌 취약성이 필연적인 것이 아니라 이전에 내려진 선택의 결과라는 사실을 간과할 수 있다고 주장한다. 예를 들어 핵발전소는 이전에 내려진 정치적, 기술적 선택의 결과이며, 바로 그 선택이 이를 풍력발전소보다 더 가능성이 높고 "용서 없는" 테러 공격의 목표물로 만들었다. 테러리스트 그 자체로 눈을 돌린 거스터슨(Gusterson, 2001)은 테러 공격을 합리적인 서구에 대한 비합리적이고 전근대적인 위협으로 그려내는 "타자화"의 지배적 담론에 주목했다. 거스터슨은 이런 담론이 틀렸으며, 테러리스트들은—자신들의 목표를 달성하는 데 요구되는 사망자의 수와 스펙터클의 정도를 평가함에 있어—무기 설계자나 전쟁 계획가들과 동일한 계산적, 관리적 합리성을 받아들이는 사람들이라고 주장한다. 좀 더 역사적인 시각을 취한 젠킨스(Jenkins, 2002)는 9/11 공격에 대한 미국의 대응이 전례를 찾아볼 수 없는 건 아니라고 주장한다. 양차 세계대전 사이 기간에도 일군의 정치인, 과학자, 엔지니어들이 기업, 군대 등과 힘을 합쳐 항공기와 화학무기로 무장한 "무법자" 국가들이 미국 대중에게 위협이 되고 있다는 생각을 만들어냈다고 그는 주장한다. 그들이 이처럼 공포를 조장한 목적은 미국 안보의 수호자로서 자신들의 지위를 탄탄하게 다지기

위해서였는데, 젠킨스가 보기에 이러한 접근은 현재 진행 중인 "테러와의
전쟁"의 특정 측면들을 예견케 한다. 9/11 이후에 뒤따른 탄저균 공격에
대해 킹은 당국의 대응에서 연속성과 불연속성을 분석했다. 공격이 진행되
는 동안 국경, 시민권, 감시 등에 대해 표출된 우려들은 "전염병의 렌즈를
통해 굴절된, 전 지구적 사회변화에 대한 미국인들의 우려"를 징후적으로
보여준다는 것이 그의 생각이다.(King, 2003: 435)

　9/11 이후 상황의 "새로움"에 대해 어떤 평가를 내리건 간에, 미래에
는 과학기술의 활용이나 군사 R&D가 과학기술에 미치는 영향에 관해 앞
선 절들에서 제기되었던 쟁점들을 다시 생각해볼 수 있는 기회가 많을 것
이다. 이 글을 쓰고 있는 시점에서 (특히 미국에서는) 안보와 군사적 쟁점들
이 특히 두각을 나타내고 있다. 서구사회가 테러리스트와 대량살상무기에
맞선 안보를 추구하면서 군대는 점차 여타의 정치적, 사회적 제도들과 통
합되고 조화를 이루는 모습을 보이고 있다. 과학도 여기서 예외가 아니다.
예를 들어 생물 테러에 점점 더 많은 관심이 기울여지면서 가능한 생물무
기에 맞서기 위해 수십억 달러가 R&D에 투입되고 있다.(Wright, 2004) 그러
나 이러한 자금지원에 따른 생명과학의 발전은 생물무기의 생산도 용이하
게 만들 수 있다는 주장도 제기되어왔다. 이에 따라 과학자들이 스스로의
행동을 규제하고 자신들의 연구가 미래에 응용되는 것을 통제할 수 있는
방법을 찾아낼 것으로 점차 기대를 받는 상황이 나타나고 있다.(Rappert,
2003b, 2007) 여기에 더해 많은 서구 국가들은 테러에 대한 두려움으로 인
해 안보와 공중보건 사안이 한데 합쳐지고(Guillemin, 2005), 감시기술에 점
점 눈을 많이 돌리면서 시민적 자유의 침해에 대한 우려가 뒤따르는 상황
을 목도하고 있다.(Caplan & Torpey, 2001; Lyon, 2003)

　따라서 과학기술은 변화하는 안보와 군사 지형도에서 여전히 중심 되는

특징을 이루고 있다. 이러한 지형도가 STS 공동체에서는 다분히 주변적인 관심사로 남아 있는데도 말이다. 또 다른 중요한 지점은 이 장에서 논의된바 과학기술과 군대의 관계를 다룬 상대적으로 얼마 안 되는 새로운 연구들이 비밀주의에 관한 탈냉전 상황에서 크게 도움을 얻었다는 것이다. 앞서 지적했던 것처럼 1995년판 STS『편람』이후 학자들은 새로운 문서고의 자료들에 대한 접근성과 함께 민감한 사안들에 관해 정책결정자나 여타 행위자들이 좀 더 개방적인 태도를 취하는 이점을 누려왔다. 정보에 접근가능한 정도가 커지면서, 가령 군산복합체에서 정부, 군대, 청부업체 사이의 의견일치 정도와 같이 이 분야에서 이전에 통용되던 가정들을 다시 생각해보는 것도 가능해졌다.(Scranton, 2004) 그러나 군대와 관련된 주제들은 여전히 정보에 대한 접근이 결정적으로 중요한 방법론적, 정치적 문제인 영역으로 남아 있으며, 이 글을 쓰는 시점에서 현재 일부 국가들에서 볼 수 있는 대단치는 않지만 이전보다는 향상된 투명성이 단지 일시적인 현상에 그칠지도 여전히 불분명하다.[3]

군대나 안보와 관련해 STS와 다른 분야들 사이의 제한적인 상호관계는 여전히 불행한 일이다. 추가적인 진일보가 계속 이뤄지고 있는데, 군사기술의 역사에 관한 에저턴(Edgerton, 2006)의 연구나 국제적인 인도주의 법률하에서 무기를 금지하려는 노력을 국제법의 분류 도식에 대한 탐구를 통해 재구성한 래퍼트(Rappert, 2006)의 시도가 그런 예이다. 그러나 전반적으로 보면 STS와 수많은 전통적 연구 분야들의 통합은 여전히 제한적이

---

3) 예를 들어 미국의 국립문서기록관리청(NARA)은 이렇게 발표했다. "9/11 테러 사건에 비추어 우리는 이전까지 공개되었던 문서자료들에 대한 접근성을 재평가하면서 아직 연구에 개방되지 않은 자료들을 심사하는 기존의 절차들을 강화하고 있다." http://archives.gov/research_room/whats_new/notices/access_and_terrorism.html에서 볼 수 있다.

다. 예를 들어 "전략연구"와 그 인접 분야들은 이 장에서 다뤄진 최신의 발전들로부터 많은 것을 배울 수 있다. 과학기술의 사회적 내용을 인식하는 것은 과학기술에 자율적 내지 결정론적인 성질을 부여하는 경향을 보여온 전략연구 분석에서 두드러진 특징이 아니었다. 여기에는 예외도 존재하는데, 주목할 만한 사례는 오늘날 군대가 정보기술을 활용하는 것과 연관된 전쟁의 성격 변화—흔히 군사 문제의 혁명으로 일컬어지는 현상—에 대한 프리드먼(Freedman, 1998)의 분석이다. 프리드먼에 따르면 정보기술이 전쟁의 성격에 미치는 영향 그 자체는 그런 영향이 일어나는 좀 더 폭넓은 정치적, 전략적 맥락에 달려 있는데, 이는 그러한 발전에 필연적인 것은 아무것도 없음을 함축한다. 좀 더 전통적인 무기와 관련해 스톤(Stone, 2000, 2002)은 전차의 설계에서 나타나는 국가 간 차이는 역사적으로 전쟁에서 전차의 운용을 관장하는 군사적 교의에서 나타나는 차이의 함수였다고 주장한다. 이러한 교의상의 차이는 새로운 대전차 시스템이 제기하는 위협에 대한 태도를 형성하는 데도 중요한 역할을 해왔다. 그러한 위협에 대한 해석은 대체로 전차가 수행할 것으로 기대되어온 정확한 역할과 임무에 의해 좌우되었다. 따라서 스톤에 따르면 전차의 미래에 관한 논쟁은 기술적 고려뿐 아니라 교의상의 고려도 그 속에 포함해야 한다. 이 장에서 제시한 많은 STS 분석들은 전략가들이 이와 같은 입장에 의지하려 할 때 훌륭한 수단을 제공할 수 있지만, 이는 투명성과 접근성이 적절히 존재할 때에만 가능할 것이다. 그러는 동안 특히 미국은 광범한 군사-기술 혁신의 길을 따라 움직이고 있고, 그것이 어떤 결과를 가져올지는 미지수로 남아 있다.

참고문헌

Abbate, Janet (1999) *Inventing the Internet* (Cambridge, MA: MIT Press).

Abraham, Itty (1998) *The Making of the Indian Atomic Bomb: Science, Secrecy and the Postcolonial State* (London: Zed Books).

Armacost, Michael (1969) *The Politics of Weapons Innovation: The Thor-Jupiter Controversy* (New York: Columbia University Press).

Balmer, Brian (2001) *Britain and Biological Warfare: Expert Advice and Science Policy: 1935-1965* (Basingstoke, U.K.: Palgrave).

Balmer, Brian (2002) "Killing 'Without the Distressing Preliminaries': Scientists' Defence of the British Biological Warfare Programme," *Minerva* 40: 57-75.

Balmer, Brian (2003) "Using the Population Body to Protect the National Body: Germ Warfare Tests in the U.K. After WWII," in J. Goodman, A. McElligott & L. Marks (eds), *Useful Bodies: Humans in the Service of Medical Science in the Twentieth Century* (Baltimore, MD: Johns Hopkins University Press): 27-52.

Balmer, Brian (2004) "How Does an Accident Become an Experiment? Secret Science and the Exposure of the Public to Biological Warfare Agents," *Science as Culture* 13(2): 197-228.

Balmer, Brian (2006) "A Secret Formula, a Rogue Patent and Public Knowledge About Nerve Gas: Secrecy as a Spatial-Epistemic Tool," *Social Studies of Science* 36: 691-722.

Barth, Kai-Henrik (2003) "The Politics of Seismology: Nuclear Testing, Arms Control and the Transformation of a Discipline," *Social Studies of Science* 33(5): 743-781.

Bijker, Wiebe E. (2003) "The Need for Public Intellectuals: A Space for STS," *Science, Technology, & Human Values* 28(4): 443-450.

Boffey, P. (1975) *The Brain Bank of America* (New York: McGraw-Hill).

Bourke, Joanna (2000) "Wartime," in R. Cooter & J. Pickstone (eds), *Medicine in the Twentieth Century* (London: Harwood): 589-600.

Branscomb, Lewis, John Alic, Harvey Brooks, Ashton Carter, & Gerald Epstein (1992) *Beyond Spinoff: Military and Commercial Technologies in a Changing World* (Boston: Harvard Business School Press).

Brown, Phil, Stephen Zavestoski, Sabrina McCormick, Meadow Linder, Joshua

Mandelbaum, & Theo Luebke (2001) "A Gulf of Difference: Disputes over Gulf War-Related Illnesses," *Journal of Health and Social Behavior* 42(3): 235 – 257.

Bud, Robert & Philip Gummett (eds) (1999) *Cold War, Hot Science: Applied Research in Britain's Defence Laboratories, 1945 – 1990* (London: Harwood).

Buzan, Barry (1987) *An Introduction to Strategic Studies: Military Technology and International Relations* (Basingstoke, U.K.: Macmillan).

Buzan, Barry & Eric Herring (1998) *The Arms Dynamic in World Politics* (Boulder, CO: Lynne Rienner).

Caplan, Jane & John Torpey (eds) (2001) *Documenting Individual Identity: The Development of State Practices in the Modern World* (Princeton, NJ: Princeton University Press).

Cloud, John (2001) "Imaging the World in a Barrel: CORONA and the Clandestine Convergence of the Earth Sciences," *Social Studies of Science* 31(2): 231 – 251.

Cloud, John (2003) "Special Guest-Edited Issue on the Earth Sciences in the Cold War (Introduction)," *Social Studies of Science* 33(5): 629 – 633.

Collins, Harry & Trevor Pinch (1998) "A Clean Kill?" in *The Golem at Large: What You Should Know About Technology* (Cambridge: Cambridge University Press): 7 – 29.

Cowan, Robin & Dominique Foray (1995) "Quandaries in the Economics of Dual-Use Technologies and Spillovers from Military to Civilian Research and Development," *Research Policy* 24: 851 – 868.

Crease, R. (2003) "Fallout Issues in the Study, Treatment, and Reparations of Exposed Marshall Islanders," in R. Figueroa & S. Harding (eds), *Science and Other Cultures: Issues in Philosophies of Science and Technologies* (London: Routledge): 106 – 128.

Dennis, Michael Aaron (1994) "'Our First Line of Defense': Two Laboratories in the Postwar American State," *Isis* 85(3): 427 – 455.

Dennis, Michael Aaron (1999) "Secrecy and Science Revisited: From Politics to Historical Practice and Back," in J. Reppy (ed), *Secrecy and Knowledge Production*, Cornell University Peace Studies Program, Occasional Paper No. 23.

Dennis, Michael Aaron (2003) "Earthly Matters: On the Cold War and the Earth Sciences," *Social Studies of Science* 33(5): 809 – 819.

Der Derian, James (2001) *Virtuous War: Mapping the Military-Industrial-Media-Entertainment Network* (Boulder, CO: Westview Press).

Dickson, David (1984) *The New Politics of Science*, 2nd ed. (Chicago: University of

Chicago Press).

Doel, Ronald E. (2003) "Constituting the Postwar Earth Sciences: The Military's Influence on the Environmental Sciences in the U.S.A. After 1945," *Social Studies of Science* 33(5): 635–666.

Eden, Lynn (2004) *Whole World on Fire: Organizations, Knowledge and Nuclear Weapons Devastation* (Ithaca, NY: Cornell University Press).

Edgerton, David (1990) "Science and War," in R. C. Olby & M.J.S. Hodge (eds), *Companion to the History of Modern Science* (London: Routledge): 934–945.

Edgerton, David (1996) "British Scientific Intellectuals and the Relations of Science and War in Twentieth-Century Britain," in P. Forman & J. M. Sanchez-Ron (eds), *National Military Establishments and the Advancement of Science: Studies in Twentieth Century History* (Dordrecht, the Netherlands: Kluwer).

Edgerton, David (2006) *Warfare State: Britain, 1920 – 1970* (Cambridge: Cambridge University Press).

Edwards, Paul (1996) *The Closed World: Computers and the Politics of Discourse in Cold War America* (Cambridge, MA: MIT Press).

Ellis, John ([1975]1987) *The Social History of the Machine Gun* (New York: Pantheon; London: Cresset Library).

Elzinga, Aant (1990) "Large-Scale Military Funding Induces Culture Clash," *Space Policy*, August: 187–194.

Eyre, Dana & Mark Schuman (1996) "Status, Norms and the Proliferation of Conventional Weapons," in P. Katzenstein (ed), *The Culture of National Security* (New York: Columbia University Press): 79–113.

Farrell, Theo (1997) *Weapons Without a Cause: The Politics of Weapons Acquisition in the United States* (New York: St. Martin's Press).

Forman, Paul (1987) "Behind Quantum Electronics: National Security as a Basis for Physical Research in the United States, 1940–1960," *Historical Studies in Physical and Biological Sciences* 18(1): 149–229.

Forman, Paul & Jose Sanchez-Ron (eds) (1996) *National Military Establishments and the Advancement of Science and Technology* (Dordrecht, the Netherlands: Kluwer).

Freedman, Lawrence (1998) "The Revolution in Strategic Affairs," *Adelphi Paper 318* (London: Oxford University Press for the International Institute of Strategic Studies).

Fukuyama, Francis (1992) *The End of History and the Last Man* (New York: Free

Press).

Futrell, Robert (2003) "Technical Adversarialism and Participatory Collaboration in the U.S. Chemical Weapons Program," *Science, Technology, & Human Values* 28: 451–482.

Galison, Peter (1998) "Feynman's War: Modelling Weapons, Modelling Nature," *Studies in the History and Philosophy of Modern Physics* 3: 391–434.

Gerjuoy, Edwards & Elizabeth Urey Baranger (1989) "The Physical Sciences and Mathematics" [Special Issue: Universities and the Military] *Annals of the American Academy of Political and Social Science* 502(1): 58–81.

Gerovitch, Slava (2001) "'Mathematical Machines' of the Cold War: Soviet Computing, American Cybernetics and Ideological Disputes in the Early 1950s," *Social Studies of Science* 31(2): 253–287.

Gerovitch, Slava (2002) *From Newspeak to Cyberspeak: A History of Soviet Cybernetics* (Cambridge, MA: MIT Press).

Ghamari-Tabrizi, Sharon (2000) "Simulating the Unthinkable: Gaming Future War in the 1950s and 1960s," *Social Studies of Science* 30(2): 163–223.

Ghamari-Tabrizi, Sharon (2005) *The Worlds of Herman Kahn: The Intuitive Science of Thermonuclear War* (Cambridge, MA: Harvard University Press).

Gilpin, Robert (1962) *American Scientists and Nuclear Weapons Policy* (Princeton, NJ: Princeton University Press).

Greenwood, Ted (1990) "Why Military Technology Is Difficult to Restrain," *Science, Technology, & Human Values* 14(4): 412–429.

Grin, John (1998) "Bloodless War or Bloody Non-Sense?" Presentation for EASST General Conference on Cultures of Science and Technology, Lisbon, Portugal, October 1.

Grint, Keith & Steve Woolgar (1997) *The Machine at Work* (Cambridge: Polity Press).

Guillemin, Jeanne (2005) *Biological Weapons* (New York: Columbia University Press).

Gummett, Philip (1990) "Issues for STS Raised by Defence Science and Technology Policy," *Social Studies of Science* 20(3): 541–558.

Gummett, Philip (ed) (1991) *Future Relations Between Defence and Civilian Technology: A Report for the [U.K.] Parliamentary Office of Science and Technology, SPSG Review Paper No. 2* (London: Science Policy Support Group).

Gummett, Philip & Judith Reppy (eds) (1988) *The Relations Between Defence and*

Civil Technologies (Dordrecht, the Netherlands: Kluwer).

Gummett, Philip & Judith Reppy (1990) "Military Industrial Networks and Technical Change in the New Strategic Environment," *Government and Opposition* 25(3): 287–303.

Gusterson, Hugh (1998) *Nuclear Rites: A Weapons Laboratory at the End of the Cold War* (Berkeley: University of California Press).

Gusterson, Hugh (2001) "The McNamara Complex," *Anthropological Quarterly* 75(1): 171–177.

Gusterson, Hugh (2003) "The Death of the Authors of Death: Prestige and Credibility Among Nuclear Weapons Scientists," in Mario Biagioli & Peter Galison (eds), *Scientific Authorship: Credit and Intellectual Property in Science* (London: Routledge): 281–308.

Gusterson, Hugh (2004) *People of the Bomb: Portraits of America's Nuclear Complex* (Minneapolis: University of Minnesota Press).

Halperin, Morton (1972) "The Decision to Deploy the ABM: Bureaucratic and Domestic Politics in the Johnson Administration," *World Politics* 25(1): 62–95.

Harper, Kristine (2003) "Research from the Boundary Layer: Civilian Leadership, Military Funding and the Development of Numerical Weather Prediction (1946–55)," *Social Studies of Science* 33(5): 667–696.

Herrera, Geoffrey (2003) "Technology and International Systems," *Millennium* 32(3): 559–593.

Hewlett, Richard & Jack Holl (1989) *Atoms for Peace and War, 1953–1961* (Berkeley: University of California Press).

Holloway, David (1996) *Stalin and the Bomb: The Soviet Union and Atomic Energy, 1939–1956* (New Haven, CT: Yale University Press).

Irvine, John & Ben Martin (1984) *Foresight in Science: Picking the Winners* (London: Pinter).

Jenkins, Dominick (2002) *The Final Frontier: America, Science and Terror* (London: Verso).

Kaiser, David (2004) "The Postwar Suburbanization of American Physics," *American Quarterly* 56: 851–888.

Kaiser, David (2005) "The Atomic Secret in Red Hands? American Suspicions of Theoretical Physicists During the Early Cold War," *Representations* 90(1): 28–60.

Kaldor, Mary (1982) *The Baroque Arsenal* (London: Abacus).

Kevles, Daniel (1978) *The Physicists: The History of a Scientific Community in Modern America* (New York: Knopf).

King, Nicholas (2003) "The Influence of Anxiety: September 11, Bioterrorism and American Public Health," *Journal of the History of Medicine* 58: 433 – 441.

Kurth, J. (1971) "A Widening Gyre: The Logic of American Weapons Procurement," *Public Policy* 19: 373 – 403.

Law, John (2002) *Aircraft Stories* (London: Duke University Press).

Leiberson, S. (1971) "An Empirical Study of Military Industrial Linkages," *American Journal of Sociology* 76(4): 562 – 584.

Leitenberg, M. (1973) "The Dynamics of Military Technology Today," *International Social Science Journal* 25(3): 336 – 357.

Lenoir, Tim (2000) "All but War Is Simulation: The Military-Entertainment Complex," *Configurations* 8: 289 – 335.

Leslie, Stuart W. (1993) *The Cold War and American Science: The Military-Industrial-Academic Complex at MIT and Stanford* (New York: Columbia University Press).

Lindee, Susan (1999) "The Repatriation of Atomic Bomb Victim Body Parts to Japan: Natural Objects and Diplomacy," *Osiris* 13: 376 – 409.

Lowen, Rebecca (1997) *Creating the Cold War University: The Transformation of Stanford* (Berkeley: University of California Press).

Lynch, Michael & David Bogen (1996) *The Spectacle of History: Speech, Text and Memory at the Iran-Contra, Hearings* (Durham, NC: Duke University Press).

Lyon, David (2003) "Technology Vs. 'Terrorism': Circuits of City Surveillance Since September 11th," *International Journal of Urban and Regional Research* 27(3): 666 – 678.

Macfarlane, Allison (2003) "Underlying Yucca Mountain: The Interplay of Geology and Policy in Nuclear Waste Disposal," *Social Studies of Science* 33(5): 783 – 807.

MacKenzie, Donald (1990) *Inventing Accuracy: A Historical Sociology of Nuclear Missile Guidance* (Cambridge, MA: MIT Press).

MacKenzie, Donald & Graham Spinardi (1996) "Tacit Knowledge and the Uninvention of Nuclear Weapons," in Donald MacKenzie (ed), *Knowing Machines* (Cambridge, MA: MIT Press): 215 – 260.

MacKenzie, Donald & G. Pottinger (1997) "Mathematics, Technology, and Trust:

Formal Verification, Computer Security and the U.S. Military," *IEEE Annals of the History of Computing* 19(3): 41–59.

MacKenzie, Donald & Judy Wajcman (1999) (eds) *The Social Shaping of Technology*, 2nd ed. (Buckingham, U.K.: Open University Press).

MacLeod, Roy (2001) "'Strictly for the Birds': Science, the Military, and the Smithsonian's Pacific Ocean Biological Survey Program," *Journal of the History of Biology* 34: 315–352.

Martin, Brian (1993) *Social Defence, Social Change* (London: Freedom Press).

Martin, Brian (1997) "Science, Technology and Nonviolent Action: The Case for a Utopian Dimension in the Social Analysis of Science and Technology," *Social Studies of Science* 27: 439–463.

Martin, Brian (2001) *Technology for Nonviolent Struggle* (London: War Resisters' International).

Masco, Joseph (2002) "Lie Detectors: On Secrets and Hypersecurity in Los Alamos," *Public Culture* 14(3): 441–467.

Mendelsohn, Everett (1997) "Science, Scientists and the Military," in John Krige & Dominique Pestre (eds), *Science in the Twentieth Century* (Reading, U.K.: Harwood): 175–202.

Mindell, D. (2000) *War, Technology and Experience Aboard the USS Monitor* (London: Johns Hopkins University Press).

Mirowski, Philip (1999) "Cyborg Agonistes: Economics Meets Operations Research in Mid-Century," *Social Studies of Science* 29(5): 685–781.

Mirowski, Philip (2001) *Machine Dreams: Economics Becomes a Cyborg Science* (Cambridge: Cambridge University Press).

Misa, Thomas (1985) "Military Needs, Commercial Realities, and the Development of the Transistor, 1948–1958," in Merritt Roe Smith (ed), *Military Enterprise and Technological Change* (Cambridge, MA: MIT Press).

Mitchell, Glen (2003) "See an Atomic Blast and Spread the Word: Indoctrination at Ground Zero," in J. Goodman, A. McElligott, & L. Marks (eds), *Useful Bodies: Humans in the Service of Twentieth Century Medicine* (Baltimore, MD: Johns Hopkins University Press): 133–164.

Molas-Gallart, Jordi (1997) "Which Way to Go? Defence Technology and the Diversity of 'Dual-Use' Technology Transfer," *Research Policy* 26: 367–385.

Moreno, Jonathan (2001) *Undue Risk: Secret State Experiments on Humans* (London: Routledge).

Mort, Maggie & Mike Michael (1998) "Human and Technological 'Redundancy': Phantom Intermediaries in a Nuclear Submarine Industry," *Social Studies of Science* 28(3): 355–400.

Moy, Timothy (2001) *War Machines: Transforming Technologies in the U.S. Military, 1920–1940* (College Station: Texas A&M University Press).

Noble, David (1985) "Command Performance: A Perspective on the Social and Economic Consequences of Military Enterprise," in M. R. Smith (1985), *Military Enterprise and Technological Change: Perspectives on the American Experience* (Cambridge, MA: MIT Press).

Oreskes, Naomi (2003) "A Context of Motivation: U.S. Navy Oceanographic Research and the Discovery of Hydrothermal Vents," *Social Studies of Science* 33(5): 697–742.

Perry, R. (1970) *A Review of System Acquisition Experience* (Santa Monica, CA: RAND).

Postol, Ted (2004) "An Informed Guess About Why Patriots Fired upon Friendly Aircraft and Saw Numerous False Missile Targets During Operation Iraqi Freedom" (Boston: MIT Security Studies Program, April 20).

Price, Richard (1997) *The Chemical Weapons Taboo* (Ithaca, NY: Cornell University Press).

Rappert, Brian (2001) "The Distribution and the Resolution of the Ambiguities of Technology: Or Why Bobby Can't Spray," *Social Studies of Science* 31(4): 557–592.

Rappert, Brian (2003a) *Non-Lethal Weapons as Legitimizing Forces? Technology, Politics and the Management of Conflict* (London: Frank Cass).

Rappert, Brian (2003b) "Coding Ethical Behaviour: The Challenges of Biological Weapons," *Science and Engineering Ethics* 9(4): 453–470.

Rappert, Brian (2005) "Prohibitions, Weapons and Controversy: Managing the Problem of Ordering," *Social Studies of Science* 35(2): 211–240.

Rappert, Brian (2006) *Controlling the Weapons of War: Politics, Persuasion and the Prohibition of Inhumanity* (London: Routledge).

Rappert, Brian (2007) *Biotechnology, Security and the Search for Limits* (London: Palgrave).

Rasmussen, Nicholas (2001) "Plant Hormones in War and Peace: Science, Industry, and Government in the Development of Herbicides in 1940s America," *Isis* 92(2): 291–316.

Reppy, Judith (ed) (1999) *Secrecy and Knowledge Production*, Cornell University Peace Studies Program, Occasional Paper No. 23.

Ruina, J. (1971) "Aborted Military Systems," in B. T. Field, G. W. Greenwood, G. W. Rathgens, & S. Weinberg (eds), *Impact of New Technologies on the Arms Race* (Cambridge, MA: MIT Press).

Sapolsky, Harvey (1977) "Science, Technology and Military Policy," in Ina Spiegel-Rösing & Derek de Solla Price (eds), *Science, Technology, and Society* (London: Sage).

Scranton, Philip (2004) "Technology-Led Innovation: The U.S. Jet Propulsion System," Presentation to University of Exeter Business History Centre/Centre for Medical History Seminar, November 4.

Seidel, Robert (1987) "From Flow to Glow: A History of Laser Research and Development," *Historical Studies in the Physical and Biological Sciences* 18(1): 111–147.

Smit, Wim A. (1991) "Steering the Process of Military Technological Innovation," *Defense Analysis* 7(4): 401–415.

Smit, Wim (1995) "Science, Technology and the Military: Relations in Transition," in Sheila Jasanoff, Gerald E. Markle, James C. Petersen, & Trevor Pinch (eds), *Handbook of Science and Technology Studies* (London: Sage): 598–626.

Smith, B. (1966) *The RAND Corporation* (Cambridge, MA: Harvard University Press).

Smith, Merritt Roe (1985) *Military Enterprise and Technological Change: Perspectives on the American Experience* (Cambridge, MA: MIT Press).

Solovey, Mark (2001) "Project Camelot and the 1960s Epistemological Revolution: Rethinking the Politics-Patronage-Social Science Nexus," *Social Studies of Science* 31(2): 171–206.

Spinardi, Graham (1994) *From Polaris to Trident: The Development of U.S. Fleet Ballistic Missile Technology* (Cambridge: Cambridge University Press).

Spinardi, Graham (1997) "Aldermaston and British Nuclear Weapons Development: Testing the 'Zuckerman Thesis,'" *Social Studies of Science* 27(4): 547–582.

Stone, John (2000) *The Tank Debate: Armour and the Anglo-American Military*

Tradition (Amsterdam: Harwood).

Stone, John (2002) "The British Army and the Tank," in T. Farrell & T. Terriff (eds), *The Sources of Military Change: Culture, Politics, Technology* (Boulder, CO: Lynne Rienner): 187–204.

Tannenwald, Nina (1999) "The Nuclear Taboo," *International Organization* 53(3): 433–468.

Thorpe, Charles (2002) "Disciplining Experts: Scientific Authority and Liberal Democracy in the Oppenheimer Case," *Social Studies of Science* 32(4): 527–564.

Thorpe, Charles (2004a) "Against Time: Scheduling, Momentum, and Moral Order at Wartime Los Alamos," *Journal of Historical Sociology* 17(1): 31–55.

Thorpe, Charles (2004b) "Violence and the Scientific Vocation," *Theory, Culture and Society* 21: 59–84.

Van Keuren, David K. (2001) "Cold War Science in Black and White: U.S. Intelligence Gathering and Its Scientific Cover at the Naval Research Laboratory, 1948–62," *Social Studies of Science* 31(2): 207–229.

Weber, Rachel (1997) "Manufacturing Gender in Commercial and Military Cockpit Design," *Science, Technology, & Human Values* 22(2): 235–253.

White House Office of Management and Budget (2005) Available at: http://www.whitehouse.gov/omb/budget/fy2006/defense.html.

Winner, Langdon (2004) "Trust and Terror: The Vulnerability of Complex Socio-Technical Systems," *Science as Culture* 13(2): 155–172.

Woodhouse, Edward J. (1990) "Is Large-Scale Military R&D Defensible Theoretically?" *Science, Technology, & Human Values* 15(4): 442–460.

Wright, Susan (1991) *Preventing a Biological Arms Race* (Cambridge, MA: MIT Press).

Wright, Susan (2004) "Taking Biodefense Too Far," *Bulletin of the Atomic Scientist* November/December: 58–66.

Wright, S. & D. Wallace (2002) "Secrecy in the Biotechnology Industry: Implications for the Biological Weapons Convention," in Susan Wright (ed), *Biological Warfare and Disarmament: New Problems/New Perspectives* (Lanham, MD: Rowman & Littlefield).

Zavestoski, Stephen, Phil Brown, Meadow Linder, Sabrina McCormick, & Brian Mayer (2002) "Science, Policy, Activism and War: Defining the Health of Gulf War Veterans," *Science, Technology, & Human Values* 27(2): 171–205.

29.
약에 딱 맞는 환자: 의약품 회로와 질환의 체계화

앤드류 라코프

의약품(pharmaceuticals)의 개발과 순환은 과학, 기술, 의학을 연구하는 학자들로부터 점점 더 많은 주목을 받고 있다. 이 연구는 의약품의 중요성을 다양한 조망점에서 분석해왔다. 전 지구적 소비자 자본주의의 측면에서, 전문성에 의해 매개되는 건강 개입으로서, 정부규제의 대상으로서, 희망의 원천으로서, 정치적 투쟁의 장소로서 말이다. 이 장에서는 그러한 연구가 과학기술학(STS)이 관심을 가진 문제들에 갖는 의미를 생각해보고, 반대로 STS의 시각이 제약산업과 의약품 사용의 분석가들에게 무엇을 제공해줄 수 있는가 하는 질문을 던져볼 것이다. STS의 중심 목표는 사회적 맥락이 어떻게 주어진 기술의 효과를 구조화하는가를 설명하는 것이었다.(MacKenzie & Wajcman, 1985) 이 연구는 그러한 효과가 사물 그 자체에 내재한 것이 아니라 설계자의 목표, 사용자의 필요, 인공물이 주는 제약 사이의 역동적 상호작용에 의해 형성됨을 보여주었다. 이러한 연구 방향을 따를 때 의약품에 던져야 하는 질문은 다음과 같다. 어떤 생화학적 수단 및 사회적, 정치적 수단들을 통해 의약품이 "효과"를 성취하는가?

다른 테크노사이언스 사물들의 작동과 마찬가지로, 의약품의 효과는 그것을 형성하는 혼종적 연결망과의 연관하에 구체화된다. 그러한 효과는 약 그 자체에 배태된 것이 아니다. 화학물질과 정부규제, 생의학 전문성, 상업적 이해관계, 환자의 경험이 결합해 생겨나는 것이다. 이러한 의미에서 의약품 순환에 대한 연구는 STS에서 얻은 수많은 통찰을 따른다. 화학물질은 전문가, 제도, 정부규제, 사업전략, 환자 대변자와의 연관 속에 배태될 때 인가받은 약이 된다. 그러나 의약품 회로(pharmaceutical circuit)에 대한 연구는 생의학적 혁신으로서 의약품이 갖는 독특한 중요성을 강조한다는 점에서 수많은 STS 기반의 혼종적 연결망 연구들과 다르다. 이러한 연구는 종종 "테크노사이언스 사물들이 어떻게 안정되는가?" 혹은 "사용자는 어떻게 설정되는가?" 같은 일반적 질문들보다 의약품이 일으키는 특정한 종류의 변화에 초점을 맞춘다. 또 인간의 몸에 개입하는 현재의 수단들이 제기하는 정치적, 윤리적 문제들과 함께, 이러한 문제들에 접근하는 방식이 맥락에 따라—다양한 전문가 시스템에 따라, 또 다양한 건강 거버넌스 체제 아래에서—어떻게 달라지는지를 강조한다.

의약품의 사회적 연구는 실험실과 임상연구에서부터 소비에 영향을 주기 위한 광고주의 활동, 의사들의 진단 및 처방 업무, 환자들의 의약품 사용 및 해석에 이르기까지 의약품이 구체화되는 다양한 "단계들"에 걸쳐 있다. 의약품 순환이 제기하는 쟁점들에 접근하려면 의약품에 독특한 점들을 기억해둘 필요가 있다. 첫째, 의약품은 치유를 위해 만들어졌다. 이것의 사용은 질환을 진단하고 치료하기 위한 전문가 시스템의 일부이다. 둘째, 의약품이 몸속으로 이동하는 것은 그것의 가치와 연결돼 있고, 이는 국가적, 초국적 수준에서 지적 재산권 체제에 의해 보호받고 있다. 셋째, 의약품은 규제를 받는 상품이다. 의약품의 안전성과 효능은 국가와 연결된 전문가 및 기구들에 의해 감시된다. 따라서 의약품은 생의학 전문성, 상업적 이해관계, 정부규제가 교차하는 지점에서 작동한다. 이처럼 서로 다른 영역들에 달려 있는 가치들 간의 긴장과 갈등은 의약품 개발과 순환을 둘러싸고 오늘날 수많은 핵심적 투쟁을 만들어내고 있다.

화학물질이 인가받은 약이 되려면 인간생명의 기술적 관리에 관여하는 시스템에 들어가야만 한다. 이러한 의미에서 의약품은 **생명정치적** 인공물이다. 다시 말해 의약품은 생명을 어떻게 이해하고 관리해야 하는가를 둘러싼 문제들을 제기하는 기술혁신이며, 그 결과 새로운 윤리적, 정치적 난제들을 유발한다.(Collier & Lakoff, 2004) 니콜러스 로즈(Rose, 2001)가 주장했듯이, "생명정치는 이제 분자 수준에서 인간 존재를 다룬다. 생명정치는 분자들에 관해, 분자들 사이에서, 분자들 자신의 성패가 달려 있을 때 행해진다." 의약품의 사회적 연구에서 수많은 핵심 질문들은 약의 순환의 정치에 관한 것들이다. 약은 누구의 몸속으로 들어가야 하는가? 누가, 어떤 근거에서 이를 처방할 수 있어야 하는가? 우리는 약이 이러한 몸들에 어떤 일을 "하는지" 어떻게 알 수 있는가? 약의 비용은 얼마나 들어야 하며, 누가 그것을 지불해야 하는가?

그러한 질문들은 의약품 회로에 대한 접근성 문제와 관련된 것으로 폭넓게 이해할 수 있다. 내가 회로(circuitry)의 이미지를 활용하는 것은 약의 흐름을 어떤 몸에는 보내고 다른 몸에는 보내지 않는 데서 규제규범(regulatory norm)과 기술표준이 하는 역할을 강조하기 위해서이다. 이러한 회로들은 약에 대한 접근에 환자를 포함시키고 배제하는 기능을 모두 수행한다. 포함과 배제에 관한 투쟁은 건강과 수익의 상충하는 요구를 둘러싸고 정부정책과 전문직 규범에 의해 매개되어 일어난다. 의약품 순환을 둘러싼 가장 중요한 정치적—그리고 기술적—쟁점들은 보통 접근성이 너무 **높거나**(예컨대 선진국에서의 생활양식 약[lifestyle drug]에 대해) 아니면 너무 **낮은**(개발도상국에서 생명을 구하는 약에 대해) 문제이다. 그러한 논쟁들은 마케팅이나 가격결정 같은 "수요 측" 쟁점들을 포함할 뿐 아니라 "공급", 즉 신약개발과정에도 영향을 미친다. 새로운 약의 시장으로 어떤 질환을 목표로 할 것인지, 임상시험에 어떤 집단들을 포함시킬 것인지, 어떤 것을 약과 관련된 위험의 증거로 간주할 것인지 하는 결정에서 이를 볼 수 있다.

의약품 회로에서의 환자 배제에 관한 논쟁에는 약을—혹은 그것의 효과에 관한 지식을—좀 더 폭넓게 이용가능하게 만들어야 하는가에 관한 논쟁이 수반된다. 이러한 쟁점들은 민간부문의 신약개발이 필수적인 공공재에 대한 접근을 제약한다는 많은 비판자들의 확신에서 생겨났다. 신약개발에 맞춰진 민간부문의 유전체학 연구는 유전자 데이터의 특허가능성에 어떤 제한을 두어야 하는가 하는 질문을 제기한다.(Boyle, 1997) 특허받은 약의 보호를 의무화한 다자간 무역협정은 국민국가가 어떤 조건하에서 공중보건 비상사태나 아직 초기단계인 투약 "인권"의 이름으로 지적 재산권 체제를 위반할 수 있는가를 쟁점으로 제기한다.(Biehl, 2004) 민간부문에서 많은 연구개발이 수행되고 있는 시대에, 자립가능한 시장이 없는 질환—사하라 사막 이남 아프리카의 에이즈 환자든, 프랑스의 헤로인 중독자든 간에—에 대한 약의 개발을 어떻게 장려할 수 있는가 하는 문제가 부각되고 있다.(Nguyen, 2005; Lovell, 2006) 한편, 회사가 후원한 임상시험에서 발생했지만 대중적으로 널리 공표되지는 않은 약의 유해한 부작용에 관한 정보접근을 둘러싸고 논쟁이 터져 나왔다.(Healy, 2006)

배제에 관한 논쟁과 마찬가지로, 포함을 둘러싼 투쟁 역시 전문직업적 전문성, 민간부문의 이해관계, 정부규제가 결합해 생겨난다. 그러나 이러한 논쟁들은 너무 높은 접근성의 문제—건강의 과잉의료화—를 시사한다. 그러한 투쟁은 소비자 직접 광고(direct-to-consumer advertising)라는 쟁점에서 보듯 종종 어떤 것이 의약품 치료를 요하는 질환인지를 결정하는 전문가들의 권위가 쇠퇴하는 데 우려를 표시한다. 이는 민간부문의 신약개발 노력이 대부분 특허받은 약의 비용을 감당할 능력이 없는 이들 사이에 사망을 유발하는 질환이 아니라, 만성적이지만 종종 생명을 위협하지는 않아서 평생의 치료를 약속하는 질환을 가진 상대적으로 부유한 소비자들을 대상으로 한다는 관찰에서 비롯된다. 민간부문의 신약개발 노력이 생활양식의 변화를 통해 더 잘 대처할 수 있을 질환들에 대한 의료화를 추구하는 것도 이와 무관하지 않다. 전 지구적 제약산업의 비판자들은 부유한 국가와 가난한 국가들 사이의 간극—그 속에서 부유한 국가의 환자들은 약을 과잉투여받고 가난한 국가의 환자들은 점잖은 무시의 상태로 방치되는—을 지적한다.(Petryna & Kleinman, 2006) 어떤 분석가들은 수익을 위해 대량의 약을 몸속으로 순환시키려는 요구의 증가가 사회적, 정신적 문제들의 의료화를 부추긴다고 주장한다.(Dumit, 2002) STS 연구는 광고 기법들이 부당한 수요를 만들어내는지(Lakoff, 2004), 또 고혈압이나 우울증처럼 유연한 진단기준을 가진 질환에 대한 문턱값이 어떻게 정의되어야 하는지 같은 질문들을 들여다보았다. 다른 연구는 신약 임상시험에 누가 포함되어야 하는지, 또 그러한 포함의 정치가 인종, 젠더, 연령 같은 좀 더 폭넓고 논쟁적인 사회적 분류 형태들과 어떻게 관련되는지를 둘러싼 논쟁을 분석했다.(Epstein, 2003; Fullwiley, 2007)

이 장의 강조점은 규제받는 상품인 의약품을 순환시키는 사회기술 시스템이 어떻게 인간을 그 작동 회로 속에 집어넣으며, 이 과정에서 질환에 관한 지식과 약의 효과에 관한 지식 모두를 어떻게 재구성하는가에 맞춰져 있다. 나는 의약품 시스템이 어떻게 기능하고, 어떻게 윤리적, 정치적 긴장을 유발하며, 전문가들이 그러한 긴장을 어떻게 해소하려 하는지를 분석하는 핵심 지점으로 부호화(coding) 기법에 초점을 맞춘다. 부호화를 통해 다양한 영역들—시장, 건강, 규제—은 서로 커뮤니케이션을 하게 된다. 이 장은 화학물질의 효과가 그것의 화학구조에 의해 어떻게 과소결정 (underdetermination)되는지를 보여주는 것으로 시작한다. 이어 질환과 약을 계산가능한 개입이라는 공유된 공간으로 집어넣는 역할을 하는 부호화 시스템의 세 가지 사례를 다룬다. 검토된 첫 번째 부호화 기법은 시공간을 가로질러 진단 실천이 표준화될 수 있도록 새로운 질환 분류 시스템을 개발하는 것이다. 두 번째는 질환인구를 정의하고 임상시험 과정에서 그들의 증상 호전—혹은 그 결여—을 측정하는 임상시험에서의 평가척도 활용이다. 세 번째는 이러한 측정 기법을 유전체학 연구를 통해 정교화하려는 제약산업과 생명공학산업 전략가들의 노력이다. 전반적으로 질환을 체계화하는 이러한 수단들은 의약품이 "약에 딱 맞는 환자(the right patients for the drug)"를 찾는 것을 돕도록 설계됐다. 반대로 그러한 부호화 기법들은 새로운 종류의 인간을 출현시킨다.

과소결정

규제받는 생의학 시스템 내에서 순환하려면, 약은 질환과 개입 사이의 관계 모델에 따라 작동해야 한다. "질병특이성(disease specificity)"이라는 이 모델에 따르면, 질환은 특정한 개인들에 체현된 것 외부에 존재하며, 환자의 몸 안에 위치한 특이한 인과적 메커니즘으로 설명가능한 안정된 단위이다. 질병특이성은 행정적 관리의 도구이다. 이는 대규모 연구를 위해 사람들을 모으고, 치료 프로토콜의 도입을 통해 임상 실천을 지시하며, 좀 더 일반적으로는 건강 실천의 합리화를 가능케 한다.(Timmermans & Berg, 2003) 개인의 경험과 관료적 행정의 교차점에 위치한 질병특이성은 "경험 기계를 읽을 수 있게 만드는 데 일조한다."(Rosenberg, 2002)

생의학에서 의약품을 통한 개입을 인도하는 규제규범은 목표효과(targeted effect)에 맞춰져 있다. 주어진 약은 특정 질병에 직접 작용해야 한다는 것이다. 예를 들어 "항우울제"는 "우울증"을 직접 치료해야 한다는 식이다. 그러나 향정신제(psychopharmaceuticals)는 목표가 설정된 개입이라는 이러한 모델에 분명하게 들어맞지 않는다. 이러한 약의 경우 약의 추정 효과와 그것의 목표를 이루는 질환인구의 특징 모두 해석의 대상이다. 이는 특이성의 성취가 질환과 개입 사이의 상호조정의 과정을 포함한다는 것을 의미한다. 하나의 질환은 그것이 "대응"하는 개입의 측면에서 점진적으로 정의된다. 어떤 약을 진단과 직접 연결시키겠다는 목표는 전문직 종사자, 연구자, 행정가들 사이에서 다양한 프로젝트들을 한데 결합해 표상과 개입의 새로운 기법을 고안해낸다. 이러한 프로젝트들은 진단의 표준화와 임상 프로토콜의 생성에서부터 약의 개발과 분자유전학에까지 걸쳐있다.

향정신제가 보여주는 것처럼, 약은 그 효과가 물질 그 자체의 생화학적 특성에 의해 과소결정되는 사물이다. 주어진 약이 만들어내는 효과는 그것이 진입하는 전문성 환경에 적어도 부분적으로 의존한다. 이러한 의미에서 약은 그것의 사용을 둘러싼 합리성의 형태에 의해 기능이 형성되는 수단이다. 가능한 다양한 목적들을 위한 수단인 셈이다.(Gomart, 2000; Schull, 2006) 정신약리학 연구의 역사는 오늘날의 생의학에서 이러한 약들에 귀속되는 목표효과가 약 그 자체에 내재해 있는 것이 아님을 보여준다. 1950년대에 이 분야에서 일련의 중대한 대약진―특히 1세대 항우울제와 항정신병약의 개발―이 이뤄졌다. 병원이 환자들로 넘치고 정신병원에 비판이 가해지던 당시 맥락 속에서, 이 약들은 많은 문제들에 대한 답을 제공해주는 듯했고 약의 사용은 빠르게 확산됐다. 환자들을 정신병원에서 공동체기반 간호로 이전시키고 심리치료를 중증 정신병 환자들에게 확대하는 것이 가능해졌다.(Grob, 1991)

당시는 범세계적 정신의학에서 정신질환에 대한 사회적 정신역학 모델이 지배적이던 시기였다. 새로운 약의 도입은 전문가 지식을 곧장 특정 질병으로 목표가 설정된 화학적 개입이라는 생의학 모델로 이전시키지 않았다. 오히려 이러한 물질들은 그것이 진입한 지식 시스템에 따라 다양한 독해를 자극했다. 처음에 새 약은 사회적 정신역학 요법의 제공이라는 과제 속에 포섭되었다. 사회정신의학이 보기에 이는 정신병원에 수용된 환자들을 공동체 속에 다시 통합시키는 좀 더 큰 목표의 일부로서 집단요법의 형태들을 개발하는 데 유용한 도구로 가장 잘 이해됐다. 다른 한편으로 중증 정신병에 대한 정신분석학적 연구가 번창했다. 이제 약으로 망상증세를 다스려 환자들의 의식을 유지시킴으로써 그들에 대한 분석을 실행에 옮길 수 있었기 때문이었다.(Swain, 1994)

약학 연구자들은 약의 효과를 기존 형태의 전문성에 통합시키고자 했다. 범세계적 정신의학에서 정신분석학이 점하고 있던 지배적 위치는 이러한 물질들을 정신역학 모델로 통합하려는 초기의 시도를 낳았다. 1957년 취리히 회의에서는 정신약리학 실험가들이 만나서 새로운 약의 실험결과에 관한 노트를 비교해보았다. 회의를 조직한 네이선 클라인은 임상에서는 약물연구자이면서 정신역학 모델을 따르는 정신의학자이기도 했다.

"약학이론은 우리가 정신역학에 관해 배운 모든 것과 모순되는가?" 하고 그는 질문을 던졌다. "모든 증거는 반대 방향을 가리키고 있다. 필요한 것은 두 가지 사실 집합 사이에 가능한 연계 통로를 제공할 수 있는 통합적 개념들이다."(Kline, 1959: 18)

회의 발표문집에 기고된 다양한 논문들은 새로운 약의 효과를 인간행동의 정신역학 모델과 부합하게 만들려는 연구자들의 노력을 보여준다. 한 정신분석학자는, "약이 치료대상 구조에 미치는 영향에 대한 지식을 활용해 [환자의] 개성과 성격구조를 치료할 때가 되었다."(Kline, 1959: 309)는 주장을 폈다. 이 학자는 약이 자아에 직접 영향을 주는 것이 아니라 정신구조가 이용할 수 있는 에너지에 영향을 미친다고 주장했다. 그는 약을 투여한 이후 기분이 나아져 심리치료를 중단하고 싶은 어떤 환자에 관해 썼다. "이것은 증상의 완화일 뿐이며, 원인을 제거하지는 않고 제거할 수도 없다고 그에게 설명해주었다."(Kline, 1959: 312) 결국 약은 증상의 심층이 아닌 표층에 작용했지만, 심층에 대한 작업은 전이(transference)관계에 의존하기 때문에 투약에 의해 수월해질 수 있었다.

이러한 전문가들에게 새로운 약은 정신구조에 대한 작업이라는 과제를 도와주는 것이었다. 클라인은 발표문집에 기고한 논문에서 이러한 약들의 다양한 정신역학적 효과에 대해 썼다. 레서핀은 상당히 깊은 심층에 돌파구를 내주는 반면, 클로르프로마진은 억압 메커니즘을 강화시켰다. 그러나 둘은 모두 중증 정신병 환자들에게 정신분석을 수행하는 노력에서 도구로 유용했다. "클로르프로마진과 레서핀을 써서 정신분열증 환자를 충분히 조용하게 만들 수 있으며, 그래서 그가 정신분석에 들어가 이드의 해석에 대한 일시적 위협을 용인하게 할 수 있다."(Kline, 1959: 484) 약의 효과는 본능적 충동 내지 정신 에너지의 양을 줄여, 수용할 수 없는 자극에 대한 방어의 필요성을 감소시키는 것이었다. 이에 따라 분석과정을 진행시키기 위해 약 투여량을 조작할 수 있었다. "분석이 동력을 잃으면 정신적 압박이 충분히 다시 커질 때까지 투여량을 줄일 수 있다. 이러한 방식으로 분석의 진척 속도를 정신분석학자가 조절할 수 있다."(Kline, 1959)

클라인이 편집한 발표문집은 전문성의 시각에서 보았을 때 약의 효과가 갖는 과소결정된 성격을 예시한다. 이러한 초기의 추측들이 보여주는 것처럼, 화학적 개입이 뇌기반 질환에 직접 작용하는 오늘날 생의학 패러다임의 이상은 이러한 약들에 대한 이해가 전개될 수 있는 한 가지 방식에 불과했다. 향정신제의 발견에서 20년 후의 새로운 생의학적 정신의학 부상으로 곧장 이어지는 경로는 존재하지 않았다. 오히려 약은 지배적 지식 형태를 빌려 답변될 수 있는 질문들을 유발했다. 그러나 약 순환의 규제 및 상업 시스템이 변화하자, 약은 생화학적 이상(異常)을 직접 겨냥하는 효과를 갖게 되었다.

질환의 재-체계화

기분과 행동을 바꾸는 약이 어떻게 작용하는가에 대한 세기 중반의 정신역학적 이해는 약이 특정한 신경화학적 결함을 표적으로 삼아 뇌기반 질환을 교정한다는 오늘날 생의학적 정신의학의 전제와 크게 차이를 보인다. 이 약들이 어떻게 목표효과를 성취하는가에 대한 설명에는 서로 연결된 두 가지 과정이 포함된다. 한편으로는 정부규제로 인해 의약품이 생의학 시스템 내에서 순환하려면 목표효과를 갖는다는 것을 입증해야만 했고, 다른 한편으로는 그러한 효과를 보여주기 위해 연구자들이 질환을 표준화된 방식으로 분류할 수 있어야 했다. 그 결과 약물치료의 효과와 질환을 보는 방식 모두가 특이성의 성취를 위해 재구성돼야 했다.

이 과정에서 약 규제 시스템의 변화가 결정적으로 중요한 역할을 했다. 1962년에 미국 의회는 FDA 법령을 수정해 모든 새로운 약은 무작위 대조군 시험에 따른 안전성과 효능검사를 거치도록 했다.(Marks, 1997) 이는 향정신제를 목표효과를 갖는 약제로 형성한 데서 핵심적인 사건이었다. 토머스 휴즈(Hughes, 1987)가 주장한 것처럼, 급진적 발명이 기술시스템 내에서 널리 순환되려면 그것이 사용에서 살아남을 수 있게 해줄 경제적, 정치적, 사회적 특성들을 "체현"해야 한다. 생의학적 기준에 따라 새 약이 효과를 입증받으려면 특이한 질병 단위를 목표로 해야 했다.

새로운 법령하에서는 화학적 개입을 의사에게 판촉하고 또 그것이 의사에 의해 처방을 받으려면 비슷한 환자집단들에 대해 효능 측면에서 측정이 가능해야 했다. 이에 따라 임상 정신약리학 연구자들은 새로운 물질을 시험해볼 동질적인 환자집단을 필요로 했다. 그러나 당시의 진단 실천은 서로 다른 임상 관찰자들 사이에 신뢰하기 어려운 것으로 악명이 높았다. 한 정신의학자가 환자의 증상에서 읽어낸 것이 다른 정신의학자에 의해서는 전혀 다르게 이해될 수도 있었다. 이는 개입의 효능을 정량적으로 측정하려는 노력을 방해했다. 일관된 진단 실천 없이는 임상연구가 동일한 유형의 환자에게 적용되고 있는지 확인할 길이 없었다. 이처럼 연구를 위해 동질적 환자집단이 요구되는 데 응답해, 임상 정신의학 연구자들은 특이성 모델에 따라 목표가 설정된 치료 개입에 상응하는 별개의 단위로서 질환을 체계화할 평가척도와 설문을 고안했다. 일관성 있는 환자집단에 대해 약을 시험하는 것을 가능하게 해준 부호화 메커니즘의 한 사례로는 해밀턴 우울증 평가척도(Hamilton Depression Rating Scale, 1960)가 있었다.

무작위 대조군 시험의 지침에 따른 의약품 규제가 일단 자리를 잡자, 진단표준의 개발은 "사실상 필연"이었다고 데이비드 힐리(Healy, 1996)는 적고 있다. 이러한 표준화 과정은 처음에 임상보다는 연구 목적으로 중요했다.[1] 미국의 임상의사들―대다수가 환자들을 개별화하는 정신역학 모델에 따라 작업하고 있던―은 그러한 진단기준과 평가척도를 무시할 수 있었다. 그러나 1970년대 초에 널리 보도된 진단 실천의 비교연구는 미국 정신의학자들이 국제적 규범과 크게 어긋나 있음을 보여주었다. 그 직후 제3자 지급인(third party payer, 환자와 의사 외에 의료비를 대신 내주는 보험회사나 정부를 일컫는 표현―옮긴이)들은 의사들에게 전문직이 승인한 기준에 따라 그 효과성이 입증된 일관성 있는 프로토콜을 가지고 자신의 치료 전략을 변호할 것을 요구하기 시작했다. 그러한 압박이 의학 내에서 정신의학의 지위를 향상시키려는 욕망과 함께 작용하면서 미국정신의학협회(American Psychiatric Association, APA)는 회원들의 해석적 자율성에 제한을 두게 되었다.(Wilson, 1995; Young, 1996) 이러한 노력에서는 진단 실천에 초점이 맞춰졌다.

1980년 APA가 『정신질환 진단 및 통계편람(*Diagnostic and Statistical Manual of Mental Disorders*)』의 신판(DSM-III)에 합의하면서 질병특이성의 모델에 따라 진단을 규제하는 일단의 표준이 마련되었다. 하나의 표준 체제로서 DSM-III는 서로 다른 영역들을 가로질러 기능적으로 비슷한 결과를 만들어내는 것을 추구했다. 이것의 일차적 목표는 신뢰성이었다. 만약 같은 사람이 서로 다른 두 병원에 갔을 경우 그/그녀는 각각의 장소에

---

1) 연구진단기준(Research Diagnostic Criteria, RDC)의 창안자들은 이렇게 적고 있다. "RDC 의 주된 목적은 연구자들이 명시된 진단기준을 충족시키는 상대적으로 동질적인 피험자 집단을 선별할 수 있게 해주는 것이다."(Spitzer et al., 1978)

서 동일한 진단을 받아야 했다. 직접 관찰가능한 특질에 기반을 두고 겉보기에는 이론과 무관한 새로운 진단표준들은 좀 더 폭넓은 커뮤니케이션 시스템을 구조화했다. 설문에 근거한 평가척도는 기능성의 규범을 측정할 수 있도록 정교화되어 서로 다른 관찰자들이 진단평가에서 동일한 기준을 활용하는 것을 가능케 했다. 혼종적 개인들을 공유된 계산가능성의 공간으로 집어넣기 위해 고안된 부호화 시스템인 DSM-III는 공간을 가로질러 유사한 전문가 실천을 강제함으로써 보편성을 성취하려는 노력이었다.

DSM-III는 표준화를 위한 것이면서도 역동적인 시스템이었다. 이것의 범주들은 고정되어 있기보다 진화해 나갔고, 저자들은 그것의 정의를 시험하고 개정하기 위해 전문직 내에 위원회기반 구조를 설립했다.(Kirk & Kutchins, 1992) 핵심은 미래의 표준을 협상할 일단의 규칙들의 한계를 정하는 것이었다. 표준의 생성과 개정을 위한 이러한 시스템의 제정은 전문직 정상화의 과정으로 이해할 수 있다. "정상화는 어떤 대상을 만들어내는 것이 아니라, 규범과 표준의 선택과 관련해 모종의 일반적 합의로 이어질 절차를 만들어낸다."(Ewald, 1990: 148) 그러한 규범적 절차들은 제약하는 역할만 하는 것이 아니라, 새로운 지식의 대상과 정체성의 형태를 생성하기도 한다.[2] 이 사례에서는 약과 진단, 개입과 질환 사이의 상호조정 과정이 새로운 병상(病狀)의 정의를 생성했고 이에 따라 정상성의 정의도 만들어냈다.

많은 비판에도 불구하고—특이 질병 단위 모델에 반대하는 전문가들의 비판이 특히 거셌다—DSM의 새로운 개정판들은 계속해서 진화하며 힘

---

[2]   피에르 마슈레(Macherey, 1998)의 말을 빌리면, "규범은 그것이 작용하는 요소들을 '만들어내'면서, 이러한 작용의 절차와 수단도 정교화한다."

을 얻어갔다. 편람이 새로운 장소들로 뻗어 나간 것은 행동 병리학을 사회적 영역들을 가로질러 이전시킬 수 있게 만드는 능력 때문이었다. 그것의 표준은 역학 데이터를 수집하고, 치료 알고리즘을 발전시키고, 보험급여를 요구하는 등 많은 가능한 용도들을 갖고 있었다. 질병 범주들은 "경계를 가로질러 이동하면서 모종의 변함없는 정체성을 유지할 수 있는 대상"이다.(Bowker & Star, 1999) 이러한 변함없는 정체성—"질병특이성"—은 DSM이 생의학적 정신의학을 위한 연결조직으로 기능할 수 있게 하면서, 임상, 보험, 과학연구 등 복수의 영역들에서 구축되는 인구집단들을 연결시켜주었다.

플라시보 반응자를 찾아서

진단의 표준화는 신약개발자들이 목표인구와 시장을 정의해서 연구개발 노력을 이끌 수 있도록 도와주었다. 그러나 그것이 만들어낸 정의는 진단을 받은 환자와 목표가 설정된 개입 사이의 관계를 안정화하기에는 충분치 못했다. 불분명한 경계를 가진 증상—가령 우울증 같은—에 대한 약의 개발은 누가 질환인구의 일원인지를 명확하게 하는 데 계속해서 문제를 제기한다. 이 절은 항우울제의 사례에서 신약개발자들이 특이성을 실행에 옮기기 위해 어떤 일을 하는지 들여다보면서, 개발 중인 물질이 어떻게 특이 효과를 성취할 수 있는 사용자를 "찾는지"를 그려낸다. 나는 현재의 부호화 기법이 갖는 한계를 가리키는 문제로서 항우울제 시험에서 플라시보 효과에 초점을 맞추려 한다.

항우울제 사용의 정당성 문제는 "포함 논쟁"의 전형을 보여준다. 최근 우울증 진단과 항우울제 사용이 늘어나는 것을 비판하는 사람들은 "우울증"이 서로 다른 수많은 고통의 형태들에 대한 일반적 용어가 되었다고 주장한다. 그런 형태들의 유일한 공통점은 항우울제 투여에 반응하는 듯 보인다는 것뿐이다. 이러한 현상은 북아메리카와 유럽에서 최근 우울증 유병률의 외견상 증가를 설명해준다고 비판자들은 주장한다.(Borch-Jacobsen, 2002; Pignarre, 2001) 이러한 비판은 약이 정당하게 질환 단위를 정의할 수 있는가 하는 문제를 지적한다. 약에 대한 성공적 반응이 그 사람이 앓고 있는 질환을 말해주는가? 항우울제로 알려진 부류의 약이 폭넓은 범위의 잠재적 효과를 갖는다는 점을 감안하면, 특정 증례에서 증상을 완화시키는 능력이 있다고 해서 반드시 우울증이 치료 중인 특이 질환 단위라고 볼 수는 없다.

항우울제 시장은 SSRI가 처음 도입된 1980년에서 2005년 사이에 엄청나게 커져 미국에서만 매년 200억 달러에 달한다.[3] 그동안 회사들은 앞서 나온 약들의 특허보호 상실을 만회할 수 있는 새로운 분자에 대한 집중적인 연구에 매달렸다. 많은 수의 실험적 분자들이 점점 그 수가 줄어들고 있는 피험자 풀에 대해 시험되고 있었다. 임상시험 결과에는 대형 회사의 주식 가치를 포함해서 중대한 이해관계가 걸려 있었다. 이러한 맥락에서 새로운 분자들을 실험실에서 시장으로 이동시키는 문제는 점점 더 신약개발자들의 주목을 끄는 초점이 되었다.

의약품 개발에서는 다양한 요소들—화학, 동물실험, 사업전략, 통계, 질환 경험—이 약의 효능을 입증할 수 있는 계산가능성의 공간 속으로 합쳐진다. 이 공간은 화학물질을 실험실에서 시장으로 이동시키는 중심과제에 의해 구조화된다. 시장에 진입하기 위해 약은 효능과 비독성의 증거를

---

3) 밀레니엄 사의 전략상품 개발 담당 선임 부회장 존 머래그노어의 발표.(*BioIT World*, n.d.)

보여주어야 한다. 임상시험은 이 장애물을 제거하는 수단이다. 규제규범을 전제로 할 때, 보여주어야 하는 것은 목표효과이다. 해당 물질은 특이질환을 가진 피험자 집단의 증상을 정량적으로 개선시켜야 한다. 우울증처럼 모호한 질환은 이러한 노력에 도전을 제기한다. 먼저 누가 피험자 집단에 포함되어야 하는지를 결정해야 하고, 둘째로 증상의 개선을 측정하는 방법을 결정해야 한다. 진단 프로토콜이나 증상 평가척도 같은 부호화 기법들은 혼종적 환자들과 불확실한 약의 효과를 이처럼 공유된 계산가능성의 공간 속으로 집어넣는다.

이 과정이 성공을 거두려면 두 가지 형태의 불확실성이 관리되어야 한다. 약은 목표효과를 가져야 하며, 환자는 특이 질환을 가져야 한다. 생의학의 규제원칙—질병특이성—이 물질과 목표를 통합하는 작업을 인도한다. 정신약리학에서 이 과정은 특히 눈에 띄게 문제가 된다. 기분, 행동, 사고에 작용하는 약은 효능의 생리적 지표—가령 혈압이나 전립선특이항원(PSA) 수치의 하락—를 통해 측정될 수 없다. 아울러 행동질환 범주에 포함시키는 기준 역시 유기적 지표를 통해 결정될 수 없다. 이 문제를 다루기 위해 고안된 부호화 기법들은 "우울증에 걸린 사람"과 같은 질환 정체성들을 만들어낸다. 그러나 이처럼 상대적으로 새로운 "인간 종류(human kinds)"(Hacking, 2002)의 정당성은 논쟁의 주제로 남아 있다.

생의학은 사람들을 개인에게 나타나는 특정한 질환의 발현 바깥에 존재하는 것으로 가정되는 특이 질병 단위에 기반을 둔 분류 속으로 정리하려 한다. 약물규제는 이러한 모델에 따라 작동하며, 그러한 사람들은 동일한 종류의 개입—이 경우에는 항우울제—에 의해 치료가능해야 한다고 가정한다. 그러나 우울증으로 분류된 환자들 모두가 동일한 질병을 공유하는지 여부는 여전히 불분명하다.

임상시험의 목표는 특이 질환을 가진 사람들에게 약의 효능을 시험하는 것이다. 항우울제 임상시험에 사람들을 모으고 그들의 반응을 측정하는 핵심 기술은 표준화된 평가척도이다. 여기서 "최적표준"에 해당하는 것은 해밀턴 우울증 평가척도이다. 그러한 척도는 사연을 숫자로 바꿈으로써 등가성을 생산해내려 시도한다. 주관적 경험을 집합적으로 측정가능한 뭔가로 번역하는 것이다. 이러한 의미에서 그것은 측정가능한 증상들로 정의되는 안정된 질환 집합체를 만들어내려 시도한다는 점에서 DSM 점검표와 흡사하다.

신약개발자들에게는 안정된 준거점으로서 역할을 하는 것이 우울증에 걸린 환자가 아니라 약이다. 그들이 임상시험의 목표를 설명하기 위해 "신호검출(signal detection)"이라는 용어를 쓰는 걸 생각해보라. 여기서 약은 이미 효능을 갖는 것으로—다시 말해 신호를 전송하는 것으로—가정된다. 문제는 그것을 어떻게 포착할 것인가이다. 측정장치들이 신호를 기록하면 환자의 역할은 그것을 전송하는 것이다. 그러면 과제는 딱 맞는 환자, 즉 약이 입증가능한 효과를 보여주는 환자를 찾는 것이다. 신약개발자들은 표준 평가척도를 써서 시험에 투입할 일관된 환자집단을 얻을 수 있다는 주장에 회의적이다. 그들은 힘겨운 경험을 통해 이러한 기준하에 받아들여진 환자들이 종종 약과 플라시보에 대한 반응에서 엄청난 차이를 보인다는 사실을 학습했다. 여기에 더해 시험 현장에서는 평가자들이 평가척도를 일관성 없이 적용한다. 영상물을 이용한 훈련 시간을 두거나 현장 감사를 나가는 것처럼 척도의 적용을 표준화하려는 시도는 시험의 성공률을 향상시키지 못하는 듯 보인다. 한편으로 연구자들은 일관된 데이터를 모으기 위해 평가자들의 행동을 가능한 한 표준화하고 싶어 한다. 그러나 그럴 경우 평가척도에 의해 측정되지 못한 임상적 신호를 기록하는 데 실패함으로써 "신호를 약화시킬" 위험이 있다. 그러나 만약 연구자들이 임상적 관찰에 너무 밀접하게 초점을 맞추면, 평가자와 피험자 간에 형성될 믿음 때문에 더 큰 플라시보 반응을 만들어낼 것이다.

신약개발자의 시각에서 보면, 임상시험이 실패하는 것은 약이 효과가 없어서가 아니라 잡음이 신호검출 과정에 몰래 끼어들기 때문이다. 가장 치명적이면서 없애기 어려운 잡음의 원천이 플라시보 효과이다. 플라시보 효과는 예측할 수 없고 일견 관리가 불가능하며, 실패한 임상시험과 지연 내지 포기된 화합물 때문에 제약회사에 수억 달러의 부담을 지운다. 우울증 임상시험에서 플라시보 반응률은 보통 30퍼센트가 넘고, 항우울제의 반응률은 종종 50퍼센트 내외로 그보다 크게 높지 않기 때문에, 이미 확립돼 시장에 나온 약—새로운 화합물의 시험에서 효과가 있는 비교대상으로 쓰이는—의 효능까지도 의문을 제기할 수 있는 듯 보인다. 더 나쁜 것은 플라시보 반응률이 최근 들어 올라가고 있는 듯 보인다는 점이다. 신약개발자들은 치료법에 대한 반응을 줄이지 않으면서 플라시보에 대한 반응을 줄이기 위해 많은 것을 시도해보았지만, 반응이 완강하게 변하지 않는 데 좌절해왔다.

대체의료의 주창자들은 플라시보 효과를 새로운 형태의 요법의 가능한 원천으로 보기 시작했지만, 제약회사들에게 이는 효능을 증명하고 새로운 약을 시장에 내놓는 데 장애물로 남아 있다.(Guess et al., 2002) 이 때문에 신약개발자들에게 플라시보 효과의 작동을 이해하는 것은 필수적인 문제이다. 그들은 규제지침의 요구가 있는 상황에서 이에 맞서야만 한다. 이러한 노력의 일부로 그들은 플라시보 효과가 나타나는 듯한 장소로 몇 가지 가능한 후보들을 파악했다. 환자, 치료사, 측정장치, 질환 그 자체가 그것이다.

그들이 처음으로 중요하게 구분하는 것은 인공적 플라시보 반응과 진짜 플라시보 반응이다. 인공적 플라시보 반응에는 적어도 두 종류가 있다. 하나는 임상시험 장소에서 평가자의 동기와 관련이 있다. 만약 해당 장소가 환자들을 빠르게 등록해야 한다는 압박을 받고 있다면, 평가자는 시험 초기에 점수를 부풀릴 수 있다. 그러고 나서 플라시보 집단에 있는 사람들이 개선을 보인다면 이는 좀 더 정확한 나중의 측정 때문일 수 있다. 인공적 플라시보 반응의 두 번째 잠재적 원천은 통계적 "평균회귀"이다. 이는 환자가 빠르게 등락하는 질환과정에 있고 상태가 가장 안 좋을 때 임상시험에 등록했을 때 발생한다. 그러다 임상시험 도중에 질환이 개선되면 평가자는 다시 플라시보 반응처럼 보이지만 실은 그렇지 않은 것을 보게 된다.

인공적 반응과 마찬가지로 진짜 플라시보 반응은 시험 장소 혹은 환자의 특성으로 돌릴 수 있다. 가능한 원인 중 하나는 "연구자의 행동"과 관련돼 있다. 여기서 신약연구자들은 플라시보 반응이 어떤 것이라는 특정한 이해를 가정하고 있다. 희망, 기대, 혹은 치료사 내지 치료 그 자체에 대한 믿음에 기반을 둔 반응이라는 것이다. 이에 따라 신약개발자들과 계약을 맺은 시험 장소 기반의 연구자들이 "은밀한 심리치료"로 불리는 것을 수행하거나 다른 어떤 방식으로 플라시보를 투여받은 사람들에게 그들이 어떤 식으로든 도움을 받고 있는 느낌을 주게 되면, 원치 않는 플라시보 반응이 유도될 수 있다. 잘 알려진 평가척도 중 하나의 공동 발명자는 그러한 "불특정 조력 접촉"에 심지어 서류를 작성하는 것도 포함될 수 있다고 주장했다. 그러한 서류작성이 임상시험 참여에 관해 환자들을 안심시킬 수 있다면 말이다. 그는 엄격하게 조언한다. "안심시키는 말에 지나치게 민감한 환자들을 파악해 가능하다면 제외할 필요가 있다."(Montgomery, 1999)

이러한 조언은 좀 더 일반적인 일단의 전략들과 관련돼 있다. 과도한 플라시보 반응의 원천이 플라시보에 지나치게 민감한 특정 부류의 환자들이 존재하는 데 있다는 가설에 기반을 둔 전략들이다. 여기서 신약개발자들은 임상시험에서 잠재력의 장소를 약에서 환자로 이전시킨다. 약을 확립된 범주의 환자들에게 시험하려 하는 대신, 그들은 약에 딱 맞는 환자들을 찾아 나선다. 한 역학자가 인터뷰에서 불평한 것처럼, "가장 큰 문제는 딱 맞는 환자를 구하는 겁니다." 그들은 누구인가? "아무도 모르죠. 하지만 서로 다른 수많은 아이디어가 있어요." 플라시보 감수성에 대해 질환의 지속 기간, 가족력, 발병 연령 같은 몇 가지 가능한 단서들이 있다. 그러나 이것들은 "임상시험끼리 서로 일치하지 않습니다. 좀 더 상세하게 들여다보면 사라져 버려요."

임상시험을 시작하기 전에 정의를 내려야 하는 가장 두드러진 하위집단이 약물 반응자와 플라시보 반응자들이다. 여기서 피험자 집단은 약 효능의 잠재적 전송자로 간주된다. 한 전문가가 쓴 것처럼 "임상시험을 위해 선택된 표본들은 플라시보가 아닌 약에 대해 예측된 반응을 내놓을 수 있어야 한다." 불행히도 표준화된 진단기준은 "분명하게 약에 반응하는 환자와 플라시보 반응자를 구별하는 임무에 적합하지 못하다."(Montgomery, 1999)

특정한 종류의 사람—다중인격이나 히스테리 환자 같은—이 되는 것은 특정한 시간, 장소, 사회적 환경에서만 가능하다.(Hacking, 1986; Young, 1996) 그렇다면 "플라시보 반응자"가 되는 것은 어떤 맥락하에서 가능한가? 플라시보 반응자라는 인물은 임상약학에서 오랫동안 찾아 헤맨 수수께끼 같은 유형이었다. 플라시보 반응자의 특성을 정의하려는 노력은 제2차 세계대전 이후 이중맹검 무작위 대조군 시험(RCT)이 가짜 약을 단속하는 수단으로 받아들여지면서 플라시보 효과의 중요성이 인식된 후부터 시작되었다. RCT를 시행하는 근거에 따르면 플라시보 효과는 인식론적으로 불가피한 일이면서 진정한 약의 효능을 보이는 데는 현실적 장애물이었다. 만약 임상시험 전에 어떤 환자가 플라시보에 반응을 보일―따라서 결과를 망칠―가능성이 큰지 알아낼 수 있다면, 표면상 그들을 사전에 시험에서 제외해서 성공적인 임상시험이 될 가능성을 높일 수 있었다.

1950년대에 플라시보 연구자들은 성격 검사와 로르샤흐 검사를 활용해 수술 후 통증 시험에서 전형적인 플라시보 반응자의 특성을 알아내려 했다. "어떤 부류의 사람들을 가장 좋아하시나요?"라는 질문을 던졌을 때, 플라시보 반응자들은 "오, 모두 다 좋아해요."라고 답할 가능성이 더 높았다. 그들은 종종 교회에 더 열심히 다녔고, 비반응자보다 공식 교육을 덜 받았다.(Lasagna et al., 1954) 로르샤흐 결과에 관해 연구자들은 이렇게 썼다. "반응자들은 비반응자들에 비해 대체로 본능에 따른 요구가 더 크고, 이러한 요구의 사회적 표현에 대한 통제력이 덜 강하게 정의되고 발달된 개인들이다." 1970년대에 연구자들은 플라시보 반응자들이 "사회적 순응성 척도(Social Acquiescence Scale)"에서 더 높은 점수를 받는다는 사실을 발견했다. "복종은 성공의 어머니이다.", "보는 것이 믿는 것이다.", "잘못 사귄 친구 하나가 적 100명보다 더 해가 될 수 있다." 같은 격언들에 동의하는 정도에 기반해 매긴 점수였다.(McNair et al., 1979)

플라시보 반응을 성격 특성의 일종인 피암시성과 연결시킨 연구 방향은 시간이 지나면서 퇴조했고, 좀 더 최근에 연구자들은 우울증 치료와 플라시보 효과를 들여다보면서 심리적 요인보다 육체적 요인에 초점을 맞춰왔다. 그들은 질환의 좀 더 가벼운 증세, 좀 더 빠르게 등락하는 질환 과정, 특정한 종류의 육체적 불평이 플라시보 반응과 연관성이 있다는 가설을 세우고 있다.(Schatzberg & Kraemer, 2000) 최근의 연구들은 플라시보 반응과 항우울제 반응을 구별하기 위해 뇌 영상 기법을 활용해왔다. 플라시보 반응률이 올라간 데 대한 한 가지 설명은 임상시험에 참여할 환자들이 부족해 증세가 덜 심한 환자들이 좀 더 자주 활용되고 있다는 것이다.(Montgomery, 1999) 그러나 이러한 기준을 운용하려는 노력은 승인된 약의 잠재적 적응증을 제한하거나 좀 더 적합한 환자들을 찾는 과정에서 임상시험 기간이 길어지는 등의 다른 문제들을 낳고 있다.

플라시보 효과의 밑에 있는 원인에 대처해 이를 뿌리 뽑으려는 노력이 난국에 봉착하자, 항우울제 연구자들은 "쥐덫 기법"이라고 부를 만한 좀 더 실용적인 접근으로 눈을 돌렸다. 이 명칭은 햄릿이 아버지의 살인자를 자극해 죄를 자백하도록 하기 위해 상연한 극중극에서 따왔다. 여기서 실험가들은 임상시험을 실제로 시작하기 전에 모든 환자에게 플라시보를 1주일 동안 주어 사실상 임상시험을 상연한다. 이어 플라시보에 반응을 보인 사람들을 임상시험에서 제외한다.(Quitkin et al., 1998) 이러한 접근에서는 왜 환자들이 플라시보에 반응하는지는 중요하지 않으며, 연구자의 지식이나 기법도 중요하지 않다. 반응을 보이는 환자들을 제외하기 위해 누가 반응을 보이는지만 알면 된다. 그러나 이러한 노력 역시 실망스러운 것으로 판명됐다. 이러한 준비 기간 동안의 플라시보 반응률은 낮은 경향을 보이며, 그 결과 대다수의 잠재적 플라시보 반응자들을 제외하지 못했다. 그리고 실제 임상시험에서는 다른 피험자들이 계속해서 플라시보에 반응을 보여 약의 효능 신호를 묻어버리고 시험의 기반을 약화시켰다.

약에 대한 반응 특성

생명과학에서 최근의 발전은 이상적인 치료 반응자들을 파악하는 이러한 문제에 어떻게 대처할 수 있을까? 연구자들은 생리적 척도를 찾아냄으로써 일관성 있는 인구집단을 정의하는 수단으로 평가척도가 보이는 주관성을 넘어서는 데서 희망을 찾고 있다. 한 가지 접근법은 유전자 기반 진단검사를 부호화 메커니즘으로 활용해 그 외 점에서는 혼종적인 피험자 집단들을 구분하는 것이다. 이 절에서 나는 사업전략과 분자생물학의 교차점에서 약에 대한 반응에 따라 환자를 재정의하려는 노력을 기술할 것이다.

1990년대 말에 시작된 약리유전체학은 유전체 프로젝트의 완성이 갖는 실천적 함의를 논의하면서 부각되었다. 예상되는 맞춤의학(personalized medicine)의 미래를 떠받친 것은 기술이었다. 유전자 칩이 의사들을 가장 적합한 의약품 개입으로 인도함으로써 낭비적인 약물 임상시험을 우회하고 유해한 부작용을 피할 수 있다는 것이었다. 이는 유전체 수준에서 약에 대한 반응의 독특한 표현형들을 특성화하는 방향으로 맞춰졌다. 이 과정에서 사람들을 "약에 대한 반응 특성(medication-response profile)"에 따라 묶는 새로운 방식이 등장했다.[4]

유전체학 연구의 목표로서 맞춤의학의 전망은 1990년대 말에 확고해졌다. 1999년에 한 대형 컨설팅 회사가 내놓은 영향력 있는 보고서를 예로 들 수 있다. 이 보고서는 제약산업이 빠른 변화의 시기에 직면하고 있다고 주장했다. 인구의 폭넓은 일부에 대해 블록버스터 의약품을 대규모로 판촉하는 제약산업의 고전적 전략은 특허 만료, 개발 중인 대체제품 부

---

4) 한 제약회사 임원은 이렇게 썼다. "약리유전학은 개인들을 약에 대해 보일 반응에 따라 분류하는 것을 가능케 할 것이다."(Roses, 2000: 860) 한 산업 분석가(Sadee, 1998)는 약리유전체학이 "개별 환자들의 치료법 관리"를 예고한다고 쓰고 있다.

재, 그리고 제3자 지급인의 가격통제 같은 "보건의료 환경"의 변화 때문에 위기에 접어들고 있다는 것이었다.(Boston Consulting Group, 1999) 아울러 두 가지 새로운 발전에서 나온 새로운 기회들도 있었다. 첫째는 맞춤형 치료법을 요구하는 새롭고 교육받은 보건의료 소비자의 부상이었고, 둘째는 인간 유전체 프로젝트에서 나온 기술혁신이었다. 보고서는 기민하고 새로운 생명공학 회사들이 의약품 개발에 손을 뻗으면서 제약회사들이 점증하는 위협에 직면했다고 경고했고, 이처럼 새로운 요구와 위협을 충족시키며 블록버스터 이후의 제약경제를 형성해 나갈 해법을 제안했다. 약리유전체학의 기술기반을 활용한 맞춤의학이 그것이었다. 보고서는 이 기술을 활용해 약에 대한 환자의 반응을 예측하는 방법을 묘사했다. "회사들은 본질적으로 어떤 환자들이 어떤 약 '세트'에 반응할 가능성이 높은지 예측할 수 있게 될 것이다. 이러한 능력을 갖춘 제약회사는 특이 환자 하위집단에 판촉할 기회를 가질 것이다."

이러한 미래 전망에서 약은 그것에 유전적으로 반응하는 것으로 판단된 환자 하위집단을 목표로 하게 됐다. 그 결과 진단법은 약리유전체학의 기술기반을 통해 치료법과 직접 연결되었다. 한 제약회사의 전략가는 자기 회사의 맞춤의학 계획을 이렇게 설명했다. "우리는 유전체학기반의 진단법과 치료법을 통합하는 데 초점을 맞추고 있다. 궁극적인 전망은 딱 맞는 약을 딱 맞는 환자와 연결시키는 것이다."[5] 결국 맞춤의학은 의약품 특이성의 규범에 따라 인구집단의 건강관리를 합리화해줄 것을 약속했다. 목표는 환자들을 가장 적합한 의약품 개입과 연결시킴으로써 인간의 유전적

---

5) 분자생물학에서 "중심가설(central dogma)"의 기술적 유효성과 관련된 유사한 주장으로는 Waldby(2001)를 보라.

차이를 실제로 활용할 수 있게 하는 것이었다. 건강 요구와 소비자 수요를 측정해 질환인구를 시장의 일부와 직접 연결시키는 것이다. 이는 현재의 질환 범주들을 폐기하고 약에 대한 반응의 측면에서 하위집단들을 재구성할 것을 제안했기 때문에, 이 기술이 목표로 했던 것은 "개인에 대한 맞춤(personalized)"의학이 아니라 "부분들로 나뉜(segmented)" 의학으로 더 잘 묘사할 수 있다.

단기적으로 제약회사들은 좀 더 당장의 응용에 관심이 있었다. 신약개발 프로그램의 일부로 이 기술을 활용해, 약을 시장에 좀 더 빨리 내놓음으로써 생산성을 높이는 것이다. 월가의 성장 기대를 충족시키기 위해 분석가들은 대형 제약회사들이 매년 3~5개의 새로운 화학물질을 출시해야 한다고 추산했다.(Norton, 2001) 그러나 연구 중인 후보 물질은 고갈되고 있는 듯 보였고, 신약 신청은 늦어지고 있었다. 제약산업은 신약 하나당 5~8억 달러의 비용과 8~10년의 시간이 소요되고 있다고 주장했다. 임상시험을 통해 효능을 입증하는 어려움이 신약개발이 왜 느리고 많은 비용이 드는 과정인가를 설명할 때 널리 인용되는 한 가지 이유였다. 신약 임상시험은 안전성과 효능을 입증하기 위해 엄청난 숫자의 환자들을 필요로 했고 높은 실패율을 보였는데, 이는 부분적으로 이러한 임상시험에 참여하는 환자집단의 혼종성 탓으로 돌려졌다. 제한되어 있는 특허의 수명을 감안할 때, 회사들은 시장 승인의 지연으로 인한 비용이 매일 수백만 달러에 달한다고 계산했다. 이러한 맥락에서 생명공학 기업들은 유전체기반의 진단법을 임상시험 과정의 비효율성 문제에 대한 기술적 해법으로 제약회사들에 제시했다. 간단한 혈액검사를 통해 반응자 집단을 찾아낼 수 있는 방법으로 말이다.

신약개발에서 약리유전체학의 잠재적 유용성은 의약품 순환에서 특이성 모델이 중심을 차지한 결과였다. 여기서 유전체학은 임상시험에서 인구집단을 계층화하는 더 나은 방법에 대한 요구에 응답했다. 실험을 위한 인구집단 구축에 약리유전체학을 활용함으로써, 신약개발자들은 임상시험이 시작되기 전에 잠재적 약물반응의 측면에서 환자들을 가려낼 수 있었다. 이는 유해반응을 줄이고 성공적인 임상시험 운영의 확률을 높여주었다. 이는 개별 환자들에게 목표가 설정된 약을 개발하는 것이 아니라 주어진 약에 딱 맞는 환자들을 찾는 문제였다. 한 분석가가 지적한 것처럼, "약리유전체 특성화는 치료가 도움이 될 가능성이 가장 높은 환자들에 기반을 둔 임상시험의 계층화에 쓰"이거나 "신진대사가 좋지 않은 유형"을 임상시험에서 배제하는 데 쓰일 수 있다.(Norton, 2001: 183, 192) 다시 말해 어떤 환자가 약에 반응을 보일지 사전에 알 수 있다면, 임상시험은 더 나은 성공가능성을 가질 것이다.

이는 정신의학 질환에 대한 약을 개발할 때 특히 그렇다. 의약품 개발에 대한 유전체학 응용을 이끄는 한 연구자는 이렇게 썼다. "우울증처럼 객관적 기준에 따라 범주화하기 좀 더 어려운 표현형을 모호하게 정의해온 환자집단은 약에 대한 반응 특성을 선택 변수로 활용해 더 효율적으로 연구할 수 있었다."(Roses, 2000: 863) 임상 신약연구를 위해 동질적 집단을 모으는 도구로서 약리유전체학의 발전은 정신의학에서 초기의 진단표준화 노력에 생기를 불어넣었던 것과 흡사한 논리를 따랐다. 특이 효능의 증거에 대한 규제상의 요구는 의약품 개입과 진단목표를 마치 열쇠와 자물쇠처럼 직접 연결시키는 일련의 노력들을 추동하는 데 도움을 주었다.

특이성 모델이 향정신제가 정신질환과 관련해 작동하는 방식에 대한 적절한 묘사가 못 되는데도 불구하고, 유전체학 기술은 이 모델을 좀 더 정확하게 만드는 것을 추구했다. 약리유전체학은 약과 질병 단위 사이의 가

능한 조정 메커니즘으로, 개입을 질환과 좀 더 가깝게 조정하는 방법으로
기능했다. 여기서 약의 효과와 목표인구의 특성 사이의 조정은 좀 더 직접
적으로 목표가 설정된 약의 개발에 기인한 것이 아니었다. 오히려 조정과
정의 결정적인 요소는 진단 단계에서 일어나게 되어 있었다. 약은 계속 안
정적이었는데 그와 관련해 목표가 이동한 것이었다. 바꿔 말해 특이성 모
델이 기술기반 속에 내재되는 방향으로 가고 있었다. 이 모델은 어떤 의미
에서 좀 더 정확하게 **만들어지고** 있었다. 질환에 들어맞는 완벽한 약학적
열쇠를 찾음으로써가 아니라 그 정의상 열쇠에 들어맞도록 자물쇠의 본질
자체를 변화시킴으로써 말이다.

　약에 대한 잠재적 반응성을 표시하는 유전자 표지를 찾는 전망은 어떻
게 봐야 하는가? 그러한 표지들은 이미 순환되고 있는―혹은 아직 발명
되지 않은―외부의 물질에 대한 내부의 잠재력 관계를 나타낼 것이다. 아
이디어인즉슨 유전체를 약물 개입을 안내하는 기술로 탈바꿈시키자는 것이
이었다. 이와 동시에 약리유전체학은 그러한 약이 해결하고자 하는 요구
를 변화시킬 것이다. 약의 목표는 더 이상 질환 그 자체가 아니라 약에 반
응하는 대물림된 능력이 될 것이다. 이 기술은 특히 정신의학 질환의 사례
에서 흥미를 자아냈다. 이러한 무정형의 증상에 대한 유기적 기반을 정의
내릴 가능성을 제기했지만, 고전적 질환 단위들의 일관성 문제는 우회해버
렸기 때문이다. 새로운 하위집단의 정의는 진단의 실천을 다시 한 번 바꿔
놓을 잠재력을 가졌다. 병원에서 유전자 칩에 기반한 진단검사를 받는 세
상에서 정신의학 실천을 관장해온 폭넓은 범주들은 약에 대한 반응의 측
면에서 쪼개질 수도 있다. 그래서 진단상의 질문들은 더 이상 "이것은 양
극성 장애인가, 아니면 정신분열증인가?"처럼 보이는 것이 아니라 "이것은
리튬 반응 특성인가, 아니면 올란자핀 반응 특성인가?"로 나타날 것이다.

분명 이는 환자 정체성도 바꿔놓을 것이다.

결론적 언급

의약품의 사회적 연구는 약을 고립된 물질로 분석해서는 안 되며, 그것이 승인된 약으로서 순환하기 위해 필요로 하는 연결점들과 이러한 연결점들이 몸과 마음에 일으키는 특정한 변화를 어떻게 구조화하는가를 봐야 함을 말해준다. 결국 의약품은 홀로 작동하지 않으며 그것의 순환을 촉진하면서 동시에 제약하는 좀 더 폭넓은 시스템의 요소로 기능한다. 이 시스템은 기술적인 것인데, 의약품의 작용을 개발하고 평가하는 데 전문가 지식이 필요하다는 의미에서뿐 아니라 수많은 행정 및 규제 기법들이 그것의 생산과 순환을 관장한다는 의미에서도 그러하다. 이 시스템은 또한 정치적인 것이기도 한데, 의약품의 순환을 어떻게 규제할 것인가 하는 결정이 개인들의 몸과 마음에 그것이 성취하는 특정한 효과에서 결정적으로 중요하다는 의미에서 그러하다. 뿐만 아니라 건강의 정치는 누가, 어떻게 의약품 순환의 연결망 속에 통합되는지를 결정한다. 앞서 본 것처럼, 질병특이성이라는 규제 논리는 건강과 수익의 명령과 결합해 약의 효과와 질환의 정의 사이의 상호적응을 구조화하며, 이 과정에서 인간을 복잡한 사회기술 시스템 속에 통합시킨다.

참고문헌

Aronowitz, Robert (1999) *Making Sense of Illness: Science, Society, and Disease* (Cambridge: Cambridge University Press).

Biehl, Joaõ (2004) "The Activist State: Global Pharmaceuticals, AIDS, and Citizenship in Brazil," *Social Text* 22(3): 105–132.

Bodewitz, Henk J.H.W., Henk Buurma, & Gerard H. de Vries (1987) "Regulatory Science and the Social Medicine of Trust in Medicine," in Wiebe E. Bijker, Thomas P. Hughes, & Trevor J. Pinch (eds), *The Social Construction of Technological Systems: New Directions in the Sociology and History of Technology* (Cambridge, MA: MIT Press): 243–260.

Borch-Jacobsen, Mikkel (2002) "Prozac Nation," *London Review of Books* July 9: 18–19.

Boston Consulting Group (1999) "The Pharmaceutical Industry into Its Second Century: From Serendipity to Strategy," January: 51–56.

Bowker, Geoffrey, & Susan Leigh Star (1999) *Sorting Things Out: Classification and Its Consequences* (Cambridge, MA: MIT Press).

Boyle, James (1997) *Shamans, Software and Spleens: Law and the Construction of the Information Society* (Cambridge, MA: Harvard University Press).

Collier, Stephen J. & Andrew Lakoff (2004) "On Regimes of Living," in Aihwa Ong & Stephen J. Collier (eds), *Global Assemblages: Technology, Politics and Ethics as Anthropological Problems* (Malden, MA: Blackwell).

Conrad, Peter (1985) "The Meaning of Medications: Another Look at Compliance," *Social Science and Medicine* 20(11): 29–37.

Corrigan, Oonagh P. (2002) "A Risky Business: The Detection of Adverse Drug Reactions in Clinical Trials and Post-Marketing Exercises," *Social Science and Medicine* 55: 497–507.

Dumit, Joseph (2002) "Drugs for Life," *Molecular Interventions* 2: 124–127.

Ehrenberg, Alain (1998) *La Fatigue d'être Soi: Dépression et Société* (Paris: Odile Jacob).

Epstein, Steven (2003) "Inclusion, Diversity, and Biomedical Knowledge Making: The Multiple Politics of Representation," in Nelly Oudshoorn & Trevor Pinch (eds),

How Users Matter: The Co-Construction of Users and Technology (Cambridge, MA: MIT Press): 173-190.

Ewald, François (1990) "Norms, Discipline and the Law," *Representations* 30: 138-161.

Fishman, Jennifer (2004) "Manufacturing Desire: The Commodification of Female Sexual Dysfunction," *Social Studies of Science* 34(2): 187-218.

Fraser, Mariam (2001) "The Nature of Prozac," *History of the Human Sciences* 14(3): 56-84.

Fullwiley, Duana (2007) "The Molecularization of Race: Institutionalizing Racial Difference in Pharmacogenetics Practice," *Science as Culture* 11(1): 1-29.

Gomart, Emilie (2002) "Methadone: Six Effects in Search of a Substance," *Social Studies of Science* 32(1): 93-135.

Grob, Gerald N. (1991) *From Asylum to Community: Mental Health Policy in Modern America* (Princeton, NJ: Princeton University Press).

Guess, Harry A., Arthur Kleinman, John W. Kusek, & Linda W. Engel (eds) (2002) *The Science of the Placebo: Toward an Interdisciplinary Research Agenda* (London: BMJ Books).

Hacking, Ian (1987) "Making up People," in Thomas Heller, Morton Sosna, & David E. Wellbury (eds), *Reconstructing Individualism: Autonomy, Individuality, and the Self in Western Thought* (Stanford, CA: Stanford University Press): 222-236.

Harrington, A. (2002) "'Seeing' the Placebo Effect: Historical Legacies and Present Opportunities," in H. A. Guess, A. Kleinman, J. Kusak, & L. Engel (eds), *The Science of the Placebo: Toward an Interdisciplinary Research Agenda* (London: BMJ Books).

Healy, David (1996) *The Antidepressant Era* (Cambridge, MA: Harvard University Press).

Healy, David (2006) "The New Medical Oikumene," in Adriana Petryna, Andrew Lakoff, & Arthur Kleinman (eds), *Global Pharmaceuticals: Ethics, Markets, Practices* (Durham, NC: Duke University Press).

Hedgecoe, Adam & Paul Martin (2003) "The Drugs Don't Work: Expectations and the Shaping of Pharmacogenetics," *Social Studies of Science* 33(3): 327-364.

Hughes, Thomas P. (1987) "The Evolution of Large Technological Systems," in Wiebe E. Bijker, Thomas P. Hughes, & Trevor J. Pinch (eds), *The Social Construction of*

Technological Systems: New Directions in the Sociology and History of Technology (Cambridge, MA: MIT Press).

Kirk, Stuart A. & Herb Kutchins (1992) *The Selling of DSM: The Rhetoric of Science in Psychiatry* (New York: Aldine de Gruyter).

Kleinman, Arthur (1988) *Rethinking Psychiatry: From Cultural Category to Personal Experience* (New York: Free Press).

Kline, Nathan S. (ed) (1959) *Psychopharmacology Frontiers: Proceedings of the Psychopharmacology Symposium* (London: J. & A. Churchill).

Lakoff, Andrew (2000) "Adaptive Will: The Evolution of Attention Deficit Disorder," *Journal of the History of the Behavioral Sciences* 36(2): 149–169.

Lakoff, Andrew (2006) *Pharmaceutical Reason: Knowledge and Value in Global Psychiatry* (Cambridge: Cambridge University Press).

Lakoff, Andrew & Stephen J. Collier (2004) "Ethics and the Anthropology of Modern Reason," *Anthropological Theory* 4(4): 419–434.

Lasagna, Louis, Frederick Mosteller, John M. von Felsinger, & Henry K. Beecher (1954) "A Study of the Placebo Response," *American Journal of Medicine* 16(6): 770–779.

Lovell, Anne M. (2006) "Addiction Markets: The Case of High-Dose Buprenorphine in France," in Adriana Petryna, Andrew Lakoff, & Arthur Kleinman (eds), *Global Pharmaceuticals: Ethics, Markets, Practices* (Durham, NC: Duke University Press).

MacKenzie, Donald & Judy Wajcman (1985) *The Social Shaping of Technology* (Philadelphia: Open University Press).

Marks, Harry M. (1997) *The Progress of Experiment: Science and Therapeutic Reform in the United States, 1900–1990* (New York: Cambridge University Press).

McNair, D. M., G. Gardos, D. S. Haskell, & S. Fisher (1979) "Placebo Response, Placebo Effect, and Two Attributes," *Psychopharmacology* 63: 245–250.

Montag, Warren (ed) (1998) *In a Materialist Way: Selected Essays by Pierre Macherey* (New York: Verso).

Montgomery, S. A. (1999) "The Failure of Placebo-Controlled Studies," *European Neuropsychopharmacology* 9: 271–276.

Nguyen, Vinh-Kim (2005) "Antiretroviral Globalism, Biopolitics, and Therapeutic Citizenship," in *Global Assemblages: Technology, Politics and Ethics as Anthropological Problems* (Malden, MA: Blackwell).

Nichter, Mark & Nancy Vuckovic (1994) "Agenda for an Anthropology of Pharmaceutical Practice," *Social Science and Medicine* 39(11): 1509–1525.

Norton, Ronald (2001) "Clinical Pharmacogenomics: Applications in Pharmaceutical R&D," *Drug Discovery Today* 6(4) (February): 180–185.

Palsson, Gisli & Paul Rabinow (1999) "Iceland: The Case of a National Human Genome Project," *Anthropology Today* 15(5): 14–18.

Petryna, Adriana (2006) "The Human Subjects Research Industry," in Adriana Petryna, Andrew Lakoff, & Arthur Kleinman (eds), *Global Pharmaceuticals: Ethics, Markets, Practices* (Durham, NC: Duke University Press).

Pignarre, Philippe (2001) *Comment la Depression est devenue une Epidemie?* (Paris: La Découverte).

Rose, Nikolas (2001) "The Politics of Life Itself," *Theory, Culture and Society* 18(6): 1–30.

Rosenberg, Charles (2002) "The Tyranny of Diagnosis: Specific Entities and Individual Experience," *Milbank Quarterly* 80(2): 237–260.

Roses, Allen D. (2000) "Pharmacogenomics and the Practice of Medicine," *Nature* 405(15): 857–865.

Sadee, Wolfgang (1998) "Genomics and Drugs: Finding the Optimal Drug for the Right Patient," *Pharmaceutical Research* 15(7): 959–963.

Schatzberg, Alan F. & Helena C. Kraemer (2000) "Use of Placebo Control Groups in Evaluating Efficacy of Treatment of Unipolar Major Depression," *Biological Psychiatry* 47(8): 745–747.

Schull, Natasha (2006) "Machines, Medication, Modulation: Circuits of Dependency and Self-Care in Las Vegas," *Culture, Medicine, and Psychiatry* 30(2): 223–247.

Spitzer, R. L., J. Endicott, & E. Robins (1978) "Research Diagnostic Criteria: Rationale and Reliability," *Archives of General Psychiatry* 35(6): 773–782.

Swain, Gladys (1994) *Dialogue avec l'Insensé: Essais d'Histoire de la Psychiatrie* (Paris: Gallimard).

Timmermans, Stefan & Marc Berg (2003) *The Gold Standard: The Challenge of Evidence-Based Medicine and Standardization in Health Care* (Philadelphia: Temple University Press).

Van der Geest, Sjaak, Susan Reynolds Whyte, & Anita Hardon (1996) "The Anthropology of Pharmaceuticals: A Biographic Approach," *Annual Review of*

Anthropology 25: 153 – 178.

Waldby, Catherine (2001) "Code Unknown: Histories of the Gene," *Social Studies of Science* 31(5): 779 – 791.

Wilson, Mitchell (1995) "DSM-III and American Psychiatry: A History," *American Journal of Psychiatry* 150(3): 399 – 410.

Young, Allan (1996) *The Harmony of Illusions: Inventing Post-Traumatic Stress Disorder* (Princeton, NJ: Princeton University Press).

30.
질서를 만들다: 활동 중인 법과 과학*

실라 재서노프

브뤼노 라투르는 1987년에 낸 책『활동 중인 과학(*Science in Action*)』
의 부제에서 이후 STS 분야를 인도하는 방법론적 처방이 된 것을 명료하
게 표현했다. 과학활동을 이해하는 가장 좋은 방법은 "사회 속에서 과학자
와 엔지니어들을 따라다니는" 것이라고 말이다.(Latour, 1987) 간단히 말해
그 명령은 실제에 있어서는 그리 쉽지 않은 것으로 판명되었다. 현대에 접
어들어 과학자들, 그리고 의학과 엔지니어링에서 활동하는 비슷한 유형의
사람들이 사회 속에서 그리는 경로는 점차 복잡해졌다. 이제 과학자와 과
학훈련을 받은 전문직 종사자들은 심지어 관념상으로도 실험실이나 야외
관측소로 그 활동 반경이 제한되어 있지 않으며,[1] 기업 이사회, 대학 본부,

---

* 이 논문의 초고에 귀중한 논평을 해준 라파엘 무나고리에게 감사를 표한다.
1) 과학혁명 초기부터 선도적 과학자와 발명가들은 후원과 권력의 그물망에 얽혀 있었다. 이
를 감안하면, 사심 없는 상아탑 과학자라는 관념은 과학의 자기통치 주장을 정당화해주는

의회 청문회, 자문위원회, 법정 등에 나타날 가능성도 그에 못지않게 커졌다. 법과 과학 사이의 왕래는 특히 조밀해졌고, 이에 따라 그러한 왕래의 패턴은—설사 그런 것이 있다 해도—해독하기 어려워졌다. 기술 전문가들은 점점 더 다양한 소송절차에 관여하고 있을 뿐 아니라, 수많은 현대의 핵심 제도들(보건의료, 환경보호, 보험, 교육, 안보, 금융시장, 지적 재산, 사법제도)이 법제도와 과학기술제도 사이의 긴밀하고 지속적인 협력을 요구하고 있다.(Jasanoff, 1995) 그러한 상호작용을 밝히는 것은 STS 연구에서 두드러진 프로젝트 중 하나가 되었다. 이 장에서는 그러한 연구의 주요 결과들을 설명하고자 한다.

사회 속에서 과학자들을 따라다니는 것은 결코 과학의 공간이 아닌 공간들 속으로 STS 학자들을 이끌 수 있고 실제로도 이끌어왔지만, 그러한 전략만으로는 법과 과학기술이라는 두 제도—아마 오늘날의 사회에서 그 어떤 제도보다도 질서를 만들고 무질서를 억제하는 데 책임이 있을—의 상호작용 동역학을 드러낼 수 없다. 결국 문제가 되는 것은 과학자들이 법정에서 활용하는 사실들을 어떻게 만들어내는가뿐 아니라 과학이 어떻게 법에 내재한 인과성, 이성, 정의라는 관념을 뒷받침하는가, 그리고 과학 전문가들이 어떻게 사회의 안정성과 질서 유지라는 기획에 관여하고 있는 법학자, 변호사, 그 외 다른 행위자들의 작업을 보완하는가이기도 하기 때문이다. 그러한 깊은 수준의 이해에 도달하기 위해 STS 학술연구는 이론적 자산을 확장하고, 과학자들이 자신의 작업공간 안팎에서 무슨 일을 하는지 면밀하게 독해하는 것을 훨씬 넘어선 방법을 받아들여야 했다. 그 결과 과학과 법에 관한 점증하는 문헌들로부터, 과학기술을 그것이 위치한

일종의 신화이다.(Biagioli, 1993; Latour, 1988; Shapin & Schaffer, 1986)

좀 더 폭넓은 사회적, 문화적, 정치적 맥락 속에서 들여다보는 **"더 강한 프로그램"**[2)]이 등장했다. 세 가지 가정들이 과학을 법—권위 형성에서 가장 필수적인 인류의 또 다른 수단—과 관련해 맥락화시키는 이 새로운 연구를 특징짓고 있다.

첫째, STS 학자들은 과학과 법의 과정과 실천을 탐구하는 데 있어 더 많은 대칭성이 필요함을 깨달았다. 이 제도들은 너무나 철저하게 뒤얽혀 있기 때문에 법률 업무의 다양한 차원들(가령 증거심리, 자문위원회 회의, 특허소송)과 거기 관여하는 행위자들을 면밀하게 조사하면 실험실에서 만들어지고 있는 과학이나 과학논쟁을 연구할 때만큼 과학지식의 생산에 관해 많은 것을 밝혀낼 수 있다. 달리 표현하자면, 이제 법은 사회 속에 자리 잡은—이른바 양식 2(Gibbons et al., 1994)—과학을 만드는 조건 환경의 불가피한 특징이 되었다. 과학의 발전에 대한 설명은 과학의 형성에 법률적 긴요성과 상상력이 미치는 영향, 그리고 빼놓을 수 없는 것으로 법률 종사자와 제도의 작동이 미치는 영향을 빼고는 완전할 수 없다. 뿐만 아니라 법은 사실성과 진리에 대한 나름의 관념하에서 작동하며, 이는 과학이 가진 관념과 동일하지 않다. 다양한 법률적 맥락에서 사실들이 경합되고 확립되는 방식은 과학에서의 유사한 과정을 맹목적으로 따르는 것도 아니고 그것을 결정하는 것도 아니다.(Jasanoff, 2005) 현대세계에서 포괄적인 "진리의 사회사"(Shapin, 1994)를 쓰려면 과학기술 내부의 출발점에서 시작해서는 안 된다. 그에 못지않게 법률작업과 법률 종사자들이 과학기술의 업

---

2) 과학학 연구를 위한 "강한 프로그램"의 진술은 Bloor(1976)를 보라. 강한 프로그램의 목표는 과학지식 생산의 사회학을 조명하고, 그럼으로써 과학은 논리를 통해, 자연과 과학자들의 관찰 사이의 직접 조응을 통해 진보한다는 관념에 도전하는 것이었다.

무현장 속으로 통과해 지나갈 때 그들을 따라다닐 필요가 있기 때문이다.

둘째, 법과 과학의 상이한 문화적 속성과 야심은 권력과 지식의 관계에 관해서뿐 아니라 그것을 연구하는 방법에 대해서도 두드러진 문제들을 제기한다. 법의 언어는 인간의 언어이며, 장소와 역사 속에 위치하는 문화의 으뜸가는 성취물이다. 법과 법문화에 대한 사회적 연구도 마찬가지로 국가적 연구 전통 내에 위치하는 경향이 있었고, 서로 다른 법체계들 간의 교류는 상대적으로 빈약했다.(가령 Leclerc, 2005; Latour, 2002; Hermitte, 1996을 생각해보라.) 자연의 언어로 여겨지는 과학의 언어는 문화, 시간, 장소를 초월하는 일종의 보편성을 주장한다. 여기에 더해 영어가 점차 과학의 공통어로 자리를 잡음으로써 과학자들 간의 교류를 용이하게 해주었다. 영어는 과학에 근거해 행동한다고 주장하는 모든 사람—그들이 어디에 위치하건 간에—의 공통어가 되었다. 과학학도 어느 정도 그러한 동일한 보편성을 취하고 있다. STS의 학문 공동체는 연구자의 문화적 내지 언어적 출신보다는 그들이 공유하는 연구 대상 내지 연구 기간에 의해 좀 더 쉽게 정의된다. 따라서 법률 종사자와 과학 종사자의 상호작용을 따라다니는 것은 행위자뿐 아니라 분석가의 입장에서도 방법과 해석의 비대칭성을 수반하게 되며, 이는 STS에 중대한 도전을 제기한다.

셋째, 과학이나 법 어느 한쪽 영역의 종사자들을 따라다니면서 과학-법 상호작용에 관해 얻은 시각은 필연적으로 제약이 있을 수밖에 없다. 과학자와 법률가들은 자신들의 역할과 사명에 대해 잘 확립된 개념에 따라 자신들의 전문직 세계 내에서 돌아다닌다. 심지어 각 제도의 사고방식의 일부를 이루는 성찰성조차 제한된 해석적 관습 내에서 작동한다. 그들의 인식론과 실천에 관한 분석적 기반을 마련하기 위해서는 이러한 제도들의 정의 그 자체가 어느 정도는 종사자들을 놀라게 하고, 심지어 소외시킬 수 있는 방식으로 내려져야 한다. 과학이 더 이상 실험실 내에서만 일어나지 않는 것과 마찬가지로, 법 역시 법정을 훌쩍 넘어서는 환경에서 나타난다. 이처럼 분산되어 있으면서도 상호 지탱하는 활동들에 대한 통찰에 필요한 것은 어느 쪽 제도의 자기이해도 그대로 따르지 않는 일단의 이론적 내지 개념적 렌즈들이다. 최근 STS 연구에서 법과 과학의 공개적 활동 이면을 들여다보는 데 사용하는 렌즈는 인류학, 역사학, 사회학 같은 기존의 분야들에서 일부 끌어왔고, STS 그 자체 내에서 이뤄진 연구로부터 좀 더 유기적으로 귀납적인 방식으로 발달한 이론적 접근법들도 일부 존재한다.

　이 글에서 하고 있는 것과 같은 문헌 개관은 반드시 자체적인 경계작업을 수행해야만 한다. 그중 가장 중요한 것은 무엇을 포함시키고 무엇을 뺄 것인지에 관한 결정을 통해 이뤄진다. 이 장에서는 사회과학에서 상대적으로 신참 분야인 STS[3]가 여전히 인접 학문영역들과의 비판적 조우를 통해 앞으로 나아가고 있다는 가정하에, 법인류학과 법사회학, 법사학과 법철학, 법과 사회 같은 분야들에서 나온 관련된 연구들을 포함시켰다. 이러한 전략은 법률, 과학, 기술에 관한 현재의 사회과학 논의를 좀 더 완전하고 밋밋하지 않은 방식으로 설명할 뿐 아니라, STS에 특유한 기여를 맥락화하는 데도 아울러 도움을 준다. STS 문헌들과 법학과 법률소송에서 나온 문헌들을 병치하는 것은 특히 시사하는 바가 크다. 끊임없이 과거의 역사를 버리는 과학과 대조적으로, 법은 자신의 과거 활동을 공개적으로 반성하고 계속해서 다시 통합함으로써 앞으로 나아간다. 그런 점에서 법은

---

3)　2001년에 나온 『국제사회행동과학백과사전(*International Encyclopedia of Social and Behavioral Sciences*)』은 처음으로 과학기술학이라는 제목하에 일단의 항목들을 포함시켰다.(Smelser & Baltes, 2001)

아마도 현대의 사회제도 중에서 가장 성찰적인 제도일 것이다. 과학과 법의 관계는 법체계의 반성 능력을 요구해온 영역 중 하나이며, 그러한 자기 분석 결과와 과학에도 법에도 속하지 않은 입장에서 저술을 하는 STS 학자들의 분석을 비교하는 것은 STS의 통찰을 좀 더 선명하게 드러내는 것을 도울 수 있다.

이 장에서는 서로 연결되어 있지만 분석적으로 나눌 수 있는 네 가지 소제목 아래 법률, 과학, 기술에 관한 STS 문헌들을 개관한다. **관계 맺음, 권위, 인식론, 문화**가 그것이다. 관계 맺음에 관한 절은 과학기술과 법의 관계를 하나의 역사적 현상이자 새로운 학문탐구의 분야로 추적한다. 권위라는 주제는 분석가들이 법체계 내에서 과학에 대한—그리고 좀 더 제한적인 수준에서 과학자 공동체 내에서 법에 대한—권위부여(때로는 불안정화)를 표상하려 했던 다양한 담론과 기록들을 다룬다. STS의 중심적인 관심사인 인식론은 이 장에서 과학적 사실을 만들고 해체하는 데, 또 사실을 만드는 과정을 형성하는 데 법이 하는 기여를 가리킨다. 마지막으로 문화라는 소제목 아래에는 과학-법 상호작용이 서로 다른 법적, 정치적 무대를 가로질러 나타내 보이는 다양한 외양을 다루는 혼종적이고 여전히 발전하고 있는 일단의 연구를 한데 모아놓았다. 결론에서는 과학기술과 법에 관한 STS 연구의 앞으로의 생산적인 방향에 관해 숙고해볼 것이다.

관계 맺음: 철학과 역사서술

규칙 및 질서와 밀접하게 관련되어 있는 두 개의 제도는 어쩔 수 없이 서로의 담론과 특권에 영향을 미칠 수밖에 없다. 과학과 법 사이의 상호작용은 오랜 세월에 걸쳐 수많은 차원에서—구성적이고 개념적인 차원에서부터 평범하고 도구적인 차원에 이르기까지—진화해왔다. 이는 단지 법률이 과학기술 변화의 유해한 결과들을 교정하는 데 사후적으로 관여하기 때문만은 아니다. 여기에 더해 아마도 좀 더 중요한 점으로, 법률은 그 속에서 새로운 지식 구성물과 기술적 대상이 끊임없이 인식가능한 의미와 규범적 함의를 갖추게 되는 사회질서의 외피를 제공한다. 따라서 과학과 법 사이의 관계 맺음에 관한 그 어떤 설명도 우리가 자연에 대해 가진 지식의 변화, 그리고 기술을 통해 자연을 조작할 수 있는 능력의 변화가 법률적 사고의 기본 범주들 중 일부에 도전하고 그것에 반응하는 방식을 고려에 넣지 않고서는 완전한 것이 될 수 없다.

관계 맺음의 중심 지점 중 하나는 "법"이라는 개념 그 자체이다. 과학혁명이 시작된 이후로 **법**(law)이라는 단어는 자연에서 식별할 수 있는 규칙성과 종교적 내지 세속적 권력이 인간행동을 관장하는 규칙 양쪽 모두를 가리키는 말로 쓰여왔다. 그러한 의미론적 수렴은 과학이나 법에 관한 저술에서도 줄곧 인식되었다. 비록 각각의 영역을 다루는 학술연구들이 대체로 상대편을 무시하면서 진행돼왔지만 말이다. 접촉의 부재는 자연과 과학에 관한 가정들이 오랫동안 법의 권위를 뒷받침해왔고, 그와 함께 규약이나 규범에 관한 법률적 관념들이 과학에 대한 묘사에 등장해왔음을 감안하면 더욱 두드러진다.(Merton, [1942]1973) 두 분야가 서로의 추정과 발견을 어떻게 보는지를 놓고 STS와 법학연구의 관계 맺음이 무르익는다면 많은 성과를 거둘 수 있을 테지만, 이러한 관계 맺음은 아직 이뤄지지 못했다.

"자연법" 전통에 있는 법철학자들에게 자연의 규칙성은 입법의 도덕성에 대해 가장 강력한 보증을 제공한다. 이러한 관점에 따르면 사람들은 특정한 방식으로 행동해야만 하는데, 왜냐하면 그렇게 하는 것이 "자연스럽"기 때문이다. 여기서 과학은 무엇이 자연스러운 것인지를 알아내는 일을 도울 수 있다. 간단하게 표현하자면 "인간 행동에는 인간의 이성에 의해 발견되기를 기다리는 일정한 원칙들이 있고, 인간이 만든 법이 유효하려면 이를 따라야 한다."(Hart, 1961: 182) 법실증주의자들은 자연의 묘사적 사실로부터 아무 문제없다는 듯 도덕적 처방을 이끌어내는 이러한 관점에 이의를 제기한다.(Waldron, 1990: 32-34) 그들이 보기에 법은 주권을 가진 권력이 행위의 올바른 규칙으로 선언한 것에 불과하다. 실증주의 전통에서 법은 어떤 의미에서 자연을 거스르는 행동을 허용하는 경우에도 유효할 수 있다. 주권자들이 임의적이지 않고 합리적이며 과학적인 정당화 양식을 일상적으로 고수하는 시대에는 보기 드문 일이지만 말이다.(그러한 책임을 저버렸다는 주장이 나오는 사례는 Mooney, 2005를 보라.)

　법실증주의도 자연법도 이론 구축에서 실천을 중심적으로 고려에 넣지 않는다. 그러나 STS에서의 사회학적 전환과 흡사하게, 법학에서도 철학자가 하는 말보다는 법률가들이 하는 행동으로부터 법률활동의 본질에 관한 단서를 얻는 일군의 학자들이 등장했다. 올리버 웬델 홈스 판사는 "법의 생명은 논리가 아니라 경험이다."라는 자주 인용되는 경구에서 법현실주의의 정신을 포착한 것으로 유명하다.(Holmes, [1881]1963: 5) 법의 도덕성에 대한 론 풀러의 영향력 있는 탐구는 과학지식사회학의 주제들과 더욱 밀접하게 공명한다. 풀러(Fuller, 1969: 46-91)는 로버트 K. 머턴(Merton, [1942]1973)이 그랬던 것처럼—그는 머턴을 인용하지는 않았다—법에는 기능하는 법체계 속에서 준수되어야 하는 그 자체의 내적 도덕성이 포함돼 있다고 상정했다. 이런 점에서 풀러가 제시한 합법성의 여덟 가지 원칙은 우리에게 익숙한 머턴의 네 가지 과학 규범(공유주의, 보편주의, 불편부당성, 조직된 회의주의)과 유사한 것으로 생각해볼 수 있다. 풀러는 또한 과학이론과 법 사이의 유사성도 인식했다. 풀러는 1964년에 쓴 책의 1969년 개정판 결론에서 마이클 폴라니나 토머스 쿤 같은 과학철학자들을 지목했다.(Fuller, 1969: 242) 그들은 자신이 속한 분야가 개념과 논리에서 벗어나 "과학적 발견이 이뤄지는 실제 과정에 대한 연구를 향해" 방향을 틀도록 했다.[4] 풀러는 이와 유사하게 법학 분야의 동료들이 "법의 현실을 구성하는 사회적 과정을 분석"할 것을 촉구했다. 법과 과학에 관한 구성주의 STS 연구는 양쪽의 현실을 동시에 탐구함으로써 풀러의 명령을 그 자신이 가능하리라 상상했던 것보다 좀 더 완전하게 따르고 있다.

이론적 텍스트의 지면을 벗어나면 자연법 사상은 계속해서 재판에서의 판결을 이끄는 지침이 되고 있다. 이는 생명과학을 둘러싼 논쟁에서 두드러진다. 예를 들어 2005년에 미 대법원은 18세 미만의 피고인에 대한 사형을 폐지했는데, 그 근거는 부분적으로 연소자들은 성인들보다 무책임한 행동에 빠지기 쉽고 직접적인 주위 환경에 대한 통제력은 약하다는 것이었다.[5] 마찬가지로 재생산기술의 활용에 관한 법률적 결정은 어떤 것이 자연스러운 친족관계의 양식이고 어떤 것이 자연스럽게 성별화된 행동인가에 관해 밑에 깔린 관념들을 반영한다.(Hartouni, 1997)[6] 자연법의 이상은 또한 배아 연구, 인간의 생식용 복제, 인간의 생식계통을 바꿀 유전자치료에 대해 엄격한 법률적 통제를 주장하는 21세기 윤리 분석가들의 사고에 스

---

4) 흥미롭게도 1964년에 나온 풀러의 원 텍스트에는 쿤이 언급되지 않았고, 1969년 개정판에서도 쿤의 특정한 아이디어가 인용되지는 않았다.

5) 대법원은 법실증주의의 정신에 입각해 연소자들에 대한 사형에 반대하는 국가적, 국제적 합의가 점차 커지고 있다는 점도 인용했다. *Roper v. Simmons*, 543 U.S. 541(2005).

6) 미국에서 젠더와 모성에 대한 자연법적 이해를 포함한 대표적 판결에는 *In the Matter of Baby M*, 109 N.J. 396(1988)과 *Johnson v. Calvert*, 5 Cal. 4th 84(1993)가 있다. 전자는 뉴저지주의 법률과 정책 사안으로서 대리모 계약이 무효라고 선언했고, 후자는 임신 대리모가 아무런 부모로서의 권리도 없으며 유전적 어머니가 캘리포니아법에서 자연적인 어머니라고 판결했다.

며들어 있다.(Fukuyama, 2002) 반면 1973년 낙태를 허용해 논쟁을 불러일으킨 미 대법원의 로 대 웨이드(Roe v. Wade) 판결[7]은 태아 생명의 근본적 신성성에 관한 주장이 아니라 헌법이 프라이버시라는 항목 안에서 보장한 여성의 자율성에 더 큰 무게를 두었다는 점에서 실증주의적 사고의 보고(寶庫)에 가깝다고 볼 수 있다. 정자와 난자가 융합하는 순간부터 태아에게 인간 존엄성을 부여하는 독일 헌법은 인간생명의 기원에 대한 자연주의적 개념과 일치한다는 점에서 로 대 웨이드의 법리상 입장과 날카로운 대조를 이룬다.

법사상가들이 확고한 도덕적 보증을 위해 자연에 눈을 돌렸다면, 근대 초 과학자들은 자연 그 자체가 법의 지배를 받는 것으로 인식했다. 이블린 폭스 켈러에 따르면, 과학이라는 바로 그 관념은 법을 통해 인간사회 내부의 지배라는 관념을 바깥으로 확장해 우주에 대한 인간의 지배를 포괄하게 했다. 이런 의미에서 과학은 사회질서에서 자연질서로 전이된 법이었다. 결국 자연의 법칙이라는 개념은 "자연에 대한 연구에 그것의 정치적 기원에 의해 지울 수 없는 표식이 남은 은유를 도입한다."고 켈러는 쓰고 있다. 법은 자연의 법칙이건 국가의 법률이건 간에 "역사적으로 위로부터 강제되었고 아래로부터 복종되었다."(Keller, 1985: 130) 과학법칙에 대한 그러한 관점은 법의 권위에 관한 법실증주의자들의 직관과 잘 부합하지만, 법의 규범적 힘에 대한 설명에 사회를 다시 끌고 들어오는 풀러와 같은 연구에 의해 복잡성이 배가돼왔다.

왕정복고기 잉글랜드에서 실험적 실천의 기원에 초점을 맞춘 섀핀과 셰퍼의 연구(Shapin and Schaffer, 1986: 99-107, 326-328)는 좀 더 복잡한 역동

---

7) *Roe v. Wade*, 410 U.S. 113(1973).

성을 그려낸다. 그들은 보기 드문 정치적, 철학적 동요가 휩쓸고 지나갔던 이 시기에는 과학적, 법률적 권위의 기반 그 자체뿐 아니라 그것들 사이의 관계까지도 위태로운 지경에 처했다고 썼다. 과학은 로버트 보일과 연관된 실험가들이 믿었던 것처럼, 목격(witnessing)이라는 관습법의 절차적 장치를 수용해 잘 정의된 실천기반의 신뢰 공동체를 만들어냄으로써 진보하는 것인가? 아니면 인간 증인에 대한 의존은 토머스 홉스가 확신했던 것처럼 진리를 오류가능성으로 대체함으로써 위로부터 지배되는 질서의 안정성을 전복시키는 것인가? 앞으로 보겠지만, 왕정복고기 잉글랜드에서 실험가들의 손을 들어주며 국지적으로 해소되었던 초기의 논쟁은 법과 과학에서의 사실 형성에 관한 오늘날의 논쟁에 놀라울 정도로 잘 들어맞는 분석적 틀을 계속해서 제공해주고 있다.

법과 과학 사이의 관계 맺음은 제도적 정당화의 차원에서뿐 아니라 법률적 분쟁해결이 진행되는 과정에서도 일어난다. 특정한 관계 맺음의 장소로 눈을 돌려보면, 법이 과학적 사실을 필요로 한 것은 새로운 일이 아님을 알 수 있다. 역사적 기록이 남아 있는 가장 오래된 과거부터, 법관들은 자신들이 지닌 규범적 권위를 행사하는 기반을 확고하게 다지기 위해 자연의 사실들을 확립하고자 애썼다. 『탈무드』에 실린 일화는 한 의사의 증언을 통해 어떤 여인이 간통을 했다는 날조된 고발로부터 무고함이 입증된 사례를 말해준다. 의사는 그녀의 침대보에 묻은 흰색 흔적이 정액이 아니라 달걀 흰자라고 증언했다.(Jasanoff, 1995: 42) 18세기 말이 되자 산업화된 세계에는 이런저런 자연 현상에 관한 사실을 판단하지 않고는 해결할 수 없는 수많은 논쟁들이 생겨나기 시작했다. 사실, 좀 더 정확하게는 사실에 관한 주장들이 특별한 숙련을 가진 전문가 증인들에 의해 법정에 도입되었다. 1782년 영국에서 일어난 포크스 대 채드(Folkes v. Chadd) 재판은 법정에서 소송 당사자가 고용한 엔지니어의 증언을 공식적으로 받아들인—좀 더 일반적으로는 전문가 증인의 활용을 승인한—사례로, 노펙에 있는 웰스 항이 침니로 막혀버린 원인이 무엇인가를 다툰 소송이었다.(Golan, 2004) 19세기 내내 오염부터 사고, 살인에 이르기까지 다양한 사안에 관해 전문적 지식을 가졌다고 주장하는 당파적 전문가들이 영국과 영어권 세계의 관습법 법정으로 밀려들어 왔다. 대륙법(civil law) 국가들에서는 국가가 전문가 증인을 소환할 권리를 계속 갖고 있었지만, 그곳에서도 법률적 분쟁해결은 기술 전문가들의 활용에 점점 더 의존하게 되었다.(Leclerc, 2005)

앞서 탈무드의 일화에서 예시된 법과 의학 사이의 관계 맺음은 그 자체만으로도 의학사에서 새롭게 출현한 하위 분야를 구성하는 데 충분할 정도로 특히 길고도 중대한 역사를 가지고 있다.(Clark & Crawford, 1994) 수 세기 동안 의사들은 낙태, 영아살해, 살인, 범죄 의도, 정신적 능력, 의료과실, 독성물질로 인한 상해("독성 불법행위") 같은 사안들에 관한 법률적 논쟁의 해결을 돕기 위해 전문가 견해를 제공해왔다. 이러한 상호작용을 통해 의학의 권위는 법의 실행과 더 나아가 법률적 정당성 및 합법성이라는 관념의 유지에 필수적인 안목을 보증하는 데 일조했다. 그런가 하면, 법정 정신의학자(Golan, 2004; Eigen, 1995; Smith, 1981), 검시 의사(Timmermanns, 2006), 독물학자, 방사선학자처럼 새로 등장한 전문가 공동체들은 자신들의 전문화된 지식을 법률적 의사결정의 근거로 제공함으로써 전문직 정체성과 사회적 권위를 공고히 해왔다. 19세기 이후 규제 국가와 생명권력이 부상하면서 의학적 전문성은 점차 통치성의 기획에 끌려들어 가게 되었다. 다시 말해 국가적, 심지어 제국적 규모에서 사람들을 통제하는 제도를 가능케 하는 임상적 인구기반 감시활동을 보증하는 데 편입된 것이다.(Stoler, 2002; Bowker & Star, 1999; Foucault, 1973, 1978, 1979, 1994)

관계 맺음에 관한 이 절을 마무리지으면서, 과학기술이 법률적 분쟁해결을 돕기만 하는 것이 아니라 그것을 만들어내는 데 기여하기도 한다는 사실을 지적해둘 필요가 있겠다. 1970년대 이래로 기술혁신이 야기하는 유해한 영향 내지 사회를 불안정하게 만드는 영향을 다루는 지배적인 개념틀은 위험이라는 틀이었다. 울리히 벡(Beck, 1992)이 급진적으로 새로운 문화구성체로서 "위험사회"의 개념을 통해 잘 표현한 것처럼, 위험이라는 비유는 과학기술의 통치불가능한 차원들에 주목했고, 그로부터 정의와 이성의 담론을 통해 관리불가능한 것을 관리하는 법의 역할에 주목하는 데까지 나아갔다.(Jasanoff, 1995, 1990; Wynne, 1982) 그러나 STS 학술연구가 중요하게 보여준 것처럼, 위험 패러다임에 내장된 거의 결정론에 가까운 선형성의 가정—과학기술은 사전에 앞서서 주도하는 것으로, 법은 사후에 반응을 보이는 것으로 그려내는—은 두 제도의 혁신적 능력에 주목하는 좀 더 상호작용적인 설명을 내세움으로써 상당한 정도로 수정되고 강화될 필요가 있다.

권위와 경쟁

과학과 법은 인간 경험의 "사실(is)"과 "당위(ought)"에 대한 으뜸가는 후견인으로서 사회에 엄청난 권력을 휘두른다. 과학과 법은 사물들이 세상에 어떻게 존재하는가—인지적으로, 또 물질적으로—를 결정하는 데 역할을 하며, 사물들과 사람들이 어떻게 행동해야 하는가를 형성하는 데서도 각기, 또 서로 협력해서 일익을 담당한다. 법과 과학의 상호작용에는 종종 경쟁이 일어난다. 이는 과학의 자율성과 자기규제의 한계를 시험하는 경우뿐 아니라(가령 Kevles, 1998을 보라.) 법의 영향권과 과학의 영향권 사이의 경계 그 자체가 걸려 있는 영역에서도 나타난다. 이러한 논쟁적 영역에서 법과 과학의 관계를 기술하기 위해 몇 가지 서사 전통이 발달했다. 그중 다섯 가지는 특별히 주목할 만한 가치가 있다. **법 지체(law lag), 문화 충돌, 위기, 존중, 공동생산**이 그것이다. 처음 네 가지는 법률 전문직 구성원과 비평가들의 저술에서 주로 볼 수 있는 것들이며, 마지막 하나만 STS의 특유한 산물이다. 각각의 틀은 법-과학 관계를 독특한 방식으로 조직하면서 그것의 서로 다른 측면들을 부각시키고 배경 설명을 제공한다. 그 결과 각각의 틀은 법률적 개혁에 함의를 갖는다. 비록 이 모두가 법률, 과학, 정치 행위자들로부터 동등하게 주목받는 것은 아니지만 말이다. 왜 그런지는 그 자체로 학술적 분석을 요한다.

　법 지체, 문화충돌, 위기, 존중이라는 네 가지 주제를 합쳐보면, 법-과학 관계가 특히 관습법 국가들에서 반성과 분석의 주제로서 구심점 역할을 하는 것이 드러나며, 더 나아가 법과 과학기술의 상호작용을 설명하는 데 있어 오늘날의 법문화가 비옥한 토양이 되는 것도 알 수 있다. 그렇다면 STS 학술연구는 법과 과학의 관계에 관해 논평을 하는 데 있어 이중으로 불리한 위치에 서게 된다. 법과 과학은 모두 비판적 외부인에게 인류학자들이 "상층부 연구(studying up)"라고 불러온 것의 사례를 제공한다.(Nader, 1969) 먼저 이 둘은 모두 권력의 제도이며, 그러한 권력의 많은 부분은 사회의 눈으로 보기에 이들 각각이 사회 그 자체의 작동을 설명하는 특권적이고 거의 독점적인 위치를 차지하고 있는 데서 나온다.[8] 과학자들은 과

---

8)　예를 들어 미국과학진흥협회(AAAS)와 미국변호사협회(ABA)가 합동으로 설치한 전미변호

학에 관한 가장 유능한 논평가들로 보이며, 법률가들 역시 법에 관해 같은 위치를 점하고 있다. 뿐만 아니라 각각의 제도는 상대방의 지위를 강화시킨다. 법이나 과학 종사자들은 각각이 갖는 지식적, 규범적 실천의 권위에 관한 상대방의 주장을 지나치게 깊숙이 파고들지 않는 경향을 가진 듯 보인다. 이러한 의미에서 이 둘은 미묘한 공동생산의 동역학에 관여하고 있다. 공동생산은 두 영역의 바깥에 있는 분석가들이 두 영역이 연출하는 복잡하면서도 서로를 지탱하는 안무를 묘사하기 위해 끌어들여 온 주된 서사 틀이다.

법 지체

법 지체라는 관념은 20세기 초에 활동한 미국의 영향력 있는 사회학자 윌리엄 F. 오그번으로 거슬러 올라갈 수 있다.(Ogburn, 1957, [1922]1950) 그는 과학이나 법처럼 상호연결된 문화적 제도들은 불균등한 속도로 발전하며, 그 결과 필연적으로 더 늦게 발전한 것이 더 빨리 발전한 것에 보조를 맞추지 못하게 된다고 주장했다. 혁신, 축적, 확산의 속도에 차이가 나면서 앞선 제도와 뒤진 제도 사이를 계속해서 조정할 필요가 생겨난다. 오그번은 혁신역량이 기술과 사회 모두에 있음을 조심스럽게 강조함으로써 일방적 기술결정론을 배격했지만, 그럼에도 현대의 사회변화를 야기하는 으뜸가는 추동력이 과학기술에 있다고 보았다. 1933년에 대통령사회동향

사과학자회의(National Conference of Lawyers and Scientists)에 내가 6년간 위원으로 있는 동안 어떤 다른 STS 학자도 위원으로 뽑히지 않았다는 점을 주목할 만하다. 마찬가지로 미국과학원(National Academy of Science)의 과학기술법위원회(Committee on Science, Technology, and Law)가 생겨난 후 첫 6년 동안 과학사가 대니얼 케블레스 외에 어떤 다른 STS 학자도 위원으로 뽑히지 않았다. 두 기구의 위원들은 직업적 변호사와 과학자들로 구성되었다. 심지어 나조차도 법학 학위가 있었다.

연구위원회(President's Research Committee on Social Trends, 1930-1933)의 의장이었던 오그번은 허버트 후버 대통령에게 보고서를 제출했다. 이 보고서는 불규칙한 변화를 사회문제의 주요 원천으로 지목하면서 문제해결을 위한 기반으로 더 나은 통계자료 수집을 제안했다. 그러한 전망은 쿤 이후 사회과학자들 사이에서 대체로 포기된 지식축적의 실증주의 모델에 따른 것이었다. 그로부터 반세기 후 사회학자 닐 스멜서는 오그번의 기여를 평가하면서 과학이 필연적으로 법으로 이어진다는 주장에 이의를 제기했다. 스멜서는 인종차별 대우 폐지에 큰 영향을 미친 미국 대법원의 브라운 대 교육위원회(Brown v. Board of Education) 판결[9]에서도, 널리 선전된 사회과학의 기여가 법률적 사고를 변화시킨 것이 아니라 오랫동안 형성되어온 도덕적 합의를 뒷받침하는 데 도움을 주었을 뿐이라고 지적했다.(Smelser, 1986: 30-31)

그럼에도 불구하고 법이 과학기술 진보에 뒤진다는 인식은 학문적, 대중적 저술을 지배하고 있으며 종종 법률적 견해에도 모습을 드러낸다. 담론적 제약이 이를 부분적으로 설명해준다. 법의 정당화 수사는 일차적으로 회고적인 것으로, 제정된 규칙과 확립된 판례들에 의지한다. 판사들은 법조문을 해석할 수 있지만, 지나치게 노골적으로 법을 만드는 것처럼 보일 경우에는 위태로운 영역으로 접어들게 된다. "판사는 사회적 수용성을 강화하기 위해 새로운 아이디어를 오래된 것으로 위장한다."(Goldberg, 1994: 19)

반면 과학은 거리낌 없이 혁신을 받아들인다. 오늘날의 과학지식은 앞으로 전진하는 과정에서 자신의 역사를 계속해서 지워버리며, 어제의 거부

---

9) *Brown v. Board of Education of Topeka, Kansas*, 347 U.S. 483(1954).

된 이론과 버려진 진리들을 무자비하게 제거한다. 과학의 보상구조는 시종일관 새로움을 선호한다. 노벨상은 다른 사람의 연구를 좀 더 명쾌하게 재연한 것이 아니라 독창적인 발견에 주어지며, 특허는 숙련된 전문가들에게 기본원리가 이미 알려져 있는 발명에는 수여되지 않는다. 그렇다면 과학적 창의성이 거침없는 의제설정의 힘으로 등장하고 법은 그것에 오직 반응만 보이는 모습으로 그려지는 것은 그리 놀라운 일이 아니다. 실제로 법률 종사자들은 법 지체 서사를 가장 열성적으로 퍼뜨리는 사람들에 속해 있기도 하다. 미국의 생명특허에서 하나의 이정표가 된 다이아몬드 대 차크라바티(Diamond v. Chakrabarty) 판결에서 대법원장 워런 버거는 이렇게 말했다. "특허가능성에 대한 입법적 내지 사법적 명령은 카누트 왕이 파도에 명령을 내릴 수 없었던 것처럼, 과학적 정신이 미지의 세계를 탐구하는 것을 막지 못할 것이다."[10] 이러한 법률적 견해에서는 이 재판을 예외적인 법률적 창의성이 드러난 사례로 주목할 만한 요소를 찾아볼 수 없다. 법정이 사실상 새로운 유형의 상품을 인정했고, 그 결과 새로운 형태의 과장광고와 희망, 투자, 연구, 물질적 조작에 문을 열어줌으로써 사회에 엄청난 영향을 미쳤는데도 말이다.

문화충돌

문화충돌이라는 틀은 법 지체 서사보다는 덜 결정론적이다. 이 틀은 법과 과학 사이에 갈등이 일어나는 주된 원천으로 둘의 목표가 서로 어긋나는 것에 초점을 맞춘다. 스티븐 그린버그(Greenberg, 1994)에 따르면, 둘 사이의 충돌은 과학이 진보에 전념하는 반면 법은 일차적으로 과정에 관

---

10) *Diamond v. Chakrabarty*, 447 U.S. 303(1980), p. 317.

심을 가진 데서 비롯된다. 이러한 차이에서 빚어진 결과는, 법체계가 합의 형성에, 혹은 적어도 다양한 관점의 유포에 전념하는 동안 과학은 무슨 일이 있어도 실재의 본질을 추구하는 것으로 나타난다. 행정법과 불법행위법(tort law) 분석가인 피터 슈크(Schuck, 1993)는 정치를 세 번째 문화로 집어넣어 문화충돌이라는 틀을 삼각 구도로 만들었다. 슈크의 설명에서는 셋 모두가 독특한 가치, 유인과 기법, 편향과 지향점들로 특징지어진다. 가치 축에 있어 슈크는 (STS의 구성주의적 개념을 인용하면서) 과학을 진리와 반증 가능성, 법을 정의, 정치를 과정이라는 핵심적인 신념과 각각 연관시킨다. (아울러 Schuck, 1986도 보라.) 슈크의 문화충돌 모델은 골드버그와 마찬가지로 제도적 경계라는 관념에 아무런 문제도 없다는 전제에 의지하고 있는데, 이는 이러한 경계들을 세우고 유지하는 실천(Hilgartner, 2000; Gieryn, 1999; Jasanoff, 1990)이나 그러한 경계설정이 충족시키는 목표에 대한 STS 학자들의 논의를 이해하지 못한 소치이다.

위기

법-과학 관계를 틀짓기 위해 (특히 미국에서) 동원되는 세 번째 서사는 위기 서사이다. 이는 문화충돌 서사의 극단적이고 고도로 환원적인 버전으로 볼 수 있다. 두 제도 사이의 관계가 사회적으로 바람직한 결과를 만들어내지 못한다는 점에서 이를 병리적으로 보는 것이다.

미국에서 정치적 갈등이 법률적 갈등으로 번역되는 일이 흔하다는 지적은 이미 건국 초기에 알렉시 드 토크빌까지 거슬러 올라간다. 그럼에도 협력 대신 대립을 통해 문제를 해결하려는 미국적 성향에 대한 개탄은 계속되고 있다. 미국에 붙여진 "소송을 일삼는 사회(litigious society)"(Lieberman, 1981)라는 꼬리표는 의료보험 비용의 급증을 불러온 원인으로 지목되어왔고, 좀 더 구체적으로는 무책임한 소송과 의사를 상대로 천정부지로 치솟는 배심원단의 배상액 지급 판결에서 비롯된 "의료과실 위기(malpractice crisis)"에 책임이 있는 것으로 생각되었다. 통계적 분석은 그러한 독해를 복잡하게 만든다. 수많은 보건정책 분석가들이 제시한 대항 서사에 따르면, 소송을 제기하는 사람들 중 과실로 인한 상해를 입은 경우가 얼마 안 되는 것은 사실이지만, 마찬가지로 상해를 입은 사람들 중 소송을 제기하는 경우 역시 얼마 되지 않는다. 뿐만 아니라 보험료의 증감은 의료과실 소송보다는 보험회사들의 투자 주기와 더 관련이 있는지도 모른다.(Sage & Kersh, 2006) 이러한 정책분석가 그룹은 의료과실 소송을 막으려는 개혁안을 회의적으로 바라보며, 이러한 조치만 가지고는 실수를 방지하고 응당 보상을 받아야 할 환자들에게 효율적으로 보상을 하는 중요한 목표를 진전시키지 못할 것이라고 주장하고 있다. STS 학자들에게 좀 더 흥미로운 문제는 수년간에 걸쳐 정량적 연구를 통해 근거가 없음이 드러났는데도 왜 소송 폭발과 통제불가능에 빠진 배심원단의 판결이라는 이미지가 그토록 완고하게 남아 있는가 하는 것이다.(Vidmar, 1995)

어떤 사람들에게는 위기 서사의 핵심이 소송의 경제적 비용이 아니라 과학에 대한 위협에 있다. 이러한 비판자들에 따르면 법은 "쓰레기 과학(Junk science)"의 생산을 부추긴다.(Huber, 1991) 여기서 "쓰레기 과학"이란 과학자 공동체가 상정한 최소한의 타당성 기준을 충족하지 못하면서도 배심원과 판사들 사이에서는 통용되는 과학을 말한다. 이러한 관점의 주창자들은 법이 과학적 주장을 무비판적으로 받아들이는 데는 여러 요인들이 작용한다고 본다. 배심원의 무지와 혼동, 돈만 밝히고 전문직 기준에 미달하는 전문가 증인, 느슨한 허용 기준, 진실보다 승리를 우선시하는 법률가들의 기풍 등이 그것이다. 요컨대 "쓰레기 과학"이라는 수사는 다음 절에서 보겠지만 STS 학자들의 인식론적 설명과는 근본적으로 다른 암묵적 지식사회학에 근거하고 있다.(아울러 Freeman & Reece, 1998: 14-18에서는 데이비드 넬켄이 "재판의 병리학" 접근법과 좀 더 구성주의적인 접근법을 비교한 내용을 볼 수 있다.) 그러나 이러한 서사는 오류의 사회학에 대한 강력한 기여로서 STS에 대한 도전과 함께 이 분야에서 앞으로 연구해야 할 과제를 제시하고 있다.

위기 장르에 속한 좀 더 세심한 연구로는 《뉴잉글랜드 의학지(*New England Journal of Medicine*)》의 실무 편집인을 지낸 마르시아 안젤이 미국의 유방 보형물 소송에서 과학을 분석한 책이 있다.(Angell, 1996) 안젤은 문화충돌과 위기 서사를 합쳐서 주장을 전개했다. 법이 대결구도에서 보이는 열의가 높은 금전적 이해관계와 결합해 존재하지 않는 증거에 기반한 합의를 이끌어냈고, 뒤이어 많은 여성들이 유익하거나 힘이 된다고 생각했던 제품이 시장에서 사라지는 결과가 나타났다는 것이다. 안젤에게 특히 심난했던 것은 대결구도에 입각한 방법을 통해 과학적 결론에 도달하려는 시도였다.(Angell, 1996: 28-29) 그녀는 이것이 협력과 "수많은 원천으로부터 서서히 증거가 축적되는" 데 의존하는 과학과 상반된다고 보았다. 법과 언론매체의 부정한 동맹이 여론을 장악해 과학적으로 근거가 없는 공공정책을 뒷받침하는 정치적 압력을 만들어냈다는 것이다. 안젤의 설명은 유방 보형물과 관련된 상해에 대한 보상을 추구하는 사람들 사이에서 서로 강하게 대립하는 믿음들이 어떻게 생겨나고 유지되었는가 하는 질문—강한 프로그램의 대칭성 원칙이 요구하는(Bloor, 1976: 7)—을 불필요한 것으로 만든다.(그런 설명은 이어지는 내용과 Jasanoff, 2002를 보라.) 안젤은 비과학적으로 추정되는 지식은 더 이상의 의문 제기를 필요로 하지 않는 것으로 기각하는 오류의 사회학을 통해 그러한 믿음들을 무가치한 것으로 본다.

존중

"쓰레기 과학" 서사는 방법론적 엄밀함이 부족하지만 정치적 설득력에서 이를 보충한다. 1990년대에 이러한 방향의 비판은 법과 과학 사이의 권위 갈등에 적용하는 네 번째 주요 해석틀—존중, 좀 더 구체적으로는 법정이 과학과 과학자들에게 보이는 존중—을 위한 개념적 기반이 되었다. 미국 대법원 판결 하나가 변화의 신호탄을 쏘아 올렸다. 1993년의 도버트 대 메렐 다우 제약회사(Daubert v. Merrell Dow Pharmaceuticals, Inc.) 재판[11]에서, 대법원은 판사들이 과학적 증거의 허용 여부에 관한 다툼에서 문지기 역할을 해야 한다고 선언했다. 그들의 임무는 과학적 타당성과 신뢰성 기준을 충족시키는 증거만 법정에 허용되도록 보증하는 것이 되어야 한다. 판사들은 이미 연방증거규칙(Federal Rules of Evidence)에 따라 전문가 증언을 배제할 권한을 갖고 있었지만,[12] 도버트 재판은 거의 행사된 적이 없는 그 특권을 사실상의 적극적 의무로 변형시켰다. 판사들이 타당한 과학과 그렇지 않은 과학을 구별하는 데 지침을 제시하기 위해, 대법원은 상호배타적이지 않은 네 가지 기준(검증가능성, 동료심사, 오류율, 일반적 수용성)을 제시했는데 이는 다음 절에서 좀 더 논의될 것이다.

그러나 도버트 판결이 원칙적으로 지시한 존중은 현실 속에서 판사의

---

11) *Daubert v. Merrell Dow Pharmaceuticals, Inc.*, 509 U.S. 579(1993).
12) 연방증거규칙 702항은 전문가 증언이 "신뢰할 만한 원리와 방법의 산물"일 때만 받아들일 수 있다고 규정하고 있다. 이로부터 신뢰할 수 없는 원리와 방법에 근거한 증언은 배제할 수 있다는 결론이 나온다. 도버트 판결 이후 소송 당사자들은 서로가 내놓은 증언에 도전할 수 있으며, 판사들은 그것이 신뢰성의 시험을 충족시키는지 판단할 것을 요구받고 있다.

자유로운 재량권 행사를 정당화해주는 것으로 드러났다. 도버트 판결 이후의 판사들은 과학의 관념을 존중했지만, 그러한 관념은 과학적 방법에 대한 자기 나름의 문화적으로 조건 지어진 이해에 의해 영향을 받았고 그러한 이해는 다시 재판절차의 요구를 통해 걸러진 것이었다. 결국 연방증거규칙에 의해 지시된 과학적 신뢰성의 관념이 법률적 규범으로 기능하기 위해서는 예심판사가 손쉽게 따라갈 수 있는 검증으로 번역되어야만 했다. 대법원은 그러한 명시적 검증을 네 가지 제시했지만, 이미 도버트 판결에 대한 재심에서부터[13] 연방판사들은 대법원에서 제안한 것을 넘어 새로운 허용가능성 기준을 필요에 따라 만들 준비가 되어 있음을 보여주었다. 바로 그 재판에서는 제9 순회 항소법원이 "소송과학(litigation science)"(오로지 소송을 내기 위한 목적으로 만들어낸 과학)을 법정에서 허용해서는 안 된다는 추가적인 규칙을 제안했다.(아래를 보라.)

도버트 판결은 판사들에 대한 과학교육을 담당하는 소규모 산업을 일으켰고, 아울러 미국과학진흥협회(AAAS)와 같은 몇몇 단체들은 법정에서 선임한 전문가로 활용할 신뢰할 만한 과학자의 목록을 만드는 노력에 나섰다. 그 중요한 부산물로 1967년 사법행정 향상을 위해 설립된 연구 및 교육 기구인 연방사법센터(Federal Judicial Center, FJC)는 두툼한 『과학적 증거에 관한 참조 교본(Reference Manual on Scientific Evidence)』을 만들었다.(FJC, [1994]2000) 연방판사들을 위한 탁상용 지침서로 의도된 이 책에는 과학적 증거와 법에 관한 전반적인 논문들과 함께 특정한 유형의 기술 증거—경제학, 통계학, DNA 감식, 엔지니어링 실천과 같은—에 관한 논문들도 실렸다. 존중이라는 주제에 맞춰 FJC는 캘리포니아공과대학(칼텍)의

---

13) *Daubert v. Merrell Dow Pharmaceuticals, Inc.*, 43 F. 3d 1311(9th Cir. 1995).

물리학자이자 교무부(副)처장인 데이비드 굿스틴에게 「과학은 어떻게 작동하는가」라는 제목의 장을 기고해줄 것을 요청했다. 굿스틴은 세 명의 고전적인 과학철학자들―베이컨, 포퍼, 쿤―의 이론을 비판적으로 검토한 후 과학지식사회학에 대한 자기 나름의 설명을 제시했다.(FJC, [1994]2000: 67-82)『교본』은 법률 분야의 청중들에게 과학에 대한 과학자의 시각을 무비판적으로 확산시킴으로써 과학과 법의 관계에 대한 특정한 이해를 강화시키는 데 일조했다. 이는 법이 존중하는 과학의 이미지는 중요한 의미에서 법률적 과정 그 자체의 구성물이라는 폭넓은 명제에 대한 작은 예시이다. 이러한 측면에서 법은 공동생산의 장소이자 수단으로서 역할을 한다.

공동생산

공동생산이라는 개념틀은 지식사회에서 사회질서와 자연질서의 동시 형성에 주목한다. 많은 STS 연구들은 과학에서 우리가 알고 있는 내용이 무엇을 알려고 했는가에 대한 앞선 시기의(내지 동시에 일어난) 선택에 중요하게 의존한다는 사실을 보여주었다.(Jasanoff, 2004, 2005; Latour, 1993; Shapin & Schaffer, 1986) 인간 경험의 "사실"과 "당위"는 이런 식으로 떼려야 뗄 수 없이 연결되며, 인식론과 형이상학 역시 마찬가지이다. STS 학자들은 과학이 법과 상호작용할 때 공동생산이 일어나는 장소와 과정을 지적함으로써 법학에 수많은 기여를 해왔다. 예를 들어 "전문가 증인"이라는 중요한 인물은 과학과 법의 역사적 관계 맺음이 낳은 산물이다.(Golan, 2004; Mnookin, 2001; Cole, 2001) 그리고 "증거"는 법이 지식생산에 두드러지게 기여한 바로서, 신뢰성의 과학적 기준뿐 아니라 법률적 기준도 따르는 잡종적 산물이다. 법률적 공간은 전문성과 증거에 대한 지배적인 사회적 이해를 만들어내고 또 강화하면서 동시에 지식적 공간으로 작동한다.

이 점은 나중에 다시 살펴볼 것이다.

그러나 법과 과학의 공동생산 상호작용은 거기서 끝나는 것이 아니다. 법과 과학은 권력의 대리인으로서 사회의 작동 방식에 관한 좀 더 폭넓은 이해―인간의 자아와 행위능력, 시장, 공동선의 관념을 포함해서―를 유지하는 데도 서로 협력한다. 예를 들어 미국 법원은 생명공학에 관한 다양한 판결에서 혁신가 내지 변화의 추동가로 보이는 당사자들을 선호해 왔다. 그들은 종종 혁신을 경제적, 사회적으로 순환시킬 수 있는 더 큰 자원과 역량을 지닌 당사자이기도 하다. 캘리포니아주에서 나온 두 건의 판례는 이 점을 잘 보여준다. 무어 대 캘리포니아대학 평의원회(Moore v. Regents of the University of California) 소송에서[14] 주 대법원은 환자들이 자신의 세포 내지 조직에 아무런 재산권을 갖지 못한다고 판결했다. 이에 따라 의사-연구자들은 환자의 몸에서 떼어낸 생물재료에 기반한 발견에서 나온 수익을 환자들과 나눌 필요가 없게 되었다.(Boyle, 1996) 존슨 대 캘버트(Johnson v. Calvert) 소송에서[15] 법원은 다른 여성의 유전적 자식을 임신해 낳은 대리모가 아기의 "자연적 어머니"로서의 자격을 주장할 수 없다고 판결했다. 이에 따라 태아의 생명을 유지시켜주는 대리모의 역할은 법에 의해 유급 서비스 제공자의 역할로 재기입된 반면(Jasanoff, 2001; Hartouni, 1997), 유전적 어머니는 아기를 낳기로 한 당사자로서 통상적인 어머니의 권리를 유지하게 되었다.

법-과학 관계에 대한 공동생산 설명을 법학 내부의 두 가지 강력한 학파와 견주어 보면 유익하다. 이 두 학파 역시 법의 규범적 목표("당위")를

---

14) *Moore v. Regents of the University of California*, 51 Cal. 3d 134(1990).
15) *Johnson vs. Calvert*, 5 Cal. 4th 84(1993).

세상의 작동 방식("사실")에 대한 이해와 연결시키고 있다. 첫 번째는 "법과 경제"이다. 1960년대부터 이 전통을 이끌었던 학자들은 부주의로 인한 과실에서 산업 위험에 이르는 사회문제들을 경제적 관점에서 개념화하고(Breyer, 1993) 최적으로 효율적인 법률적 해법을 제공하고자 하는 개혁을 주장했다. 당시 예일대학의 법대 학장이었고 이후 연방판사가 된 귀도 캘러브레시(Calabresi, 1970)는 STS의 제도주의 사고방식과 밀접하게 연관된 방식으로 불법행위법의 경제적 분석에 기여했다. 그가 쓴 『비극적 선택(*Tragic Choices*)』(Calabresi & Bobbitt, 1978)은 법제도가 어떻게 인간생명의 가치에 대해 서로 경쟁하는 척도들이 사회에 공존하도록 허용하는지를 다룬 고전적 연구이다. 그에 따르면 이 때문에 대중은 비극적인 모순의 존재를 깨닫지도 못하고 검토할 수도 없게 된다. 캘러브레시의 탁월한 제도적 분석은 그 취지에 있어 공동생산에 관한 STS 연구에서 볼 수 있는 정체성, 재현, 담론에 대한 관심과 관련돼 있지만(Jasanoff, 2004: 39-41), 법이 권위 있는 사회적 지식을 생산하는 데서 담당하는 역할을 명시적으로 다루지는 않았다.

경제적 사고를 법에 좀 더 도발적으로 적용한 사례로는 연방판사이자 법학 교수인 리처드 포스너의 저작이 있다.(Posner, 1992) 포스너는 심지어 인간의 섹슈얼리티조차 합리적 행위로 연구하는 것이 유용할 수 있으며, 이러한 개념틀은 피임, 낙태, 대리모, 동성애 같은 문제들에 대해 좀 더 자유롭고 덜 간섭적인 규제 접근법으로 이어질 수 있다고 주장했다. 포스너는 자신의 분석을 "사회구성주의자들"—그는 푸코를 대표적인 인물로 꼽고 있다.—의 그것과 구별했다. 구성주의자들과 달리 경제학자들은 반유토피아적이라고 그는 주장했다. 그들은 "인간 행동의 원인으로 권력, 착취, 악의, 무지, 사고, 이데올로기에 비중을 덜 두고 유인, 기회, 제약, 사회적 기능에 더 많은 비중을 두는"(Posner, 1992: 30) 성향을 갖는다. 포스너가 보기에는 대부분의 사람들이 성적 선호, 성행동, 그것의 결과에 관한 사실들에 무지한 것이 성에 관한 합리적 규칙제정을 가로막는 일차적 장애물이다. 그는 법이 사실에 기반한 합리적 선택 접근법을 촉진하면서 실은 그것이 유지시키고자 하는 합리적 행동과 비합리적 행동의 존재론 그 자체를 만들어낼 수 있다는 공동생산의 관점을 간과했다. 가령 캘리포니아주 대법원이 존슨 대 캘버트 판결에서 대리모를 잠재적 어머니가 아닌 합리적인 경제적 행위자이자 서비스 제공자로 특징지었을 때처럼 말이다.(아울러 Hacking, 1995, 1999도 보라.)

법의 사회적, 지식적 기반에 좀 더 민감하고, 따라서 그 취지상 공동생산의 관념에 더 가까운 것은 비판법학(critical legal studies, CLS) 학자들과 법의 질서유지 기능에 관심이 있는 여타 법률 분석가들의 저작이다. CLS는 1980년대 미국의 법학전문대학원에서 좌파지향적 학파로 번창했으나 20세기 말이 되면 조직적 운동으로서는 거의 자취를 감추었다.(Kairys, 1998; Unger, 1986) 그러나 전성기 때 CLS는 과학지식사회학(SSK)이 과학적 사실 생산의 권위를 공격한 것과 동일한 방식으로 법률적 규칙 제정의 권위를 불안정하게 만들었다. 실제 규칙 적용을 정당화하는 법률적 추론의 힘에 얽힌 신화를 폭로함으로써, CLS 학자들은 이언 해킹이 STS의 구성주의의 한 가지 버전으로 파악한 것과 같은 종류의 "가면 벗기기"를 수행했다.(Hacking, 1999: 53-54) CLS 분석가들은 공식적인 법률적 논증 뒤에서 숨겨진 이해관계와 이데올로기를 찾아냈다. 이는 에든버러학파의 SSK 분석가들이 과학논쟁에 대한 대칭적 연구에서 양측 모두의 이해관계를 폭로한 것과 흡사했다.

법에 대한 CLS 프로젝트는 과학에 대한 STS 프로젝트와 다른 중요한 점에서도 궤를 같이했다. 규칙의 미결정성(STS에서는 우연성과 규칙 준수)에 초점을 맞추는 것, 법리로 해결할 수 없는 모순과 이중성(STS에서는 해석적 유연성)을 강조하는 것, 법이 단순히 사회적 필요에 호응하는 것이 아니라 그러한 필요가 나타나는 조건 그 자체를 만들어냄(STS에서는 진리 대응설의 거부)을 깨닫는 것 등이 여기 해당한다. "비판자들"로 알려진 이 학자들은 STS 학자들이 과학에 대해 그랬던 것처럼 법을 "의식을 구성하는 수많은 문화적 제도 중 하나로서" 개념화했다. 법이 "세상의 한계를 정하고, 오직 특정한 사고만을 의미 있는 것으로 만들고, 그럼으로써 기존의 사회관계를 '정당화하는' 데 일조한다."는 것이다.(Kelman, 1987: 244) 이 모든 공통점에도 불구하고, STS와 CLS가 가장 활발했던 시기에 이 둘 간에 지적 가교를 만들려는 체계적인 노력은 전혀 이뤄지지 못했다. 이 둘이 연결되지 못한 것은 부분적으로 두 분야 모두에서 교의상의 종합이 부족했던 것이 반영된 결과이다. STS와 CLS 학자들은 내부적으로 해결되지 못한 이론적 딜레마에 붙들려 있었고 과학자들 및 주류 법사상가들과 각각 대립하면서 덜 익숙한 지적 간극을 넘어 대화할 기회를 많이 잡지 못했다. 그런 움직임이 있었다면 지속적이고 생산적인 대화로 이어질 수 있었을 텐데도 말이다. 또한 법 전문직화가 가진 힘 때문에 심지어 급진적 비판조차 법학 저널 같은 법의 익숙한 담론 공간을 벗어나지 못한 것도 부분적인 이유였다. 그리고 STS에서 "상층부 연구"는 1990년대로 접어든 이후에도 한참 동안—앞서 언급한 의학사라는 예외를 빼면—과학과 법의 상호작용을 대체로 포괄하지 않았다.(하지만 Smith & Wynne, 1989를 보라.)

이러한 두 비판적 전통 사이의 만남은 법에 대해서뿐 아니라 과학학에 대해서도 많은 것을 줄 수 있다. STS의 영향을 받아 사회적 차이 만들기를 분석한 마사 미노의 연구(Minow, 1990)는 그런 가능성을 잘 보여준다.

미노는 자신의 책에서 어떤 사회가 가장 취약한 구성원들—장애인, 정신박약아, 죽어가는 사람, 여성, 아이들—을 다루는 방식에 영향을 주는 구획짓기에서 법이 하는 역할에 내내 관심을 보이고 있다. 미노는 그녀의 지적 세대에 속하는 STS 학자들과 마찬가지로, 정상과 비정상의 차이가 구성된 것이며 구획짓기 행동은 인식론적으로 결코 중립적이지 않음을 지적한다. 특히 그녀는 법에서 흔히 전제되는 차이에 관한 다섯 가지 가정들의 목록을 제시하고 있는데, 이는 사회적 범주들을 본질주의적으로 다루는 것에 관한 STS의 관찰과 밀접하게 연관되어 있다. 그 다섯 가지 가정은 다음과 같다. 차이는 내재적이다, 차이는 의식되지 않은 준거점과 관련지어 정의된다, 차이는 입장에서 중립적인 것처럼 보인다, 차이의 법적 취급에서는 일부 시각들이 무시되거나 판사가 모든 시각을 공평하게 대변할거라고 가정된다, 차이는 기존의 사회적, 경제적 배치의 자연화에 근거한다.(Minow, 1990: 50-74)

법률적 구획짓기에 관한 자신의 구성주의적 분석을 뒷받침하기 위해 미노는 사회과학과 인문학에서의 탈구조주의 연구를 폭넓게 끌어 쓰고 있지만, 과학학에 대한 의존은 페미니스트 이론(가령 바버라 매클린톡에 관한 켈러의 1983년 연구[keller, 1983] 같은)과 과학철학으로 한정돼 있다. 이에 따라 그녀는 범주들이 어떻게 특정한 문화 속에서 출현하고, 어떻게 사회적 실천을 통해 자리를 지키는지 혹은 어떻게 물질적 기술에 배태되는지는 탐구하지 않는다. 뿐만 아니라 "차이의 딜레마"를 해결하기 위한 사회관계 접근법을 옹호하면서도, 그녀는 사회집단 및 정체성의 고정성과 불변성—STS 학자들이 그간 정당하게 문제 삼아온—을 어느 정도 가정하고 있다. 이와 동시에 법률적 범주화에 대한 미노의 연구는 STS에서 정전에 해당하는 대다수의 연구보다 운동이나 사회변화의 가능성에 훨씬 더 민감하다. 미노는 구획짓기 현상 그 자체에 대한 연구에는 전혀 관심이 없다. 그녀가 가장 관심을 보이는 문제는 법에서의 선긋기가 어떻게 권리와 의무의 할당에 영향을 주는지를 보이는 것이다. 그녀는 그 결과로 나타난 구획의 비중립성을 인정하는 것이 어떻게 학교나 병원 같은 기관에서 통치성의 과정을 개방할 수 있는지를 보여준다. 지식생산 실천의 규범적 결과에 대해 그처럼 현실에 기반을 둔 시선을 보내는 것은 사회적 차이의 지식기반에 관한 다수의 STS 연구에 결여되어 있는 요소이다.(몇몇 예외로는 *Social Studies of Science* 1996, vol. 26을 보라.)

인식론: 법의 지식

현대세계에서는 자연이 어떻게 작동하는지를 밝히고 자체적인 목표를 위해 논란이 있는 사실들을 해결하는 것이 과학의 의무일 뿐 아니라 점점 법의 의무가 되고 있다. 아서 코난 도일이 『주홍색 연구』를 발표한 1887년에 법치과학(forensic science)은 이미 영국에서 별도의 지식 분과로 확립되어 있었다. 존 왓슨 박사가 병원 실험실에서 미량의 인간 혈액에 대한 화학검사를 수행하던 셜록 홈스를 처음 만난 것은 아마 1881년쯤일 것이다. 왓슨은 화학을 존중하지만 그런 검사가 무슨 쓸모가 있을지 순진한 의문을 품는다. 앞으로 그와 하숙집을 같이 쓸 동거인이자 전기 집필의 대상이 될 인물은 굳이 겸손함을 가장하지 않으며 이렇게 선언한다. "이보게, 친구. 이건 근래에 가장 실용적인 법의학적 발견이라고." 홈스는 호기심에 이끌려 연구를 하는 자연과학자이지만, 그를 추동하는 질문들은 법에서 나온 것이다.

과학과 법은 모두 최대한 정확하게 문제가 되는 사실을 확인하는 데 전념한다. 실제로 정의를 구현하는 법의 능력은 올바른 사실을 올바르게 찾아내는 데 의지한다.(가령 DNA 지문감식을 둘러싼 법률적 갈등을 다룬 Lazer, 2004를 보라.) 두 제도의 권위는 홉스가 너무나 잘 간파한 것과 같이 초월적 진리에 대한 호소에 의지한다. 주관적이고 임의적이며 특정한 사례의 특수함에 빠져 있는 것으로 비쳐서는 안 된다. 그러나 두 제도는 모두 절차적 장치 속에 체계적인—사회적으로 한계가 지어진 것이긴 하지만—문제제기 역량을 포함하고 있다. 보일과 그 추종자들은 이러한 역량을 "가상 증인" 공동체 속에서 함양했고(Shapin & Schaffer, 1986: 55-60), 3세기 후에 머턴은 이를 "조직된 회의주의"라고 명명한 것으로 유명하다.(Merton, 1942) 과학과 법이 어떻게 제각기 사실 생산의 우연성과 초월성에 대한 주장 사이에서 균형을 잡는지, 또 과학과 법의 사실 발견 실천이 어떻게 서로 상호작용하고 지지하고 불안정하게 만드는지는 STS 탐구에서 초점을 맞춰온 문제였고, 이 주제에 관한 법학자와 법 분석가들의 작업에 특유의 무시된 차원을 보태었다.

STS 문헌의 통찰을 법의 앎의 방식 속으로 맥락화하기 위해서는 다른 법학자들이 수행한 과학과 증거에 관한 연구에서 시작하면 도움이 된다. 특히 1990년대 초 이후 그러한 분석 중 상당수는 신뢰할 만한 과학과 그렇지 않은 과학을 구별하는 법의 능력과 대법원의 증거 판결 3부작이 미친 영향에 초점을 맞추었다. 이러한 저술들은 다름 아닌 판결과정의 본질, 그리고 이와 관련해 과학과 법, 판사와 배심원 사이에 나타나는 권위 투쟁을 문제삼았다. "쓰레기 과학"에 대한 후버의 신랄한 공격(Huber, 1991)은 법정이 과학적 진리를 확립하는 장소는 아니라고 주장하는 일련의 책들이 나타날 수 있는 문을 열어주었다. 판사(Foster & Huber, 1997), 배심원(Sanders, 1998), 소송문화(Faigman, 1999; Algell, 1996) 모두가 과학자들이 찾기를 바라는 사실들을 찾아내지 못하는 법원의 무능을 낳은 원인으로 지목되었다. 앞서 본 것처럼 이러한 저작들은 법과 과학의 관계를 둘러싼 위기감에 기여했고 도버트 판결에서 법원이 과학에 대한 존중을 요청한 것에 힘을 보탰다.

그러나 모든 법학자가 이처럼 암울한 평가에 동의하는 것은 아니며, 일종의 대항문헌들도 등장하기 시작했다. 예를 들어 배심원들의 행동을 연구한 학자들은 배심원들이 감정에 휩쓸려 대기업과 병원들의 재력을 염두에 두고 민사소송에서 무책임하게 많은 배상액을 물릴 가능성이 있다는 위기 주창자들의 주장에 도전했다.(Vidmar, 1995) 증거 학자들은 도버트와 그 후속 판결이 과학에 대한 존중이라는 외피를 쓰고 판사들이 배심원의 역할을 빼앗는 데 강력한 근거를 제공했고, 민사소송에서의 거증책임을 조용히 바꿔놓음으로써 원고가 승소하거나 심지어 법정에서 소송을 계속하는 것을 어렵게 만들었다고 주장했다.(Berger, 2001) 아울러 이러한 저작들에서는 도버트의 존중 모델이 법관의 재량을 증가시켰을 뿐 아니라(Solomon & Hackett, 1996; Jasanoff, 1995) 법정을 정의 실현이라는 규범적 관심으로부터 미묘하게 돌려놓았다는 생각이 커지고 있음을 암암리에 볼 수 있었다.(Jasanoff, 2005)

법학자들이 위기 서사를 가지고 논쟁을 벌이는 동안, STS의 시선은 대체로 법률적 환경에서 생산되는 지식의 본질을 탐구하는 데 맞춰졌다. 과학은 단지 재판에서뿐 아니라 공중보건, 안전, 환경규제라는 폭넓은 영역 곳곳에 좀 더 만연해 있는 역할을 수행한다. 그럼에도 "규제과학(regulatory science)"—정부정책을 뒷받침해 수행되거나 응용되는 과학(Jasanoff, 1990: 76-80)—이라는 주제는 STS 연구자들로부터 관심을 많이 끌지 못했다.(그러나 Daemmrich, 2004; Bal & Halffman, 1997을 보라.) 그러나 이 작업은 여전히 중요한데, 과학과 정치 사이의 경계설정을 통한, 또 불확실성을 규제 국가가 관리할 수 있는 것으로 제시하는 위험 담론을 통한 국가의 자기정당화를 주의 깊게 보여주고 있기 때문이다.(Abraham & Reed, 2002) STS 연구들은 전문가 자문위원회 같은 이른바 경계조직들에 초점을 맞추는 데 일조했다. 이러한 기구들의 일차적 기능은 전문가들의 권위와 정치적 의사결정자들의 권위 사이에 분명한 구획을 유지하는 것이다.(Guston, 2001) 이러한 연구의 정치적 유용성은 2003~2004년에 분명하게 드러났다. 규제과학의 동료심사를 통제하려는 미국 관리예산처(Office of Management and Budget)의 노력에 대한 지지자와 반대자들 모두가 전문가 자문위원회에 관한 재서노프의 연구(Jasanoff, 1990)를 인용했던 것이다.[16)]

경계작업이 규제과학 연구에서 엄청난 중요성을 가졌다면, 전문성은 소송 관련 과학에 관한 연구에서 주목할 개념으로 부상했다. 초기에 STS 연구자들은 법이 "발견한다"고 가정하는 과학적 사실들(Jasanoff, 1995)뿐 아니라 그러한 사실들을 제시할 만큼 유능한 것으로 간주하는 사람들(전문가 증인들)도 능동적으로 구성함을 보여주었다. 뒤이어 그들은 가령 지문감식(Cole, 2001)이나 DNA 감식(Lynch & Jasanoff, 1998) 같은 사례를 통해 법 내부에서 특정한 일단의 지식이 만들어지는 과정을 좀 더 상세하게 들여다보았다. 이와 같은 범죄과학은 법이 분명한 신원확인을 필요로 하는 데서 존재 의의를 찾고 있다. 이는 특히 범죄 사건에서 필요하지만 친부 검사나 이민 같은 영역에서도 쓰인다. 그러나 문제의 사실을 확립하기 위해서는

---

16) Office of Management and Budget, Final Information Quality Bulletin for the Peer Review, December 15, 2004를 보라. 원래 제안된 지침에 대해 내가 2003년 12월에 했던 논평을 보면 나의 주장이 규제 동료심사에 대한 통제를 중앙집중화하려는 관리예산처의 목표와 부합하지 않음을 분명히 알 수 있다.

증인의 전문가 지위를 결정하는 것 이상이 요구되며, 소송절차는 종종 임기응변의 성격이 강한 기술적 인과 서사가 구성되는 장소로 기능한다. 한 괴상한 사례에서는 네덜란드 법원이 볼펜이 두개골에 완전히 박혀 사망한 여성의 죽음에 관한 사실을 재구성해야 했다. 법정은 볼펜이 기이한 추락 사고로 인해 눈에 박힌 것인지, 아니면 살인 용의자가 의도적으로 석궁을 써서 쏘아넣은 것인지 하는 문제를 다뤄야 했다. 기괴하고 있을 법하지 않은 두 가지 가능성 사이에서 선택해야 하는 전례 없는 상황에 처하자, 담당 판사는 무엇을 사망원인에 대해 유효한 실험적 입증으로 간주할 것인지, 또 누가 이에 대해 권위 있게 발언할 수 있는 전문가인지 등 사건의 모든 측면에 대해 결정을 내려야 했다.(Bal, 2005)

　전문성에 관한 STS 연구는 위기 서사의 주창자들이 그토록 효과적으로 유포시킨 "쓰레기 과학"이라는 공격에 활발하게 이의를 제기한다. 법사회학자들이 해온 것처럼 집합적인 배심원의 행동에 초점을 맞추는 대신, STS 연구자들은 법의 인식론에 대해 문서에 기반한 통찰을 제공해주는 것으로 법률적 추론을 좀 더 면밀하게 들여다보는 경향을 보여왔다. 게리 에드먼드와 데이비드 머서(Edmond and Mercer, 2000)는 벤덱틴 소송들―그중 하나가 도버트 판결로 이어졌다―을 꼼꼼하게 검토해, 과학학의 대칭적 접근이 어떻게 조지프 샌더스 같은 법학자들이 말하는 오류의 사회학 이야기를 약화시키는지 보여주었다. 에드먼드와 머서의 재구성에서는 판사들이 재판에 앞서 벤덱틴 소송들을 처리할 때 활용했던 "역학 선호(favor epidemiology)" 규칙이 법정에서 존중하며 의지할 외재적인 과학적 합의가 아니라 법률적 추론이 만들어낸 인공물로 등장한다. 에드먼드는 또 다른 미 대법원 증거 판결인 금호타이어 대 카마이클(Kumho Tire Co. v. Carmichael) 재판의 소송 적요서와 법률적 견해를 마찬가지로 상세하게 분석했다.[17] 그는 이 소송을 전문성의 특정한 사회적 표현을 안정화하면서 비과학 전문가 증언에 대해 새로운 허용가능성 기준을 고안해낸 "재판에서의 문학적 기술(Judicial literary technology)"의 한 형태로 제시한다.(Edmond, 2002)

　　다양한 배경을 가진 STS 학자들은 법과 과학에 관해 저술하는 것을 넘어서 소송절차에 전문가로도 참여해왔다. 종종 상대주의로 비판받아온 분야로서는 아이러니하게도, 이러한 참여는 STS의 지식 권위에 대한 반성적 논의를 촉발시켰다. 대부분의 사례에서 STS 학자의 개입은 법정과 판사들에게 과학이 어떻게 작동하며 법률 내지 정치적 의사결정과 어떻게 연관돼 있는지에 대해 좀 더 섬세한 해석을 제공해주려는 것이었다.(Jasanoff, 1992) 이에 따라 1992년에 일군의 과학사가와 과학사회학자들은 도버트 재판에 법정조언자(amicus curiae) 의견서를 제출했다. 이와 비슷하게 2005년에는 미국 생산자들이 수출한 유전자변형 작물에 대한 유럽연합의 일견 불법적인 수입중지에 관한 소송에서, 일군의 학자들이 세계무역기구(WTO)에 의견서를 제출했다.(Winickoff et al., 2005) 아마도 그러한 개입 중 가장 두드러진 사례는 미국 학교에서 진화론을 가르치는 데 도전하는 소송에서 과학철학자들이 진화론에 대한 대안들에 반대하는—찬성하는 입장도 한 번 있었다[18]—증언을 한 것이다.(Quinn, 1984) 이러한 사례들에서 과학철학과 과학사회학은 창조론이나 지적 설계 같은 교의들은 과학적인

---

17) *Kumbo Tire Co. v. Carmichael*, 526 U.S. 137(1999).
18) 과학철학자 스티브 풀러는 널리 방청된 펜실베이니아의 연방 재판에서 진화론에 대한 대안으로 "지적 설계론(intelligent degisn, ID)"을 옹호하는 증언을 했다. *Kitzmiller v. Dover Area School District*, 400 F. Supp. 2d 707(M.D. Pa. 2005)에서 존 E. 존스 판사는 지지자들의 주장과 달리 ID는 종교적 믿음에 뿌리를 두고 있다고 판결했다.

것이 아니라 종교에서 유래했음을 확인하는 데 동원되었다. 전문성의 영역으로서 STS 그 자체가 가진 정당성은 사이먼 콜이 자신의 STS 훈련에 근거해 지문감식은 도버트 판결에서 제시된 조건에 따르면 과학이 아니라고 증언하려 했을 때 문제가 되었다.(Lynch & Cole, 2005; 아울러 Cole, 2005도 보라.) 콜의 자격에 대한 법정의 회의적 태도는 STS의 지위가 아직도 신생 분야에 머물러 있다는 사실과 아울러 법정에서 전문성을 내세우는 근거로서 특수한 기술적 숙달의 중요성을 부각시켰다. 이 모든 소송에서는 과학의 본질에 대해 강력하게 사회화된 주류의 법률적 관점이 STS 학자들이 제기한 비판적 통찰을 견뎌냈다.

과학, 법, 문화

법의 관념은 보편적일지 모르지만 어떤 사회에서 법이 기능하는 방식은 문화적으로 고유하며, 그러한 고유성은 법이 과학기술과 상호작용하는 데서 관찰할 수 있다. 반대로 그러한 작동은 지식과 규범 모두의 진화를 형성하는 데 일조하며, 사회질서 확보라는 목적을 위해 사회가 알기를 희망하는 것에 독특한 특징을 부여한다. 예를 들어 범죄과학은 관습법과 배심원에 기반을 둔 법체계에서는 로마법을 물려받은 법문화—여기서는 판사가 주된 사실 발견자로 행동한다—에서 기능하는 방식과 다르게 발전하고 작동한다.(Leclerc, 2005; Bal. 2005) 마찬가지로 규제과학은 서로 다른 제도적 메커니즘들을 통해 불확실성에 대처하고 합의를 창출하는 정치 시스템들에서 다르게 발전해왔다.(Jasanoff, 2005; Winickoff et al., 2005; Porter, 1995; Brickman et al., 1985) 좀 더 일반적으로는 증거와 증명에 대한 사회적 이해, 권익옹호의 목표, 전문성의 본질, 정치와 권력에 대한 과학의 지위가 모두 법의 렌즈를 통해 굴절된다. STS 학술연구는 이처럼 복잡한 역학관계의 몇몇 측면들을 조명해왔지만, 문화, 과학, 법의 상호작용은 여전히 학술적 분석에서 저발전된 영역으로 남아 있다.

이 분야의 주된 관심이 인식론에 있음을 감안하면, 법정에서 쓰이는 증거의 생산이 STS 연구에서 특히 관심을 끌어왔다는 점은 그리 놀라운 일이 아니다. 그러한 작업은 논란이 되는 사실에 대해 경쟁하는 설명들이 심지어 이른바 직권주의—여기서는 당사자들이 증거의 생산을 통제할 권리를 갖지 않으며, 관련된 관점들이 공정하게 청취될 수 있도록 보증할 책임은 판사들에게 있다—하에서도 등장할 수 있음을 보여준다.(Leclerc, 2005; van Kampen, 1998) 예를 들어 프랑스 민법에서는 상대방의 주장에 이의를 제기할 수 있는 일반적 권리가 발견과 공개 규칙을 보증하며, 현실에 있어 이는 관습법 체계의 그것과 크게 다르지 않을 수 있다.(Leclerc, 2005: 312-322) 앞서 인용한 네덜란드의 볼펜 사건에서는 여성의 죽음이 우연한 것일 수 있었음을 보이려는 용의자 아버지의 노력이 네덜란드 범죄과학연구소(Dutch Forensic Institute, NFI)에서 수행한 것을 넘어선 시험으로 이어졌다. 그 사례에서 대항전문성은 검사 측 논고의 절대적 확실성을 불안정하게 만들어 용의자의 혐의를 벗기는 데 일조했다. 그러나 결과의 바로 그 우연성은 네덜란드 법원이 전문성의 중립성과 범죄과학 지식의 정당한 원천으로서 NFI에 대한 존중에 계속 기대고 있음을 강조하고 있다.

전문성의 개념, 좀 더 일반적으로는 구획의 문제에 몰두해온 STS 학자들은 인식론적 쟁점에 대한 자신들의 관심을 법의 지식생산 능력이 이성과 규범성이라는 좀 더 심층적인 문화적 관념(및 이상)과 관계 맺는 방식에 대한 지속적 탐구와 통합하려는 노력을 대체로 기울이지 않았다. 법정 논쟁에 대한 두터운 기술은 법학자들의 저술에서도 쉽게 찾아볼 수 있다. 에이전트 오렌지 제조업체들을 상대로 한 베트남전 퇴역군인들의 역사적 소송을 다룬 슈크의 서술(Schuck, 1993)이나 매사추세츠주 우번의 수질오염 피해자들을 대변해 결국 실망스럽게 끝난 십자군 전쟁에 나섰던 법정 변호사의 이야기를 설득력 있게 다룬 조너선 하의 책(Harr, 1995)이 좋은 예이다. 주목할 만한 예외는 1980년대 프랑스에서 다수의 혈우병 환자들이 에이즈 바이러스에 감염된 혈액 오염 추문을 다룬 마리-안젤 에밋의 연구이다. 그녀는 심층적인 사회학적, 역사적 연구를 통해 모든 시민 간의 연대라는 프랑스식 관념이 어떻게—사회집단들 사이에 부당한 차별은 안 된다는 미명 아래—이 나라에서 의학적으로 가장 취약한 인구집단 중 하나에 치명적인 피해를 입힌 결정으로 이어졌는지를 추적한다.(Hermitte, 1996)

과학과 법의 상호작용에 대한 탐구는 현대사회가 통치받는 국민들에 대해 알게 되는 문화적으로 특유한 방식들을 드러냄으로써 통치성에 대한 푸코의 거대서사에 미묘한 차이를 덧붙일 것으로 기대할 수 있다. 그러나 법-과학 상호작용에 관한 STS 분석은 아직 개별 사례나 제도에 대한 심층 연구에 집중하는 경향을 보여왔고, 문화나 정치 시스템들을 횡단해 다양한 실천을 들여다보는 데는 미치지 못했다. 이를 보여주는 좋은 사례는 프랑스의 최고 행정법원인 국참사원(Conseil d'Etat)에 대한 라투르의 연구이다. 이 연구에서 그는 민족지방법을 적용해 법정의 행위자들이 어떻게 법률적 객관성과 진리를 구성하는지를 보여주었다. 마치 그의 초기 연구들이 과학에서 진리가 만들어지는 데 초점을 맞췄던 것처럼 말이다.(Latour, 2002) 그러나 법의 인식론을 탈신화화하는 이 활기 넘치는 연구에는 사실성과 합법성에 관한 국참사원의 직관을 프랑스 특유의 것으로 만들어주는 것—만약 그런 것이 있다면—에 대한 분석이 빠져 있었다.

국가 간 비교는 법-과학 상호작용과 그 결과를 형성하는 문화의 역할을 따져 묻는 한 가지 수단을 제공해왔다. 그러한 연구가 초보적인 단계이긴 하지만, STS 작업은 법률적 사고의 양식과 공적 이성의 실천 및 문화 사이에 흥미로운 연결고리를 지적하고 있다. 예를 들어 공공영역에서의 논증과 증명의 구성에서 무엇이 객관적으로 간주되는지는 불편부당성, 투명성, 진실성, 전문성에 관한 법률적 가정에 의해 중요한 방식으로 조건 지어진다. 특히 법률에 의지하는—따라서 개방적이고 대결적인—미국의 정치문화에서 의사결정자들의 취약한 지위는 정책영역에서 익명적이고 수학적인 정당화 방식—"존재하지 않는 곳으로부터의 관점"—이 널리 선호되는 것과 부합한다.(Porter, 1995; Brickman et al., 1985) 좀 더 일반적으로 보면 법률적 전통은 "시민 인식론"의 형태들을 반영하는 동시에 강화시키는 것처럼 보인다. 여기서 시민 인식론이란 오늘날의 민주주의 사회들에 널리 퍼져 있는 국가의 지식생산 실천에 관한 제도화된 대중의 기대를 말한다.(Jasanoff, 2005)

결론

1990년대 이후 STS 학자들은 생산적인 연구 분야로 과학과 법의 상호작용에 점차 눈을 돌려왔다. 점점 그 수가 늘어나고 있는 일단의 연구들은 이러한 탐구의 생산성을 입증해준다. 사실과 진리의 구성이라는 STS의 핵심 관심사의 연장으로서나 통상적인 과학 내지 기술활동의 공간 바깥에 속한 입장에서 과학기술의 사회적 관계를 탐구하는 수단으로서 모두 그렇다. 이러한 연구들에서 법은 STS에 최고의 중요성을 갖는 연구장소로 등장해왔다. 소송절차가 새로운 유형의 과학지식을 생산하고 인증하는 데서 도구적 역할을 할 뿐 아니라, 공적 이성을 구성하는 기본 요소, 예컨대 전문성, 객관성, 증거, 증명의 관념이 과학과 법 사이의 관계 맺음 속에서 형성되기 때문이다.

이 영역은 지적으로 보람 있는 것으로 밝혀졌지만, 어떤 측면에서는 여전히 험난하다. 1990년대의 과학전쟁은 "상층부 연구"가 갖는 위험 중 일부를 지적했다. 특히 사회과학이 과학기술 활동을 묘사하는 새롭고 자율적인 방식을 창조해내려 했을 때 그러했다. 인식론을 사회화하는 것은 쉬운 임무가 아닌 것으로 드러났다. STS 분석가들은 이중의 도전에 직면해 있다. 그들은 과학자들과 자연의 상호작용을 재기술하는 의미 있는 방식을 찾아 그러한 과정에 새로운 사회적 의미를 부여해야 하며, 동시에 자신들의 활동의 본질에 대해 믿을 만한 설명을 만들어낼 권한을 부여받은 유일한 행위자로서 과학자들이 오랫동안 누려온 독점을 깨뜨려야 한다. 법 역시 유사한 이중의 독점을 누려왔다. 첫째는 법의 산물이 법으로 인정받기 위해 씌어져야 하는 언어를 통제함으로써, 둘째는 법이 "실제로 작동"하는 방식을 사회의 다른 영역에 설명할 전문직 권리를 수호함으로써 작동했다.

법-과학 상호작용을 틀짓는 데 쓰이는 지배적 서사는 STS가 과학뿐 아니라 법에 대해 상층부 연구를 수행하는 양면의 투쟁에서 승리를 거두는 데 크게 못 미치고 있음을 보여준다. 이 장에서 논의한 다섯 가지 지배적 줄거리 중 네 개는 일차적으로 STS 학자가 아니라 법률가와 과학자들로부터 나온 것인 반면, 다섯째인 공동생산은 여전히 전문가들이 이해하는 행위자 언어의 영역에 머물러 있으며 아직 법학자, 입법자 혹은 좀 더 폭넓은 사회에는 별다른 반향을 일으키지 못하고 있다. 모든 것을 고려해볼 때 과학학은 계속해서 논쟁을 좋아하는 분야로 기능하고 있고, 여기서 분석적 솜씨와 분과적 통찰은 STS의 통찰과 발견이 이 분야 바깥의 청중들에게 유포되도록 보장하는 데 결코 충분치 못하다.

그처럼 좀 더 폭넓은 청중을 얻기 위해 STS 연구는 이 분야 특유의 편협한 인식론적 관심사를 넘어서 공식적인 법학 학술연구 안팎에서 호의적인 법 비평가들과 관계를 맺는 새로운 방법을 찾아야 할 것이다. STS 분석가들은 지금까지 과학지식을 만들어내고 정당한 전문성과 그렇지 않은 전문성 사이의 경계를 긋는 법의 역할에 가장 크게 주목해왔다. 라투르의 용어를 빌리면 가장 지속적인 관심을 끌어온 것은 "무관심"을 생산하는 법의 역할이다. 법에서 으뜸가는 문서 작성자인 판사들이 덜 단호하고 때로 자기표현이 덜 분명한 다른 행위자들, 가령 변호사, 배심원, 소송 당사자 자신들보다 이에 좀 더 부지런하게 주목해온 것은 그리 놀라운 일이 아닐 것이다. 이미 본 것처럼 인식론에 초점을 맞추면서 일부 STS 학자들은 법체계 내에서 적극적인 역할을 하게 되었다. 가장 눈에 띄는 것은 과학의 편에서 실제 혹은 미래의 전문가 증인으로 하는 역할이지만, 재판 법정, 자문위원회, 규제기구, 사법부에서 법 엘리트들에 대한 자문과 교육을 맡는 눈에 덜 띄는 역할도 있다. 그러나 이러한 임기응변식의 개인적 접촉들은 이 분야가 건설적 비판에서 갖는 잠재력의 표면만을 긁어본 것일 따름이다. 과학과 법에 대한 STS 분석가들은 근대성의 가장 중요한 두 가지 질서유지 제도를 연구대상으로 한다는 점에서 오늘날의 사회에서 중요한 구획들을 떠받치고 있는 숨은 규범성들을 탐구하고 문제를 제기할 수 있는 독특한 위치에 있다. CLS 운동과 그 지적 후예들이 가장 설득력 있게 주장했던 것처럼 이는 지속적으로 강자와 약자, 부자와 빈자, 정상인과 장애인, 특권층과 사회적 주변계층을 갈라놓은 분할이었다.

과학기술과 법을 연구하는 STS 학자들은 법의 지식적 권위에 부단하게 관심을 가지면서, 법이 정의, 합법성, 헌법질서를 구성하고 유지하는—그리고 물론 부정의, 위법성, 무질서라는 파괴적 힘이 발생하는 것을 막는—데서 수행하는 권위 있는 역할에는 대체로 주의를 덜 기울였다. 또한 STS는 법과 과학의 상호작용을 자아, 친족, 교환, 공동체의 문화적 관념들과 함께 체계적으로 탐구하지도 않았다. 이러한 관념들은 근대성 속에서 살고 있는 우리가 일상생활 속에서 경험하는 종류의 근대성에 미묘한 차이를 도입한다. 탐구하는 정신에게 있어 이는 빠진 곳이 아니라 앞으로 채워 넣을 기회가 있는 빈자리이다. 이를 통해 미래의 STS 연구는 새로운 수준의 통찰로 밀고나갈 것으로 기대할 수 있다. 이는 법의 지식 제조뿐 아니라 세상에 질서와 정의를 확립하는 법의 힘도 그 탐구 범위 내에 끌어들임으로써 가능해질 것이다.

참고문헌

Abraham, John & Tim Reed (2002) "Progress, Innovation and Regulatory Science," *Social Studies of Science* 32(3): 337–369.

Angell, Marcia (1996) *Science on Trial: The Clash of Medical Evidence and the Law in the Breast Implant Case* (New York: Norton).

Bal, Roland (2005) "How to Kill with a Ballpoint: Credibility in Dutch Forensic Science," *Science, Technology & Human Values* 30(1): 52–75.

Bal, Roland & W. Halffman (eds) (1997) *The Politics of Chemical Risk: Scenarios for a Regulatory Future* (Dordrecht, Netherlands: Kluwer).

Beck, Ulrich (1992) *Risk Society: Towards a New Modernity* (London: Sage).

Berger, Margaret (2001) "Upsetting the Balance Between Adverse Interests: The Impact of the Supreme Court's Trilogy on Expert Testimony in Toxic Tort Litigation," *Law and Contemporary Problems* 64: 289.

Biagioli, Mario (1993) *Galileo, Courtier: The Practice of Science in the Culture of Absolutism* (Chicago: University of Chicago Press).

Bloor, David (1976) *Knowledge and Social Imagery* (Chicago: University of Chicago Press).

Bowker, Geoff C. & Susan Leigh Star (1999) *Sorting Things Out: Classification and Its Consequences* (Cambridge, MA: MIT Press).

Boyle, James (1996) *Shamans, Software, and Spleens: Law and the Constitution of the Information Society* (Cambridge, MA: Harvard University Press).

Breyer, Stephen (1993) *Breaking the Vicious Circle: Toward Effective Risk Regulation* (Cambridge, MA: Harvard University Press).

Brickman, Ronald, Sheila Jasanoff, & Thomas Ilgen (1985) *Controlling Chemicals: The Politics of Regulation in Europe and the United States* (Ithaca, NY: Cornell University Press).

Calabresi, Guido (1970) *The Cost of Accidents* (New Haven, CT: Yale University Press).

Calabresi, Guido & Philip Bobbitt (1978) *Tragic Choices* (New York: W. W. Norton).

Clark, Michael & Catherine Crawford (1994) *Legal Medicine in History* (Cambridge: Cambridge University Press).

Cole, Simon A. (2001) *Suspect Identities: A History of Fingerprinting and Criminal Identification* (Cambridge, MA: Harvard University Press).

Cole, Simon A. (2005) "Does 'Yes' Really Mean Yes? The Attempt to Close Debate on the Admissibility of Fingerprint Testimony," *Jurimetrics* 45(4): 449–464.

Daemmrich, Arthur A. (2004) *Pharmacopolitics: Drug Regulation in the United States and Germany* (Chapel Hill: University of North Carolina Press).

Edmond, Gary (2002) "Legal Engineering: Contested Representations of Law, Science (and Non-Science) and Society," *Social Studies of Science* 32(3): 371–412.

Edmond, Gary & David Mercer (2000) "Litigation Life: Law-Science Knowledge Construction in (Bendectin) Mass Toxic Tort Litigation," *Social Studies of Science* 30(2): 265–316.

Eigen, Joel Peter (1995) *Witnessing Insanity: Madness and Mad-Doctors in the English Court* (New Haven, CT: Yale University Press).

Faigman, David (1999) *Legal Alchemy: The Use and Abuse of Science in the Law* (New York: W. H. Freeman).

Federal Judicial Center (FJC) ([1994]2000) *Reference Manual on Scientific Evidence*, 2nd ed. (Washington, DC: FJC).

Foster, Kenneth R. & Peter W. Huber (1997) *Judging Science* (Cambridge, MA: MIT Press).

Foucault, Michel (1973) *Madness and Civilization: A History of Insanity in the Age of Reason* (New York: Vintage Books).

Foucault, Michel (1978) *The History of Sexuality* (New York: Pantheon).

Foucault, Michel (1979) *Discipline and Punish* (New York: Vintage Books).

Foucault, Michel (1994) *The Birth of the Clinic: An Archaeology of Medical Perception* (New York: Vintage Books).

Freeman, Michael & Helen Reece (eds) (1998) *Science in Court* (London: Dartmouth).

Fukuyuma, Francis (2002) *Our Posthuman Future: Consequences of the Biotechnology Revolution* (New York: Farrar, Strauss & Giroux).

Fuller, Lon ([1964]1969) *The Morality of Law* (New Haven, CT: Yale University Press).

Gibbons, Michael, Camille Limoges, Helga Nowotny, Simon Schwartzman, Peter Scott, & Martin Trow (1994) *The New Production of Knowledge* (London: Sage).

Gieryn, Thomas F. (1999) *Cultural Boundaries of Science: Credibility on the Line* (Chicago: University of Chicago Press).

Golan, Tal (2004) *Laws of Men and Laws of Nature: The History of Scientific Expert Testimony in England and America* (Cambridge, MA: Harvard University Press).

Goldberg, Steven (1994) *Culture Clash: Law and Science in America* (New York: New York University Press).

Guston, David H. (ed) (2001) "Boundary Organizations in Environmental Policy and Science" (Special Issue), *Science, Technology & Human Values* 26(4).

Hacking, Ian (1992) "World-Making by Kind-Making: Child Abuse for Example," in Mary Douglas & David Hull (eds), *How Classification Works: Nelson Goodman Among the Social Sciences* (Edinburgh: Edinburgh University Press): 180 – 213.

Hacking, Ian (1995) *Rewriting the Soul: Multiple Personality and the Sciences of Memory* (Princeton, NJ: Princeton University Press).

Hacking, Ian (1999) *The Social Construction of What?* (Cambridge, MA: Harvard University Press).

Harr, Jonathan (1995) *A Civil Action* (New York: Random House).

Hart, H.L.A. (1961) *The Concept of Law* (Oxford: Oxford University Press).

Hartouni, Valerie (1997) *Cultural Conceptions: On Reproductive Technologies and the Remaking of Life* (Minneapolis: University of Minnesota Press).

Hermitte, Marie-Angèle (1996) *Le Sang et le Droit: Essai sur la Transfusion sanguine* (Paris: Seuil).

Hilgartner, Stephen (2000) *Science on Stage: Expert Advice as Public Drama* (Stanford, CA: Stanford University Press).

Holmes, Oliver Wendell ([1881]1963) *The Common Law* (Boston: Little, Brown).

Huber, Peter W. (1991) *Galileo's Revenge: Junk Science in the Courtroom* (New York: Basic Books).

Jasanoff, Sheila (1990) *The Fifth Branch: Science Advisers as Policymakers* (Cambridge, MA: Harvard University Press).

Jasanoff, Sheila (1992) "What Judges Should Know About the Sociology of Science," *Jurimetrics* 32(3): 345 – 359.

Jasanoff, Sheila (1995) *Science at the Bar: Law, Science, and Technology in America* (Cambridge, MA: Harvard University Press).

Jasanoff, Sheila (2001) "Ordering Life: Law and the Normalization of Biotechnology," *Politeia* 17(62): 34 – 50.

Jasanoff, Sheila (2002) "Science and the Statistical Victim: Modernizing Knowledge in

Breast Implant Litigation," *Social Studies of Science* 32(1): 37 – 70.

Jasanoff, Sheila (2004) *States of Knowledge: The Co-Production of Science and Social Order* (London: Routledge).

Jasanoff, Sheila (2005) "Law's Knowledge: Science for Justice in Legal Settings," *American Journal of Public Health* 95(S11): S49 – S58.

Kairys, David (ed) (1998) *The Politics of Law: A Progressive Critique*, 3rd ed. (New York: Basic Books).

Keller, Evelyn Fox (1983) *A Feeling for the Organism: The Life and Work of Barbara McClintock* (New York: W. H. Freeman).

Keller, Evelyn Fox (1985) *Reflections on Gender and Science* (New Haven, CT: Yale University Press).

Kelman, Mark (1987) *A Guide to Critical Legal Studies* (Cambridge, MA: Harvard University Press).

Kevles, Daniel J. (1998) *The Baltimore Case: A Trial of Politics, Science, and Character* (New York: W. W. Norton).

Latour, Bruno (1987) *Science in Action: How to Follow Scientists and Engineers Through Society* (Cambridge, MA: Harvard University Press).

Latour, Bruno (1988) *The Pasteurization of France* (Cambridge, MA: Harvard University Press).

Latour, Bruno (1993) *We Have Never Been Modern* (Cambridge, MA: Harvard University Press).

Latour, Bruno (2002) *La Fabrique du Droit: Une Ethnographie du Conseil d'Etat* (Paris: La Découverte).

Lazer, David (ed) (2004) *DNA and the Criminal Justice System: The Technology of Justice* (Cambridge, MA: MIT Press).

Leclerc, Olivier (2005) *Le Juge et l'Expert: Contribution à l'Etude des Rapports entre le Droit et la Science* (Paris: Librarie generale de Droit et de Jurisprudence).

Lieberman, Jethro K. (1981) *The Litigious Society* (New York: Basic Books).

Lynch, Michael & Simon Cole (2005) "Science and Technology Studies on Trial: Dilemmas of Expertise," *Social Studies of Science* 35(2): 269 – 311.

Lynch, Michael & Sheila Jasanoff (eds) (1998) "Contested Identities: Science, Law and Forensic Practice" (Special Issue), *Social Studies of Science* 28(5 – 6).

Merton, Robert K. ([1942]1973) "The Normative Structure of Science," in R. K. Merton (ed), *The Sociology of Science: Theoretical and Empirical Investigations* (Chicago: University of Chicago Press): 267–278.

Minow, Martha (1990) *Making All the Difference* (Ithaca, NY: Cornell University Press).

Mnookin, Jennifer (2001) "Scripting Expertise: The History of Handwriting Identification Evidence and the Judicial Construction of Expertise," *Virginia Law Review* 87: 1723–1845.

Mooney, Chris (2005) *The Republican War on Science* (New York: Basic Books).

Nader, Laura (1969) "Up the Anthropologist: Perspectives Gained from Studying Up," in Dell Hymes (ed), *Reinventing Anthropology* (New York: Pantheon): 285–311.

Ogburn, William F. ([1922]1950) *Social Change with Respect to Culture and Original Nature* (Gloucester, MA: P. Smith).

Ogburn, William F. (1957) "Cultural Lag as Theory," *Sociology and Social Research* 41: 167–174.

Porter, Theodore M. (1995) *Trust in Numbers: The Pursuit of Objectivity in Science and Public Life* (Princeton: Princeton University Press).

Posner, Richard (1992) *Sex and Reason* (Cambridge, MA: Harvard University Press).

Quinn, Philip (1984) "The Philosopher of Science as Expert Witness," in James T. Cushing, C. F. Delaney, & G. M. Gutting (eds), *Science and Reality: Recent Work in the Philosophy of Science* (Notre Dame, IN: University of Notre Dame Press): 32–53.

Sage, William H. & Rogan Kersh (eds) (2006) *Medical Malpractice and the U.S. Health Care System* (Cambridge: Cambridge University Press).

Sanders, Joseph (1998) *Bendectin on Trial: A Study of Mass Tort Litigation* (Ann Arbor: University of Michigan Press).

Schuck, Peter H. (1986) *Agent Orange on Trial: Mass Toxic Disasters in the Courts* (Cambridge, MA: Harvard University Press).

Schuck, Peter H. (1993) "Multi-Culturalism Redux: Science, Law, Politics," *Yale Law and Policy Review* 11(1): 1–46.

Shapin, Steven (1994) *A Social History of Truth: Civility and Science in 17th Century England* (Chicago: University of Chicago Press).

Shapin, Steven & Simon Schaffer (1986) *Leviathan and the Air Pump: Hobbes, Boyle, and the Experimental Life* (Princeton, NJ: Princeton University Press).

Smelser, Neil J. (1986) "The Ogburn Vision Fifty Years Later," in *Commission on Behavioral and Social Sciences and Education, Behavioral and Social Science: 50 Years of Discovery* (Washington, DC: National Academies Press): 21 – 35.

Smelser, Neil J. & Paul Baltes (eds) (2001) *International Encyclopedia of Social and Behavioral Sciences* (Oxford: Elsevier).

Smith, Roger (1981) *Trial by Medicine: The Insanity Defense in Victorian England* (Edinburgh: University of Edinburgh Press).

Smith, Roger & Brian Wynne (eds) (1989) *Expert Evidence: Interpreting Science in the Law* (London: Routledge).

Solomon, Shana & Edward Hackett (1996) "Setting Boundaries Between Science and Law: Lessons from *Daubert v. Merrell Dow Pharmaceuticals, Inc.*," *Science, Technology & Human Values* 21(2): 131 – 156.

Stoler, Ann L. (2002) *Carnal Knowledge and Imperial Power: Race and the Intimate in Colonial Rule* (Berkeley: University of California Press).

Timmermans, Stefan (2006) *Postmortem: How Medical Examiners Explain Suspicious Deaths* (Chicago: University of Chicago Press).

Unger, Roberto (1986) *The Critical Legal Studies Movement* (Cambridge, MA: Harvard University Press).

Van Kampen, Petra T. C. (1998) *Expert Evidence Compared: Rules and Practices in the Dutch and American Criminal Justice System* (Antwerpenen Groningen, Netherlands: Intersentia Rechtswetenschappen).

Vidmar, Neil (1995) *Medical Malpractice and the American Jury: Confronting the Myths About Jury Incompetence, Deep Pockets, and Outrageous Damage Awards* (Ann Arbor: University of Michigan Press).

Waldron, Jeremy (1990) *The Law* (London: Routledge).

Winickoff, David, Sheila Jasanoff, Lawrence Busch, Robin Grove-White, & Brian Wynne (2005) "Adjudicating the GM Food Wars: Science, Risk, and Democracy in World Trade Law," *Yale Journal of International Law* 30: 81 – 123.

Wynne, Brian (1982) *Rationality and Ritual: The Windscale Inquiry and Nuclear Decisions in Britain* (Chalfont St. Giles, U.K.: British Society for the History of Science).

31.
지식과 발전

수전 코젠스, 소냐 가체어, 김경섭, 곤잘로 오도네즈, 아누피트 수프니타드나폰

민주주의와 마찬가지로 발전은 본질적으로 논란의 여지가 많은 개념이다. 그것의 의미에 너무나 많은 것들이 연관돼 있기에 하나의 형태로 정착되기가 쉽지 않은 것이다. 이 단어는 과정과 방향을 연상시키며, 무엇을 향한 발전인가 하는 질문을 하게 만든다. 인도의 농부에게 발전은 안정된 식량공급, 계속 농사를 지을 수 있다는 보증, 그리고 어린 나이에 사망하는 아이들의 감소를 의미할 것이다. 세계은행 관리에게 농부의 꿈은 빈곤 완화와 아동사망률 감소에 관한 통계로 나타날 것이다. 산업가에게 발전은 사업의 생존과 개인적 부를 의미할 것이고, 경제학자에게는 국내총생산의 성장을, 정치인에게는 일자리, 인기, 권력을 의미할 것이다.

아마르티아 센(Sen, 2000)은 발전을 자유로 정의한다. 자유는 발전의 과정에서 중심을 이룬다고 그는 주장한다. 왜냐하면 "발전의 성취는 사람들의 자유로운 행위능력에 전적으로 의존하며"(수단으로서의 자유) 자유는 진

보를 측정할 수 있는 잣대를 제공하기 때문이다.(목적으로서의 자유) 자유로서의 발전은 인간이 그 나름의 맥락 속에서 그 나름의 목표를 달성하는 능력을 얻는 것을 의미한다.

실질적 자유에는 기아, 영양실조, 회피가능한 질병, 조기 사망 같은 궁핍을 피할 수 있는 기본적 능력과 함께 글을 읽고 셈을 할 수 있고, 정치적 참여와 검열받지 않은 발언을 누리는 등의 자유도 포함된다.(Sen, 2000: 3)

이러한 의미의 자유에서 선진국(global North)[1]과 개발도상국(global South) 간의 근본적인 차이는 개발도상국의 수많은 사람들이 가난하다는 것이다. 개발도상국 인구의 거의 3분의 1이 하루 수입 1달러 미만의 절대적 빈곤 속에서 살아가고 있다.(Chen & Ravallion, 2004) 최빈국에서의 수명은 부유한 국가들의 절반밖에 안 되며, 개발도상국들은 에이즈, 결핵, 말라리아 같은 주요 질병들의 부담도 대부분 지고 있다.(Task Force on HIV/AIDS, 2004) 환경적 조건들이 예컨대 깨끗한 물의 부족이나 적절한 위생시설의 결핍을 통해 사람들의 건강을 해치고 있고, 빈곤은 도시빈민들이 최소한의 생계유지를 위해 숲이나 토지 같은 천연자원을 고갈시킴에 따라 환경 악화에 기여하고 있다.(Vosti & Reardon, 1997) 과학기술과 발전에 관한 문헌 중 일부는 연구와 혁신이 이러한 일상생활의 문제들을 해결하는

---

1) 이 글에서는 개발도상국을 아프리카, 아시아, 라틴아메리카의 중간소득 및 저소득 국가들로, 선진국을 세계의 고소득 국가들로 정의한다. 전자에 대해서는 때때로 개발도상 세계(developing world) 내지 개도국(developing country)이라는 용어를 썼다. 동유럽과 구소련에 위치한 체제전환국(transition country)들은 다른 일단의 발전 경험을 제공하며, 이 글에서는 논의하지 않는다.

데 기여할 수 있는 방식에 초점을 맞춘다. 우리는 이러한 접근법을 **인간개발 프로젝트**로 부를 수 있다.

발전 논의의 또 다른 일부는 경제성장을 통해 인간개발의 도전에 대처할 자원을 제공하는 데 초점을 맞춘다. 어떤 나라가 새로운 기술, 특히 정보기술에 정통하는 것이 종종 핵심으로 여겨진다. 이러한 관점에서는 전 지구적 기반의 정보흐름이 새로운 경제의 생명줄이다. 최악의 경제적 운명은 전 지구적 연결망의 주변부에 위치하는 것이 아니라, 카스텔스(Castells. 1996)가 "정보경제의 블랙홀"이라고 불렀던 것처럼 그것과 무관해지는 것이다. 지식산업—최첨단에 위치함으로써 일시적인 독점 지위를 유지할 수 있는 신흥 분야—은 오늘날, 그리고 미래에 부의 주요 원천으로 그려진다. 이러한 관점에서는 지리적 지역들 전체(가령 유럽 대 북미)가 오늘날의 산업 현장의 요동과 변화 속에서 경쟁의 승리를 위해 다툰다. 실제로 오늘날의 경제성장이론들은 기술혁신을 성장과정의 바로 핵심에 위치시키고 있다. 이에 따라 국가적 산업의 시장—국내 시장과 국제 시장 모두—을 유지하는 데서 기술이 하는 강력한 역할은 종종 발전을 위해 과학기술을 활용하는 두 번째의 주요 도전인 **경쟁력 프로젝트**로 간주된다.

두 번째 프로젝트에 몰입한 많은 관찰자들은 첫 번째에 대한 시각을 놓치기 쉽다. 그러나 삶을 개선하는 것은 자유로서의 발전에서 핵심을 이룬다. 빈곤층, 중산층, 부유층을 막론하고 개발도상국의 시민 대다수는 추상적인 의미의 "과학"이나 "기술"에 대해 사고하지 않는다. 그들이 STS에서 사회기술 시스템이라고 부르는 것의 일부를 이루는 전기, 물, 의료, 텔레비전, 휴대전화를 사용하거나 구입하면서도 말이다. 기술을 분석하기보다 이를 살아가고 있는 개발도상국의 사람들 대부분은 일차적으로 기술이 자신, 가족, 지역, 국가를 어떻게 도와줄 것인가 하는 질문을 던진다.

발전을 위한 과학기술을 다룬 출간된 문헌들은 자유로서의 발전을 성취하기 위해 과학기술을 활용하고자 하는 개발도상국의 행위자들에게 무엇을 제공할 수 있는가? 이 장은 포괄적 시야를 제시하지 않는다. 그렇게 하기에는 문헌의 규모가 너무 방대하며, 심지어 우리가 이『편람』의 구판 (Shrum & Shenhav, 1994) 이후에 출간된 문헌들에만 초점을 맞춘다고 해도 마찬가지이다. 그러나 적어도 오늘날 과학기술학, 경제성장이론, 혁신체제 연구의 접점에서, 살아 있는 개념들에 기반을 둔 연구 문제들을 제기하려 애써볼 것이다.

이 장의 첫 번째 절에서는 세 가지 시각을 제시할 것이다. 두 번째 절에서는 이를 실천적 발전 문제들―교육, 혁신정책, 학습기업(learning firm)―의 사례를 해석하는 데 응용해볼 것이다. 마지막 절에서는 발전과정에서의 과학기술에 관한 행위자 중심의 지식 다원주의적 연구의제를 위해 몇 가지 핵심 질문들을 개관할 것이다.

세 가지 시각

과학기술학

이『편람』의 구판이 출간된 이후 10여 년 동안 사회과학은 종종 세계화라는 큰 틀 아래 세계체제의 변화과정에 대한 분석으로 넘쳐났다.(Worthington, 1993) 세계화는 수많은 의미들을 가지고 있지만, 지배적인 접근에서는 이를 전 지구적 규모에서 국가들 간의 생산과정 분배로 정의한다. 이는 일부 개발도상국들에서의 생계를 변형시키면서 다른 국가들은 그대로 놔두는 과정이다. 현재의 세계화 물결과 이전의 물결들―세기 전환기의 거대한 이민 물결을 포함해서―사이의 비교가 넘쳐나고 있다.

이번 물결에서는 움직이는 것이 노동이 아니라 자본이다. 세계사에서 사상 처음으로 중심과 전도유망한 반주변부 사이에 제조된 상품의 상호교역이 이뤄지고 있다.(Ghose, 2003)

기술적인 것으로 파악된 두 가지 변화가 종종 현재의 역학관계를 추동하는 것으로 그려진다. 운송 비용 하락과 컴퓨터 매개 통신 능력의 증가가 그것이다.(Ghose, 2003) 일부 관찰자들은 통신 네트워크의 확산에 근본적 중요성을 부여한다.(Castells, 1996) 사회학자들은 이처럼 새롭게 연결된 세계에서 도시화의 패턴을 탐구해왔고(Sassen, 2002), 정치학자들은 국가 거버넌스 패턴의 변화에 대한 연구를 포기하지 않으면서도 세계무역기구 같은 전 지구적 거버넌스의 신흥 기관들과 그것이 전 지구적 지식경제에서 협상하고 있는 새로운 일단의 규칙들을 분석하기 시작했다.

STS 문헌에는 개발도상국에서 일어나고 있는 연구들이 포함돼 있지만, 이들을 합쳐 세계경제의 변화하는 거시구조에 대한 설명이나 일관성 있는 발전이론으로 만들려는 노력은 이뤄지지 않고 있다. 대신 연구들은 특정한 행위자들과 그들이 특정한 상호작용에 끌고 들어오는 지식의 형태를 부각시켜 새로운 패턴을 만들어내는 동역학을 조명한다. STS 문헌은 그 접근법에 있어 단일하지 않다. 방법들은 표준적인 설문조사 연구(Campion & Shrum, 2004)에서 연결망 연구(Shrum, 2000), 담화분석(Hecht, 2002)까지 다양하지만 지배적인 접근법은 서사이다. 그러나 이 문제에 대한 STS 접근을 구성하는 다양한 저술들에 걸쳐 나타나는 몇 가지 주제들이 있다.

STS 연구에서 그려지는 행위자들은 흔히 전 지구적 과학자 공동체에 속해 있다. 그래서 우리는 예컨대 개발도상국에 있는 여성과학자(Campion & Shrum, 2004; Gupta & Sharma, 2002)와 대학(Sutz, 2003)에 대한 연구를 찾아볼 수 있다. 때로 연구들은 통상적인 궤적을 확인해준다. 예를 들어 벨

로와 페소아(Velho & Pessoa, 1998)는 국제적 연구에서 브라질의 야심이 싱크로트론 광원에 투자하는 결정으로 이어졌음을 보여준다. 롬니츠와 샤자로(Lomnitz & Cházaro, 1999)는 멕시코 대학의 기초연구 지향 보상체계에 컴퓨터과학자들의 역할에 대한 이해가 결여돼 있다고 탄식한다. 다른 연구들은 비정부 농업연구 조직에 대한 슈럼의 설명(Shrum, 2000)에서처럼 새로운 질서를 그려낸다.

선진국과 개발도상국 학자들 간의 관계는 STS 문헌에서 주목을 받았다. 캐멀롯 프로젝트(Project Camelot)를 다룬 솔로베이의 연구(Solovey, 2001)가 좋은 예이다. 몇몇 논문들은 개발도상국에서 참관인 역할—혹은 슈럼(Shrum, 2005)의 표현을 빌리면 "촉매" 역할—을 하는 선진국 학자들의 지식 지위를 성찰적으로 다루고 있다.(Verran, 2001도 보라.) 이와 비슷하게 드래트와 몰(de Laet & Mol, 2000)은 짐바브웨 부시 펌프에 대한 "사랑" 속에서 "규범성을 '행하는' 새로운 방식"을 탐구한다.

상이한 지식 형태들의 병치와 갈등은 개발도상국을 배경으로 하는 STS 연구에서 가장 흔히 볼 수 있는 주제이다. 예를 들어 레이(Lei, 1999)는 1920년대와 1930년대 중국에 등장한 "서양식" 의사들의 연결망에서 중국의 전통의학이 배제되는 과정을 그려냈다. 탈식민주의 과학은 현재에 반향된 과거의 권력관계를 담고 있다.(가령 Adams, 2002; 아울러 Dubow, 2000도 보라.) 그러나 전통적, 지역적인 것이 항상 "근대적"인 선진국의 것에 의해 극복되는 것은 아니다. 베런의 설명(Verran, 2002)에서 환경과학자들은 결국 오스트레일리아에서 덤불을 태우는 원주민들의 방식을 존중하게 된다. 그리고 농부, 엔지니어, 사회활동가들은 인도의 발리라자 메모리얼 댐을 공동으로 설계했다.(Phadke, 2002)

이러한 주제들에서 STS 문헌은 암암리에 세계화를 지식의 대립과정으로 그려낸다. "전문직업적" 내지 "과학적" 지식은 선진국의 특권을 개발도상국에서의 삶을 형성하는 정의 속에 집어넣는다. 이는 문제를 틀짓고 다루는 다른 방식들, 특히 빈민들이나 토착민들의 지식에 뿌리를 둔 방식과 뒤엉킨다. STS 접근은 다양한 지식 형태들을 대칭적으로 다룸으로써 하나의 지식 형태를 다른 지식 형태보다 우위에 놓는 권력의 비대칭성에 주목한다. STS 연구들은 폭넓은 일단의 행위자들을 포괄하는데, 특히 시민사회와 주변화된 집단들을 부각시키며, 그들의 범주와 지식을 전면에 내세운다. 결국 STS 문헌은 발전 프로젝트와 관련해 특정한 질문들을 부각시킨다. 누구의 프로젝트인가? 다양한 행위자들은 어떤 지식을 상호작용에 끌고 들어오는가? 누구의 지식이 존경과 존중을 받는가? 프로젝트가 관련된 사람들의 일상생활에 미치는 결과는 무엇인가?

STS 연구의 배경에는 자유로서의 발전에 관한 실천적 문제들, 가령 에이즈(Karnik, 2001), 농촌 에너지(Gorman & Mehalik, 2002), 임신 및 출산(Oudshoorn, 1997), 샤가스병(Coutinho, 1999) 등이 놓여 있다. 발전에 대한 STS의 기여는 선진국의 과학 내지 기술에서 쓰이는 범주들의 부담에서 벗어나 지역적 방식으로 문제와 해법 모두를 상상해볼 수 있는 자유에 있다.

신성장이론

경제학은 개발도상국에서 과학기술에 대한 사고의 또 다른 갈래를 제공한다. 개발도상국 연구가 분리돼 있지 않은 STS와 달리, 경제학은 "발전"을 다루는 하위 분야를 갖고 있고 이 과정에 특정한 설명을 제공하는 이론의 갈래(성장이론)도 갖고 있다. 그러한 설명에서는 국민국가가 중심 행위자이며 정부(보통 "국가"로 불리는)가 중심적인 역할을 담당한다. STS 학자들과 마찬가지로 경제학자들 자신도 역할을 한다. 그들은 국가 정부와 국제 은행 모두에 대해 분석과 조언을 제공하기 때문이다. 하지만 그들은 자신들의 역할에 대해 덜 주목하며, 자신들의 작업에서 이를 면밀하게 검토하는 일도 드물다. 자서전의 양식을 빌린 경우를 제외한다면 말이다.[가령 스티글리츠의 『세계화와 그 불만』(Stiglitz, 2002)은 세계은행에서의 경험을 다루고 있으며, 삭스의 『빈곤의 종말』(Sachs, 2005)도 여기에 속한다.]

성장이론은 그 뿌리를 애덤 스미스와 확장하는 경제활동에서 노동분업의 역할에 관한 그의 분석, 그리고 자본가와 생산기술("생산수단")을 경제 변화의 원동력으로 보았던 카를 마르크스까지 거슬러 올라갈 수 있다. 고전파 성장이론은 경제성장의 원인을 토지, 노동, 자본의 축적에 돌린다. 1950년대 학자들은 새로운 자료에 비춰 이러한 주장을 검토해 이 셋의 조합으로 성장에서의 모든 차이를 설명할 수는 없다고 지적했고, 솔로는 나머지 차이("잔여분")가 기술변화에 기인한다는 가설을 덧붙였다. 신고전파 성장이론—이러한 가설에 붙여진 새 이름—은 기술변화의 원천을 깊게 파고들지는 않았고, 대신 그 결과를 모든 국가와 기업이 활용할 수 있는 공공재로 간주했다.(Solow 1956, 1957) 기술은 이 이론에서 "외생적"인 것이었다. 창의적 자본가는 자취를 감추었고, 얼굴 없는 기술변화의 과정이 이를 대신했다. 신고전파 성장이론은 전통적인 근대화 이론과 양립가능했다. "뒤떨어진" 국가들은 "추격할" 수 있었다. 기술습득이 기술개발보다 비용이 훨씬 덜 들기 때문이었다.

오늘날의 성장이론에서 가장 영향력이 큰 계보는 기술을 내생적인 것으로—다시 말해 민간기업이나 국가가 내린 의도적인 경제적 선택의 결과로—취급해 이러한 상을 바꾸었다.(Romer, 1990) 신기술 개발에 투자하는 사람들은 경제적 보상을 얻는다. 새롭고 좀 더 생산적인 뭔가를 하는 수단을 일시적으로 독점할 수 있기 때문이다. 경제성장은 새로운 지식과 연관된 수확체증에서 비롯된다. 그 결과 물리적 경제에서는 수확이 감소하는 반면, 새롭게 명명된 지식경제에서는 증가한다.(Cortright, 2001)

이러한 신성장이론은 지식기반 경제가 독점적 경쟁으로 나아가는 경향이 있다고 본다.(Cortright, 2001) 지식은 (지속적으로 한계비용을 떨어뜨려) 수확을 증가시키기 때문에, 선도 기업들은 극복불가능한 우위를 강화하는 경향을 가지며 신규 진입자들은 이미 자리를 잡은 경쟁자들에 비해 훨씬 높은 비용으로 시작해야 하는 어려운 전망에 직면한다. 여기서는 역사가 중요하다. 일단 어떤 기술이 고착되고 나면 경쟁자들이 이를 대체하기는 더 어려워진다. 제도도 중요한데, 진보를 지속시키려면 변화하는 환경에 대해 역동적인 조직적 적응이 요구된다. 장소 역시 중요하다. 지역의 제도와 문화가 지식의 흐름을 형성하며, 암묵적 지식도 중요하다.

이 모든 요인은 일단 어떤 국가 내지 지역이 중대한 지식 우위를 갖게되면 다른 국가 내지 지역이 이를 추격하는 것이 어려울 것임을 시사한다. 현재 거의 아무런 기술기반도 갖추지 못한 국가는 앞으로도 결코 게임에 뛰어들 일이 없을 거라고 손쉽게 결론 내릴 수 있다. 그러한 국가에 대한 신성장이론의 일차적인 조언은 인적 자본을 증가시키라는, 다시 말해 교육을 통해 지식과 창의성의 총량을 늘리라는 것이다. 성장에 대한 또 다른 내생적 접근인 진화경제학(Nelson & Winter, 1982)은 지식경제에 내재한 또 다른 기회에 주목한다. 시장의 창조적 파괴, 즉 예전의 산업을 대신하는 새로운 산업의 지속적 등장은 자국의 자원을 특정 영역에 집중시켜 낡은 산업에서 경쟁자들을 뛰어넘고 새로운 산업에서 자기 자리를 찾도록 국가들에게 가능성을 열어준다.(Schumpeter, 1942) 기술변화는 이 과정의 근간에 위치해 있으며, 이에 따라 다음번 물결이 왔을 때 올라타는 데 필요한 능력에 각국이 투자하는 것은 가치 있는 일이 된다. 기술기반 성장에서 성공을 거둔 가장 두드러진 사례들 중 일부는 이러한 경로를 따랐다. 한국, 대만, 싱가포르 같은 아시아의 "호랑이"들이 여기 속한다.

발전에서 과학기술의 역할에 대한 이러한 설명에 등장하는 행위자들은 동일한 주제를 다룬 STS 문헌에서 나타난 행위자들과 크게 다르다. 궁극적으로 성장을 이뤄내는 것은 민간기업들이지만, 이론가들은 일차적으로 정부에 대해 조언을 제공하면서 기업들이 행동에 나설 수 있는 조건을 만들 것을 촉구한다. 지식은 다시 한 번 갈등의 대상이지만, 이번에는 혁신에 체현된 새로운 지식이 경쟁의 기반을 이루며, 다양한 제도들은 소유와 수익의 기본 원칙을 놓고 경합을 벌인다. 이러한 이론가들에게 발전은 센이 의미한 자유가 아니다. 산업성장은 창출된 부의 재분배 메커니즘이 없다면 지속적인 빈곤과 공존할 수 있다. 신성장이론은 어떤 국가 내지 지역에서 부의 축적에 관심을 가지며, 그 부를 인간개발에 쓰는 것은 다른 누군가가 해야 할 프로젝트이다.

혁신체제

과학기술과 발전에 관한 최근 연구의 세 번째 노선은 진화경제학의 개념들에 의지해 이를 행위자들의 연결망과 개발도상국에서 그들 간의 관계로 구체적으로 추적한다. 최근 급증한 혁신체제 연구가 그것인데, 혁신체제는 국가, 지역(일국 이하), 부문(품목별) 등 세 가지 주요 유형이 있다. 이 개념들은 프리먼(Freeman, 1982), 넬슨(Nelson, 1993), 룬트발(Lundvall, 1992) 등이 도입해 발전시켰고, 국가 수준에서는 에드퀴스트(Edquist, 1997), 지역 수준에서는 브라크직 등(Braczyk et al., 2003), 부문 수준에서는 말레바(Malerba, 2004)가 각각 발전시켜왔다. 최근에 나온 몇몇 단행본들은 특히 개발도상국의 맥락에서 응용을 탐색하고 있다.(Cassiolato et al., 2003;

Muchie et al., 2004; Baskaran & Muchie, 2006)

혁신체제는 요소들 및 그것들 간의 관계로 이뤄져 있다.(Edquist, 1997) 이는 행위자들의 연결망으로 STS의 행위자 연결망 이론에서 볼 수 있는 것과 흡사하다.(Callon, 1999; Latour, 1987) 보통 논의되는 세 가지 행위자 범주는 기업, 정부, 연구기관이 있는데, 마지막 것에는 공공부문 연구소와 대학이 포함된다. 이 개념은 새로운 형태의 행위자들을 받아들이는 데 아무런 문제도 없다. 예를 들어 슈럼(Shrum, 2000)이 설명한 비정부 연구조직이나 대학과 연관된 연구공원 같은 잡종적 형태가 여기에 속한다. 아울러 시민사회조직들도 원칙적으로 포함될 수 있지만, 실제에 있어서 그들은 혁신체제 연구자들이 들려주는 이야기(그들의 "사례연구")에 좀처럼 등장하지 않는다. 그럼에도 불구하고 기업은 연결망의 중심에 있으며, 건강한 혁신체제는 기업들이 앞장서는 체제이다. 경쟁에서 교환과 협력까지 수많은 형태의 관계들이 이야기에 등장한다. 연결망은 복수의 수준 내지 하위 연결망을 가질 수 있다. 예를 들어 여기에는 지역, 일국, 초국적 수준(가령 유럽연합)의 정부 행위자들이 포괄될 수 있다. 부문들은 지역적 연결망의 하위 영역을 형성할 수 있다.

앞선 두 가지 시각에서처럼, 지식은 혁신체제 개념에서 중심적인 역할을 한다. 혁신체제의 생명과정은 학습이며, 여기에는 지식에 대한 접근, 축적 및 응용(단일 순환학습), 환경변화에 대한 대응(이중 순환학습), 환경을 변화시키기 위해 내적으로 생성된 지식 활용(삼중 순환학습)이 포함된다.(OECD, 2002) 혁신체제에서 연결망의 가치는 상호작용과 공유를 통한 학습의 증진에 있다. 혁신체제에서는 누구나—개인, 기업, 그 외 제도들, 체제 그 자체까지—학습을 해야 한다. 원칙적으로 지식의 원천은 연결망에 포함된 행위자들만큼 혼종적일 수 있다. 실제에 있어서는 다시 한 번 조직, 기업,

기술 관련 지식이 혁신체제 설명에서 우대받지만 말이다.

혁신체제의 프로젝트는 무엇인가? 암묵적인 목표는 성장이다. 이러한 초점은 기업에 주어진 중심적 역할에서 분명하게 드러난다. 학습의 중심성은 자유로서의 발전 접근과 친화성을 만들어내는 듯하지만, 또 창시자들은 사회적 학습과정을 분석하고 있다고 주장하지만(Johnson & Lundvall, 2003), 혁신체제 문헌은 학습이 기업, 정부기구, 실험실의 연결망을 넘어 확장하는지 여부에 구체적인 관심을 거의 쏟지 않는다. 혁신체제는 그 구성에서 손쉽게 엘리트적일 수 있으며, 이 개념은 다른 방향을 요구하지 않는다. 마찬가지로 이 개념은 체제가 사회적으로 건설적인 기술을 지향하는지 파괴적인 기술을 지향하는지(가령 백신인지 무기 시스템인지)에 대해 중립을 지킨다. 지역 혁신체제에 관한 문헌은 지리적 재분배로 기울어져 있으며, 덜 부유한 지역들이 더 부유해질 수 있는 방법을 탐색한다. 마찬가지로 개발도상국에 대한 이 개념의 응용은 경제적 추격 의제를 뒷받침하기도 한다.(Johnson & Lundvall, 2003) 그러나 혁신체제 학자들 중 사회적 생산성이나 빈곤 완화를 위한 혁신의 중요성을 강조해온 사람은 아주 드물다.(예외로는 Arocena & Senkar, 2003; Arocena & Sutz, 2001, 2003; Sutz, 2003 을 보라.)

요약

그렇다면 이러한 세 가지 문헌 각각은 서로 다른 렌즈를 통해 개발도상국의 삶을 들여다보며, 각각에서는 모종의 지식이 중요한 역할을 한다. 신성장이론은 상업적으로 중요한 새로운 지식에 대한 독점을 통해 경제성장의 조건을 확보하는 국가의 역할에 초점을 맞춘다.(이러한 시각을 성장으로서의 지식이라고 부를 수 있다.) 혁신체제 접근은 기업과 그 학습과정에 초점을 맞추며, 이들이 유인이나 다른 제도들과의 상호작용을 통해 어떻게 강화될 수 있는가 하는 질문을 던진다.(학습으로서의 지식) STS 문헌은 선진국의 과학기술제도가 개발도상국의 다른 맥락에서 생산된 지식과 조우하고 관계 맺는 과정을 추적하며, 시민사회조직과 주변화된 집단들의 권한강화에 초점을 맞춘다.(대립으로서의 지식) 이러한 시각들 중 어느 것도 자유로서의 발전을 명시적 목표로 삼지 않았고, 이 접근이 세계 인구의 기본적 필요를 충족시키는 데 어떻게 기여할지를 구체적으로 탐구하지도 않았다.

응용

지난 반세기 동안 연이어 등장했던 다양한 발전 패러다임들(Gore, 2000)은 전략과 행동에서 한 가지 가정을 공유해왔다. 가난한 국가의 맥락에 있는 어떤 일단의 행위자들이 "발전"을 향해 명시적인 일단의 조치들을 취해야 한다는 것이다. 여러 패러다임들은 이렇게 가정된, 하지만 종종 명명되지는 않은 일단의 행위자들을 겨냥해 다양한 정책 처방들을 제시했다. 그러나 앞서 개관한 세 가지 시각들은 복수의 행위자가 있는 공간을 찾아냈다. 이 공간에서는 시민사회, 국가, 민간기업의 이해관계가 일치하지 않을 수 있고, 자유로서의 발전으로 반드시 귀결되는 것이 아님도 분명하다. 이 절에서는 현재의 패러다임이 이처럼 다양한 행위자들에게 부과하는 공통된 세 가지 발전과제들을 검토하고, 각각이 자유로서의 발전에 기여할 수 있는 전망을 분석한다.

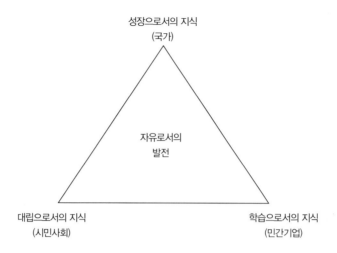

〈그림 31.1〉 발전 삼각구도

성장으로서의 지식
(국가)

자유로서의
발전

대립으로서의 지식
(시민사회)

학습으로서의 지식
(민간기업)

자유로서의 교육

〈그림 31.1〉의 시민사회 꼭짓점에 서서 교육의 과정을 탐구해보자. 교육의 중요성, 특히 생산성을 높이고 혁신을 증가시키고 사회문제를 해결하는 수단으로서 과학기술교육의 중요성은 교육과 발전에 관한 문헌에서 되풀이되는 주제이다.(Lewin, 2000a, b; UNESCO, 2004; Watson et al., 2003) 일본, 좀 더 최근에는 동아시아 호랑이들의 경제적 성공은 교육에 대한 강조가 나중에 국가발전 노력에 엄청난 이득을 가져다준 사례로 인용되고 있다.(Mingat, 1998) 개발도상국의 과학기술교육은 교사부족, 역량 미달, 장비 부족(Sane, 1999), 빈곤으로 인한 낮은 접근가능성, 과학기술 연구와 경력에 대한 학생들의 관심 부족 등의 제약에 직면해 있다.(UNESCO, 2004) 관찰자들은 교육정책이 거시경제 및 무역정책, 제도(법 및 정치 시스템), 부존자원, 사회문화적 환경 등의 다른 요인들을 고려해야 한다고 지적한

다.(Banerjee, 1998; Hunter & Brown, 2000)

교육은 자유로서의 발전 개념에서 중심을 이룬다. 이 개념의 응용은 좀 더 청정한 생산을 훈련시키고(Huhtala et al., 2003) 재생산 건강 문제의 연구역량을 강화하는(Benagiano & Diczfalusy, 1995) 데서 볼 수 있는 것처럼 기본적 필요를 충족시키는 프로그램들을 훌쩍 뛰어넘는다. 전 세계 시민들은 안정적 생계와 정치적 발언 모두를 성취하기 위해 교육을 필요로 한다. 결국 교육은 민주주의, 사회정의, 개인의 권한강화를 증진시키는 데 중요한 기여를 하는 것으로 보인다.(Kyle, 1999; Zahur et al., 2002) 이러한 목표를 달성하려면 읽고 쓸 줄 아는 능력이 필수적이기 때문에 국제기구의 정책 방향은 종종 개발도상국들이 초등교육에 대한 공공지출의 비중을 증가시켜야 한다고 제시해왔다.(Curtin & Nelson, 1999)

신성장이론은 이와 대조적으로 혁신과정에 투입할 수 있는 고등교육과 기술적 숙련에 좀 더 강조점을 둔다. 국가의 조치라는 시각에서 보면 교육에 할당된 자원은 센이 말한 자유의 수단과 목표가 아니라 "인적 자본에 대한 투자"가 된다. 경제학자들은 초등, 중등, 고등 수준 교육을 가로지르는 진정한 사회적 이득을 파악하는 데 어려움을 겪고 있고(Birdsall, 1996; Heyneman, 2003; Vlaardingerbroek, 1998), 권고된 프로그램의 유효성과 적절성을 보는 시각은 서로 엇갈린다.(Curtin & Nelson, 1999; Heyneman, 2003) 그럼에도 불구하고 경제학자들이 보기에 고등교육에 대한 투자는 최소한 초등 수준에 대한 투자만큼 중요하며, 정책결정자들에게 둘 사이에서 균형을 잡아야 하는 어려운 과제를 제시한다.

"인적 자본"이라는 용어는 정부정책이 교육과 훈련을 직접 제공하는 역할뿐 아니라 아시아의 몇몇 모델 경제가 해온 것처럼 민간부문의 적극적 역할을 가능케 하고 장려하는 역할도 해야 함을 시사한다. 아시아 호랑이들의 교육 전략은 다른 개발도상국들에 귀중한 통찰을 제공하지만, 맥락적 기초를 염두에 두어야 한다.(Kuruvilla et al., 2002) 정부의 역할은 정적인 것이어서는 안 된다. R&D와 훈련에 대한 한국 정부의 역할 변화는 이를 잘 보여준다.(Cho & Kim, 1997)

STS 접근과 마찬가지로 과학교육에 관한 문헌은 선진국과 개발도상국에서 형성된 지식 형태들의 대립을 인지하고 있다. 이 문헌은 종종 개발도상국들이 서유럽의 시각에 따른 과학의 개념화에서 유래한 "도전"에 직면해 있는 것으로 그려낸다. 이는 인지 학습과 언어 사용을 포함해 학생들의 세계관, 문화, 행동에 변화를 강제한다.(Gray, 1999; Jegede, 1997; Lewin, 2000b) 일부 저자들은 과학교육이 지역의 문화와 맥락에 관련성을 갖게 하려면 개발도상국들이 선진국의 학습을 변용할 필요가 있다고 지적한다.(Bajracharya & Brouwer 1997; Brown-Acquaye, 2001; Gray, 1999) 다른 저자들은 공식, 비공식 과학교육이 모두 과학의 대중화와 "과학문화" 건설에 기여한다고 지적하면서, 중요한 역할을 하는 것으로 생각되는 과학센터의 설립에서 공공/민간 협력을 주문했다.(Tan & Subramaniam, 2003) 지식에 대한 대칭적 접근은 이러한 활동들 각각을 중립적인 인식론적 연구의 장소로 택하겠지만, 그러한 연구는 드문 반면 선진국의 접근법을 서둘러 채택하는 경향은 흔히 볼 수 있다.

개발도상국에 도입된 "거대과학"을 추적해온 STS 연구자들은 이것이 젊은이들을 기술 경력으로 끌어들이는 데 활용되고 있음을 알게 됐다. 지역에 위치한 아프리카 우주과학기술교육센터(Centres for Space Science and Technology Education in Africa)(Abiodun, 1993; Balogun, 2002)는 인적 자본과 발전과정에 기여하는 것으로 그려진다. 지지자들은 해당 지역이 우주과학기술 교육에서 직접 수혜를 받을 뿐 아니라 우주교육에서의 교육과정개발, 교수법, 전달 방법과 연관된 연구로부터도 혜택을 볼 수 있을 거라고 내다보고 있다.(Andreescu et al., 1997; Hsiao et al., 1997; Kasturirangan, 1997; Lang, 2004) "그러한 센터들은 누구의 프로젝트인가?"라고 STS 분석가들은 질문을 던질 것이다. 동일한 질문을 제3세계과학원(Third World Academy of Science, TWAS) 같은 기관들이나 국가 과학원을 설립하려는 노력에 대해서도 던져볼 수 있다.(Guinnessy, 2003) 이러한 활동들은 협력과 과학적 우수성의 연결망을 통해 정보교환을 촉진하지만, 동시에 선진국 과학의 힘과 특권을 개발도상국의 기관들까지 확장하기도 한다.

혁신체제 접근과 좀 더 비슷한 폭넓은 사회 전체의 학습(societal learning) 개념은 설계 및 개발을 위한 숙련 양성(Alic, 1995), 기술습득과 관련된 경영 및 기술 노하우(Alp et al., 1997), 그리고 고급 장비 및 기계 활용을 위한 기술적 숙련 등을 포괄하는 훈련 전략을 다룬 문헌에서 암암리에 제시하고 있다. 경제학자들은 숙련 양성과 지식 흐름에 영향을 미치는(Lall, 2002; Reddy, 1997) 기술 투자와 자본 흐름의 혜택을 극대화하려면(Borensztein et al., 1998; Eicher, 1999; Keller, 1996) 문턱 수준을 넘는 흡수역량이 요구된다고 지적한다. 말레이시아와 한국의 교육에 대한 연구에서 스노드그래스는 교육이 경제성장의 필요조건일 수는 있지만 충분조건은 아니라고 지적한다. 교육이 성장을 촉진하기 위해서는 교육받은 내지 숙련된 노동에 대한 수요도 증가해야 한다.(Snodgrass, 1998) 생산성과 효율 증가를 위한 낮은 수준의 숙련 양성에 더해, 경영, 정치적 지도력, 관료제에서 높은 수준의 숙련도 요구된다.(Rodrigo, 2001) 이러한 관점에서 숙련은 공식 교육 시스템에서뿐 아니라 현장경험을 통해 혹은 **해보면서 학습하는 것**을 통해서도 얻어진다. 그러나 높은 수준의 숙련은 이런 식으로 얻기가 더 어렵다.(Rodrigo, 2001)

요약하자면, 교육은 삼각구도의 세 개 꼭짓점 모두에서 중시되고 있지만, 그것이 반드시 중심에 자유를 가져다주는 것은 아니다. 만약 교육이 선진국의 과학과 그 개념들을 점점 더 많은 개발도상국 사람들에게 주입하는 상의하달식 과정이라면, 그것이 자유에 기여하는 바는 중요하지만 제한적일 것이다. 그러나 만약 교육이 사회 전체의 학습과정의 일부로 수행되어 새로운 통찰과 낡은 통찰을 지역적으로 정의되고 통제되는 변화과정으로 함께 엮어낸다면, 혁신과 자유가 모두 강화될 수 있다.

혁신정책

개발도상국들에게 전 지구적 지식기반 경제의 창조적 파괴는 불안정하고 통제불가능한 환경을 만들어냈다.(Hipkin, 2004) 신성장이론은 기술혁신이 오늘날의 세계에서 살아남아 번영할 수 있는 유일한 길일 수 있음을 강조한다.(Sikka, 1997) 이러한 목표를 향해 흔히 권고되는 국가의 조치에는 연구개발(R&D)에 대한 투자, 해외직접투자의 조건 창출, 지적 재산 정책의 강화가 포함된다. 그러나 이 모든 조치는 시민사회, 학습기업, 자유로서의 발전이라는 관점에서 보면 문제가 있다.

국가 R&D 투자 초등과 고등교육 사이의 균형 유지와 마찬가지로, R&D에 대한 공공투자는 인간개발과 경쟁력 프로젝트 사이에서 갈등이 빚어지는 장소이다. 이용가능한 자원은 많지 않다. 총합 수준에서 개발도상국의 국민총생산(GNP) 대비 R&D 지출 비율은 여전히 산업화된 국가들에서 볼 수 있는 것보다 현저하게 낮다.(Bowonder & Satish, 2003) 뿐만 아니라 국가 R&D의 강도는 1인당 소득에 따라 증가하는 경향이 있다.(Mitchell, 1999) 개발도상국에서 고등교육기관과 정부기구의 R&D 지출은 민간기업이 지출하는 R&D보다 훨씬 높다. 이론적으로 이는 시민사회를 참여시키고 지역적 문제와 관련된 학습역량을 발전시키는 데 유리한 점이 될 수 있다. 그러나 현실에서 이러한 집단들은 연구의제에 관한 논의에 거의 포함되지 않으며, 그러한 노력은 선진국에서 나온 연구의제에 끌려가면서 계속해서 약화되고 있다.(Sutz, 2003)

문헌에 따르면, 국가 R&D 지출을 산업에서의 학습과정을 촉진하는 데 활용하는 전망도 그리 밝지 않다. 특히 생명공학 영역에서 개발도상국 정부들은 R&D 추진에서 중요한 역할을 해왔다. 민간부문이 너무 취약해서 새로운 도구와 기술에 대한 접근을 선도할 수 없기 때문이다.(Byerlee & Fischer, 2002) 많은 개발도상국에서 R&D 활동은 폭넓은 국제적 중요성을 갖지 않는 지역적 필요를 충족시킨다.(Albuquerque, 2000) 브라질의 국내 특허 데이터에 관한 연구에서 볼 수 있듯, 회사 특허보다 개인 특허의 비중이 훨씬 더 높다. 라틴아메리카에서 대학 R&D는 산업체의 필요와 그리 관련성이 높지 않았다.(Arocena & Sutz, 2001) 그 이유는 부분적으로 산업체와 대학 간 연계가 대체로 취약하기 때문이다.

해외직접투자(Foreign Direct Investment, FDI) 대부분의 개발도상국들은 해외직접투자를 경제적 이득뿐 아니라 기술혁신 역량의 습득으로 가는 지름길로 간주해왔다.(Sjoholm, 1999) 아즈와 스벤슨(Arze & Svensson, 1997)은 시간이 지나면 FDI에서 얻은 기술과 국내의 혁신역량이 상호의존성을 갖는다고 주장한다. 일례로 인도네시아에서는 FDI의 파급효과가 특정 제조업 부문들에서 지역 소유 기업들의 생산성 향상에 반영된 것을 볼 수 있다. 뿐만 아니라 국내 기업과 외국 기업 간의 기술 격차가 클수록 FDI의 파급효과도 커진다. 그럼에도 불구하고 관련 문헌은 FDI의 긍정적 효과가 저절로 나타나는 것이 아님을 지적하고 있다. 외자유치국의 특성과 지원정책—세제혜택, 숙련노동자의 존재, 경쟁적 환경 등을 포함하는—은 지역의 국내 기업들에 대한 파급효과를 키우는 중요한 요인들이다.(Blomstrom & Kokko, 2001; Lall, 1995)

개발도상국에서 FDI의 효과는 결코 입증되지 못했다. 코코와 제얀(Kokko & Zejan, 2001)의 우루과이 연구는 FDI의 존재가 지역기업의 수출 기회를 높인 것 외에는 지역의 생산성에 가시적인 영향을 주지 못했다는 증거를 보여주었다. 반대로 FDI가 기술이전의 측면에서 지역기업들에 이득을 주는 대신, 경쟁적 환경을 만들어내 지역기업들에 효율을 높이도록 압박을 가하는 결과를 초래할 수 있다.(Okamoto, 1999) 더욱이 밀집된 FDI는 분산된 FDI보다 특히 기술이전의 측면에서 훨씬 더 낫다.(Thompson, 2002) 개발도상국들은 또한 신기술을 도입할 때 실업자 수가 많아지는 문제에도 관심을 가질 필요가 있다.(Diwan & Walton, 1997)

개발도상국에 입지를 고려 중인 기업과 산업체들에 대한 연구는 지역적 맥락의 몇 가지 측면들이 그들에게 경쟁우선순위가 됨을 보여주었다. 노동력 수급, 지역적 경쟁의 수준, 정부의 법률과 규제, 시장의 역동성 등이 여기에 포함된다.(Badri, 2000) 그러나 일부 개발도상국의 지역기업들은 이러한 국내 시장의 신규 진입자들에 대처하는 데서 어려움을 겪고 있다. 예를 들어 남아프리카에서는 자동차 산업에서 지역 소유 회사들의 입지가 줄어들고 있다.(Barnes & Kaplinsky, 2000) 다른 사례들에서는 개발도상국에 근거를 둔 신흥 다국적기업들이 가치사슬의 위쪽으로 올라갈 수 있도록 국경을 넘는 학습을 지속적으로 조성해 전 지구적 성공을 거뒀다.(Barlett & Ghosal, 2000) 외국 기업들과의 경쟁 부재로 인해 인도의 지역기업들은 전 지구적 시장을 관통하는 기술역량을 개발하기 어려웠고 그

결과 대다수의 기업들은 비효율을 면치 못했다.(Bowonder, 1998)

관련 문헌은 전 지구화된 경쟁이 선진국과 개발도상국 모두에서 생산 시스템을 변화시켰음을 강조한다.(Fleury, 1999) 특히 다국적기업들은 제품 생산을 위한 제조공장에 투자해왔을 뿐 아니라 그들이 적합하다고 생각하는 장소에 R&D 투자도 해왔다. 연구들은 브라질, 중국, 대만 등 많은 개발도상국들에 그러한 원격 R&D 시설이 긍정적 영향을 미쳤음을 보여주었다.(Bowonder, 2001) 다른 한편으로 개발도상국들이 외국 기업에서 외주를 받은 첨단산업에 과도하게 의존할 경우에는 국내 기업들이 좀 더 복잡한 프로젝트에 착수하거나 제품 가치사슬에서 더 높은 수준으로 올라가는 것을 방해할 수 있다. 소프트웨어 산업에서는 성공을 거뒀지만(D'Costa, 2002) 하드웨어 산업에서는 실패한(Khan, 2001) 인도의 사례가 이를 잘 보여준다.

지적 재산 정책 서로 엇갈린 결과를 만들어낼 가능성이 높은 정책 권고의 세 번째 사례는 세계무역기구를 통해 협상된 새로운 무역 관련 지적 재산권 협정(TRIPs)이다. TRIPs가 개발도상국에 미칠 영향에 관한 문헌은 부정적이거나 기껏해야 조심스러운 중립 입장을 취해왔다.(Correa, 1998, 2000; Hoekman et al., 2002; South Centre, 1997; UNCTAD, 1996) 일부 분석가들은 더 강력한 지적 재산권이 국내 기술활동 증가와 해외로부터의 기술 유입 강화를 통해 궁극적으로 개발도상국을 도와줄 거라고 주장한다. 비판자들은 이러한 주장이 선진국의 이해관계를 반영한 것일 뿐이며, 더 강력한 지적 재산권 보호는 오직 산업화된 국가들과 지적 재산권 기반의 기술을 수출하는 회사들에만 이득을 줄 뿐이라고 단언한다.(Bronckers, 1994; Dealmeida, 1995)

TRIPs를 둘러싼 논쟁은 개발도상국을 위한 "발언"의 문제를 명시적으로 제기한다. 개발도상국 내에서 주변화된 집단들을 위한 발언이 필요하다는 STS의 주제를 국가 수준으로 확대한 것이다. 예를 들어 일부 관찰자들은 TRIPs가 선진국에 있는 민간기업의 이해관계를 과도하게 대변하고 있고(Sell & Prakash, 2004), TRIPs 협정하에서 요구되는 것을 넘어 지적 재산권 보호를 강화하도록 쌍무적 압력이 추가로 가해지며(Drahos, 2001), 개발도상국들이 WTO의 재정(裁定)과정에 참여할 수 있는 능력에서 구조적 약점이 있고(Shaffer, 2004), WTO 체제하에서 개발도상국들이 선진국을 제재하는 조치가 미흡하다며 비판을 가했다.(Bronckers & van den Broek, 2005; Subramanian & Watal, 2000)

TRIPs는 인간개발과 경쟁력 프로젝트 간에 또 다른 직접적 균형 유지 문제를 만들어낸다. TRIPs하에서 약가는 높아질 것으로 예상된다. 의약품 특허의 요구가 커질 것이기 때문이다. 이러한 가격상승은 가난한 국가들에서 수백만 명의 사망을 야기하는 주요 질병들을 치료할 필수 의약품에 대한 제한된 접근을 더욱 악화시킴으로써 전 지구적 공중보건에 심대한 영향을 미칠 수 있다.(Attaran, 2004; Perez-Casas et al., 2001; Scherer & Watal, 2002; Subramanian, 1995; Wagner & McCarthy, 2004) HIV/에이즈 치료약을 놓고 격렬한 갈등이 분출했다. 한편에는 자국의 다국적 제약회사들을 등에 업은 선진국들이 있고, 다른 한편에는 남아프리카, 브라질, 태국 같은 몇몇 개발도상국들이 있다.(Bond, 1999; Schuklenk & Ashcroft, 2002; Sell & Prakash, 2004) TRIPs 협정은 TRIPs 이전 시기처럼 저렴하게 복제약을 제조하는 것을 금지함으로써 (인도를 포함한) 몇몇 국가들의 제약산업에 피해를 입힐 것이다.(Watal, 2000) 아울러 많은 개발도상국들은 자국에 만연한 질병들에 대한 신약 연구가 결핍돼 있는 데도 우려를 표하고 있다.(Grabowski, 2002; Kremer, 2002; Lanjouw & Cockburn, 2001; Mahoney et al., 2004)

많은 개발도상국들은 자국의 농업 부문에 크게 의존하고 있기 때문에, 식물 종자나 식물육종가의 권리에 관한 TRIPs의 요구조건 역시 논쟁을 낳고 있다.(Macilwain, 1998; Srinivasan, 2003, 2004) TRIPs 이후 생명공학에서 나타난 몇몇 문제가 있는 발전들은 전통지식을 훔쳐가는 것—특히 토착 공동체들에 영향을 미친 문제—에 대해 많은 개발도상국들의 우려를 격화시켰다. 토착 공동체들과 일반대중이 수 세기 동안 보유해온 국지적 지식이 선진국의 지적 재산의 일부로 귀결될 수 있는 것이다. "생물해적질(biopiracy)"이라고 이름 붙여진 이 새로운 현상은 의약품(Hamilton, 2004; Timmermans, 2003), 식물 종자(Macilwain, 1998; Srinivasan & Thirtle, 2003), 생물다양성(Bhat, 1996; Brechin et al., 2002; Kate & Laird, 1999; Posey & Dutfield, 1996)과 관련해 자체적으로 문헌을 양산해왔다. 이 주제는 지식의 대립으로 점철돼 있으며, 그런 점에서 더 많은 STS 문헌이 이 주제에 천착하지 않은 것은 놀라운 일이다.

TRIPs 협정은 또한 전 지구적 공공재에 미치는 부정적 영향 때문에 비판을 받아왔다.(Maskus & Reichman, 2004) 사적 지식이 공적 지식을 급습하면 전 지구적 학습역량, 더 나아가 혁신역량이 감소하며, 따라서 혁신체제의 관점에서 보면 지적 재산권이 혁신에 주는 유인은 이용가능한 정보의 상실이 낳는 비용에 의해 적어도 부분적으로 상쇄된다.

요약 그렇다면 전반적으로 볼 때 발전 삼각구도에서 국가 꼭짓점에 대한 성장 처방은 다른 두 꼭짓점에 도움이 되는 것을 거의 갖고 있지 못하다. 이러한 처방들에서 자유로서의 발전이 놀라울 정도로 주목받지 못하고 있다는 사실은 현재 유행하는 국가적 빈곤 감소 전략 논문들과 전반적 경제성장에 대한 지배적 관념 사이의 단절을 웅변적으로 말해준다.

학습기업

민간산업에서의 혁신과정에 관한 문헌에서, 민간기업의 꼭짓점에서 본 발전의 지형도는 해당 국가 안팎에 있는 다른 기업들과의 연결망과 동맹으로 가득 차 있다. 공공의 지원을 받는 연구기관은 이따금씩 보이지만, 국가는 연결망의 촉진자로 멀리 떨어져 있고, 시민사회는 오직 상품과 서비스에 대한 "시장" 내지 "고객"으로서만 모습을 드러낸다. 고용과 노동 문제는 보이지 않는다.

에른스트 등(Ernst et al., 1998)과 아널드 등(Arnold et al., 2000)이 지적한 것처럼, 기업들이 기술을 획득하려면 **자체적으로 기술을 창출**하거나 **외부로부터 기술을 습득**하는 두 가지 중에서 선택을 해야 한다. 기업이 자체적으로 기술을 창출하려면 변용이나 역설계로부터 자체 R&D 수행을 통한 자체 시제품 기술개발에 걸치는 역량을 필요로 한다. 외부로부터 기술을 습득하려면 기술을 선택, 채용, 시행하는 추가적인 선택에 직면하게 된다. 채용/변용과정은 지식대립이 분명 수반되지만, 이 역시 STS 문헌이 연구하지 않은 주제이다.

사실 혁신이론에 따르면 기업들은 지식, 숙련, 기술지원, 방법, 장치 등을 외부로부터 받지 않고서는 자체적으로 혁신을 하지 않으려는 경향을 보인다. 혁신적 기업들은 고객, 공급업체, 연구소, 업종단체 등과 복잡한 관계의 연결망 속에 배태돼 있는 것으로 여겨진다. 일부 학자들(Porter, 1990)은 이러한 상호의존성을 "클러스터"라고 지칭한다. 예를 들어 베이징의 신기술 복합체는 기업가정신의 모든 필수요소—소기업, 새로운 기업 형성, 혁신성—를 포함하고 있는 듯 보인다. 그럼에도 불구하고 그러한 클러스터에는 약점도 있는데, 다국적기업들과의 직접적인 전 지구적 연계가 제한돼 있고 국영기관 및 기업들과의 연결망 구축에 제약이 있는 것이 여기 속한다.(Wang & Wang, 1998) 이 사례가 보여주듯 클러스터에 관한 문헌은 지역공동체보다는 다른 기업들로부터의 학습에 초점을 맞추는 경향이 있다.

이 영역의 문헌은 종종 개발도상국의 국가가 너무 취약해서 확산과정을 지속시킬 수 없는 것으로 파악한다.(가령 Conceicao & Gibson, 2001; Di Benedetto & Calantone, 2003) 취약한 국가에서 탈집중화된 의사결정은 노력의 중복으로 이어지며 결국 학습기회를 축소시킨다. 인도의 철강산업은 이러한 파편화가 미치는 효과를 잘 보여준다.(D'Costa, 1998) 마찬가지로 인도 자동차산업의 몇몇 기업들은 모범경영을 받아들이는 데 실패해 열악한 성과로 이어졌다.(Diwan & Walton, 1997)

개발도상국에 있는 기업들에게 학습과 모방은 모두 기술진보에 영향을 미치는 주요 역량들이다.(Gao & Xu, 2001) 중국의 비디오/콤팩트디스크 산업의 예는 이를 잘 보여준다. 게다가 동일 국가, 동일 산업에서도 소기업과 대기업의 학습과정은 크게 다를 수 있다. 중국의 컬러텔레비전 제조업체들의 사례는 지역시장에 초점을 맞춘 회사가 수출시장에 집중한 회사보다 덜 성공했음을 보여주었다.(Xie & Wu, 2003) 뿐만 아니라 애초 정부 지원을 받는 연구소에서 분리독립했던 중국 기업에 대한 연구는 판매에서 유통 및 서비스 활동, 제품생산, 공정설계, 마지막으로 R&D에 이르는 경로의존성의 진화적 패턴을 나타낸다.(Xie & White, 2004)

연구들은 밀집화와 연결망 구축이 중소기업가들의 경쟁력 향상에 도움을 준다는 사실을 밝혀냈다. 이를 요약해 험프리와 슈미츠(Humphrey & Schmitz, 1996)는 "3C" 개념—고객지향(customer-oriented), 집단적(collective), 누적적(cumulative)—을 제시했다. 선진국 기업들과의 경쟁이라는 문제를 안고 있긴 하지만, 개발도상국의 첨단기술 제조기업들은 국가적 성장의 시기에 번창하기 위한 적절한 기술 전략을 찾아낼 필요가 있다. 이러한 전략들에는 (1) 기업의 역량과 경쟁우위에 부합하는 시장기회 내지 성장을 활용하는 것, (2) 지속적으로 사업을 확장해 점점 더 정교한 공정을 가능케 하는 전문성과 자본을 습득하는 것, (3) 기술 선구자들과 협력하는 것 등이 포함된다.(Wang & Pollard, 2002)

개발도상국 정부들은 수많은 방식으로 연결망 구축을 촉진할 수 있다. 예를 들어 중국의 상하이-폭스바겐(SVW)은 공급업체들 간에 수직적 연결망을 발전시켰다. 상하이 정부가 외주화를 촉진하고 공급업체 연결망을 나라 전체로 확대하기 위해 이를 장려했기 때문이다. 반대로 말레이시아의 프로톤(Proton)의 경우에는 정부가 연결망 구축의 범위를 제한해 수직적 연결망이 공급업체들 간에 나타나지 않았다.(Yoshimatsu, 2000)

요약 개발도상국에서 기업 수준의 혁신에 관한 문헌은 전 지구적인 경쟁환경 속에서 회사의 생존 문제에 다분히 협소하게 초점을 맞추고 있다. 회사의 생존은 성장에 필요하며 성장은 인간개발에 도움이 되지만, 이 중 어느 것도 자유로서의 발전의 달성을 보증해주지 못한다. 발전 삼각구도에서 국가-민간기업 변의 동역학에 대해서는 논의가 풍부하지만, 시민사회-민간기업 변의 동역학에 대해서는 거의 아무런 논의도 없다. 앞 절에서 인간개발 의제와 경쟁력 의제 사이를 매개하는 국가의 취약성을 분석한 결과를 염두에 두면, 세 번째 변(시민사회와 국가 사이)에서의 동역학이 지식과 학습을 자유로서의 발전과 통합할 희망은 당장 보이지 않는다. 좀 더 폭넓은 혁신과 학습 개념을 채택하지 않는다면 말이다. 이제 이러한 가능성에 눈을 돌려보자.

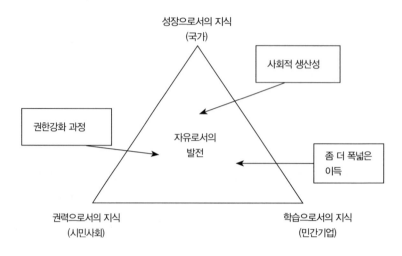

연구의제

이 개설은 보통 함께 다루지 않는 세 가지 문헌들을 의도적으로 병치시켰다. 성장으로서의 지식과 학습으로서의 지식에 관한 주로 경제학 문헌들은 통상의 경우 서로 중첩되며 상호 보완한다. 그러나 이 둘은 모두 대립으로서의 지식에 관한 문헌―다시 말해 개발도상국에 관한 과학기술학 분야의 저술들―에 대해서는 서로 보이지 않는다. 따라서 발전 삼각구도(〈그림 31.1〉을 보라.)는 세 가지 주제를 통합하는 것이 아니라 그들 간의 상호 무시를 포착하는 것이 될 수 있다. STS 문헌은 기업을 무시하고, 발전국가에 관한 문헌은 적어도 혁신정책을 다룰 때는 시민사회를 무시하며, 학습과 역량 구축 시스템에 관한 문헌은 대체로 시민사회의 기여를 무시한다. 그들은 모두 자유로서의 발전을 무시한다.

그렇다면 이러한 세 가지 주제들은 자유로서의 발전에 도달하는 것과 무관한가? 물론 그렇지 않다. 경제성장은 전 세계 빈민들의 일상생활을 향상시키는 데 충분조건은 아닐지 몰라도 필요조건이다. 센 자신이 보인 것처럼, 건강과 교육에 중요한 것은 부의 축적이 아니라 부가 어떻게 쓰이는가이지만 말이다. 학습은 인간이 질병과 문맹으로부터 자유로워지고 공개 발언과 참여를 이뤄내기 위해 결정적인 과정임이 분명하다. 그러한 학습의 일부는 일터에서 일어나야 한다. 마찬가지로 그것을 분석하는 데 쓰인 범주들이 아무리 일견 추상적인 것 같다 해도 지식대립은 실질적인 결과를 가져온다.

그러나 자유로서의 발전에 대한 기여를 증가시키려면 이러한 세 가지 문헌들 각각은 그 지적 의제를 발전 삼각구도의 중심에 좀 더 가깝게 이동시켜야 한다.(《그림 31.2》) 성장으로서의 지식에 관한 문헌은 성장과 불평등, 성장과 인간개발에 관한 문헌과 이웃사촌이다. 이는 이러한 개념들에 주의를 기울일 필요가 있으며, 경쟁력 프로젝트의 협소한 범위에서 벗어나 좀 더 폭넓은 사회적 생산성 개념을 끌어안아야 한다. 어떤 국가의 시민들은 특정한 공공투자로부터 얼마나 더 많은 삶의 질을 얻게 될까? 그 답은 표준적인 경제적 측정에 포착되지 않지만, 그렇게 되어야 한다. 학습과 역량 구축 시스템에 관한 문헌은 민간기업에서의 학습과정만이 아니라 사회 전체의 학습과정을 고려하는 자신의 야심에 부응할 필요가 있다. 혁신은 수많은 방향으로 이동할 수 있다. 이러한 문헌은 기술변화의 방향에 대해 침묵을 지키기보다, 민간산업체가 좀 더 폭넓은 사회적 이득을 주는 기업을 지향하게 하는 학습 유형을 분명하게 제시할 필요가 있다.

마지막으로 STS 문헌은 발전에서의 실제 지식 세계와 연관을 맺을 필요가 있다. 선진국 연구기관에서 개발도상국 연구기관으로 행위자들을 따라다니는 것—특히 그 역할을 하는 스스로를 따라다니는 것—으로는 충분치 못하다. 주변화된 공동체의 편에 서는 것은 중요한 지식대립을 분석하는 탁월한 조망점이다. STS는 기층에 있는 사람들의 실천에 도움을 주려는 목표를 가지고 지식을 통한 권력 이전에서의 성공사례를 적극적으로 찾아 나서 주의 깊게 연구할 필요가 있다.

이 장에서 우리는 센이 했던 것처럼 "사람들이 가지고 있는 실질적 자유를 확대하는 과정으로서 발전에 대한 특정한 접근을 제시, 분석, 옹호"하고자 했다.(Sen, 2000: 297) 우리는 과학기술을 지식과 학습의 형태들로 보았고, 그것이 자유로서의 발전을 성취하는 과정에 기여하는 여러 방식들을 탐색했다. 우리는 다음에 나올 『편람』에서 이 주제를 다룬 다음 장이 그러한 목표를 향한 진전을 축하할 수 있기를 희망한다.

참고문헌

Abiodun, A. A. (1993) "Centers for Space Science and Technology Education: A United Nations Initiative," *International Journal of Remote Sensing* 14(9): 1651–1658.

Adams, V. (2002) "Randomized Controlled Crime: Postcolonial Sciences in Alternative Medicine Research," *Social Studies of Science* 32(5–6): 659–690.

Albuquerque, E.D.E. (2000) "Domestic Patents and Developing Countries: Arguments for Their Study and Data from Brazil (1980–1995)," *Research Policy* 29(9): 1047–1060.

Alic, J. A. (1995) "Organizational Competence: Know-How and Skills in Economic Development," *Technology in Society* 17(4): 429–436.

Alp, N., B. Alp, & Y. Omurtag (1997) "The Influence of Decision Makers for New Technology Acquisition," *Computers and Industrial Engineering* 33(1–2): 3–5.

Andreescu, D., M. I. Piso, & M. Nita (1997) "Postgraduate Training for Space Science and Technology Education," in *Problems of Space Science Education and the Role of Teachers* (Oxford: Pergamon Press): 1375–1378.

Arnold, E., M. Bell, J. Bessant, & P. Brimble (2000) *Enhancing Policy and Institutional Support for Industrial Technology Development in Thailand: The Overall Policy Framework and the Development of the Industrial Innovation System* (Washington, DC: World Bank).

Arocena, R. & P. Senkar (2003) "Technology, Inequality and Underdevelopment: The Case of Latin America," *Science, Technology & Human Values* 28(1): 15–33.

Arocena, R. & J. Sutz (2001) "Changing Knowledge Production and Latin American Universities," *Research Policy* 30(8): 1221–1234.

Arocena, R. & J. Sutz (2003) "Knowledge, Innovation and Learning: Systems and Policies in the North and in the South," in J. E. Cassiolato & M. Maciel (eds), *Systems of Innovation and Development: Evidence from Brazil* (Cheltenham, U.K.: Edward Elgar): 291–310.

Arze, M. C. & B. W. Svensson (1997) "Developing of International Competitiveness in Industries and Individual Firms in Developing Countries: The Case of the Chilean Forest-Based Industry and the Chilean Engineering Firm Arze, Recine and

Asociados," *International Journal of Production Economics* 52(1–2): 185–202.

Attaran, A. (2004) "How Do Patents and Economic Policies Affect Access to Essential Medicines in Developing Countries?" *Health Affairs* 23(3): 155–166.

Badri, M. W. (2000) "Operations Strategy, Environmental Uncertainty and Performance," *Omega-International Journal of Management Science* 28(2): 155–173.

Bajracharya, H. & W. Brouwer (1997) "A Narrative Approach to Science Teaching in Nepal," *International Journal of Science Education* 19(4): 429–446.

Balogun, E. E. (2002) "Education and Training in Space Science and Technology in Developing Countries," *Physica Scripta* T97: 24–27.

Banerjee, D. (1998) "Science, Technology and Economic Development in India: Analysis of Divergence in Historical Perspective," *Economic and Political Weekly* 33(20): 1199–1206.

Barlett, C. A. & S. Ghosal (2000) "Going Global: Lessons from Late Movers," *Harvard Business Review* 78(2): 132–142.

Barnes, J. & R. Kaplinsky (2000) "Globalization and the Death of the Local Firms? The Automobile Components Sector in South Africa," *Regional Studies* 34(9): 797–812.

Baskaran, Angathevar & Mammo Muchie (2006) *Bridging the Digital Divide: Innovation Systems for ICT in Brazil, China, India, Thailand, and Southern Africa* (London: Adonis & Abbey).

Benagiano, G. & E. Diczfalusy (1995) "Research on Human Reproduction and the United Nations," *South African Medical Journal* 85(5): 370–373.

Bhat, M. G. (1996) "Trade-Related Intellectual Property Rights to Biological Resources: Socioeconomic Implications for Developing Countries," *Ecological Economics* 19(3): 205–217.

Birdsall, N. (1996) "Public Spending on Higher Education in Developing Countries: Too Much or Too Little?" *Economics of Education Review* 15(4): 407–419.

Blomstrom, M. & A. Kokko (2001) "Foreign Direct Investment and Spillovers of Technology," *International Journal of Technology Management* 22(5–6): 435–454.

Bond, P. (1999) "Globalization, Pharmaceutical Pricing, and South African Health Policy: Managing Confrontation with U.S. Firms and Politicians," *International*

Journal of Health Services 29(4): 765–792.

Borensztein, E., J. De Gregorio, & J. W. Lee (1998) "How Does Foreign Direct Investment Affect Economic Growth?" *Journal of International Economics* 45(1): 115–135.

Bowonder, B. (1998) "Industrialization and Economic Growth of India: Interactions of Indigenous and Foreign Technology," *International Journal of Technology Management* 15(6–7): 622–645.

Bowonder, B. (2001) "Globalization of R&D: The Indian Experience and Implications for Developing Countries," *Interdisciplinary Science Reviews* 26(3): 191–203.

Bowonder, B. & N. G. Satish (2003) "Is Economic Liberalisation Stimulating Innovation in India?" *Interdisciplinary Science Reviews* 28(1): 44–53.

Braczyk, H.-J., P. Cooke, & M. Heidenreich (eds) (2003) *Regional Innovation Systems: The Role of Governances in a Globalized World* (London: Routledge).

Brechin, S. R., P. R. Wilshusen, C. L. Fortwangler, & P. C. West (2002) "Beyond the Square Wheel: Toward a More Comprehensive Understanding of Biodiversity Conservation as Social and Political Process," *Society and Natural Resources* 15(1): 41–64.

Bronckers, M. (1994) "The Impact of TRIPS: Intellectual Property Protection in Developing Countries," *Common Market Law Review* 31(6): 1245–1281.

Bronckers, M. & N. van den Broek (2005) "Financial Compensation in the WTO: Improving the Remedies of WTO Dispute Settlement," *Journal of International Economic Law* 8(1): 101–126.

Brown-Acquaye, H. (2001) "Each Is Necessary and None Is Redundant: The Need for Science in Developing Countries," *Science Education* 85(1): 68–70.

Byerlee, D. & K. Fischer (2002) "Accessing Modern Science: Policy and Institutional Options for Agricultural Biotechnology in Developing Countries," *World Development* 30(6): 931–948.

Callon, M. (1999) "Actor Network Theory: The Market Test," in J. Law & J. Hassard (eds), *Actor Network Theory and After* (Oxford: Blackwell): 181–195.

Campion, P. & W. Shrum (2004) "Gender and Science in Development: Women Scientists in Ghana, Kenya and India," *Science, Technology & Human Values* 29(4): 459–485.

Cassiolato, J. E., H. Lastres, & M. Maciel (eds) (2003) *Systems of Innovation and*

Development: Evidence from Brazil (Cheltenham, U.K.: Edward Elgar).

Castells, M. (1996) *The Rise of the Network Society* (Oxford: Blackwell).

Chen, S. & M. Ravallion (2004) *How Have the World's Poorest Fared Since the Early 1980s?* (Washington, DC: World Bank).

Cho, H. H. & J. S. Kim (1997) "Transition of the Government Role in Research and Development in Developing Countries: R&D and Human Capital," *International Journal of Technology Management* 13(7–8): 729–743.

Conceicao, P. & D. V. Gibson (2001) "Knowledge for Inclusive Development: The Challenge of Globally Integrated Learning and Implications for Science and Technology Policy," *Technological Forecasting and Social Change* 66(1): 1–29.

Correa, C. M. (1998) *Implementing the TRIPS Agreement: General Context and Implications for Developing Countries* (Penang, Malaysia: Third World Network).

Correa, C. M. (2000) *Intellectual Property Rights, the WTO and Developing Countries: The TRIPS Agreement and Policy Options* (London: Zed Books).

Cortright, J. (2001) *New Growth Theory, Technology and Learning: A Practitioner's Guide* (Washington, DC: U.S. Economic Development Administration).

Coutinho, M. (1999) "Ninety Years of Chagas' Disease: A Success Story at the Periphery," *Social Studies of Science* 29(4): 519–549.

Curtin, T. R. C. & E. A. S. Nelson (1999) "Economic and Health Efficiency of Education Funding Policy," *Social Science and Medicine* 48(11): 1599–1611.

D'Costa, A. P. (1998) "Coping with Technology Divergence Policies and Strategies for India's Industrial Development," *Technological Forecasting and Social Change* 58(3): 271–283.

D'Costa, A. P. (2002) "Software Outsourcing and Development Policy Implications: An Indian Perspective," *International Journal of Technology Management* 24(7–8): 705–723.

De Laet, M. & A. Mol (2000) "The Zimbabwe Bush Pump: Mechanics of a Fluid Technology," *Social Studies of Science* 30(2): 225–263.

Dealmeida, P. R. (1995) "The Political Economy of Intellectual Property Protection: Technological Protectionism and Transfer of Revenue Among Nations," *International Journal of Technology Management* 10(2–3): 214–229.

Di Benedetto, C. A. & R. J. Calantone (2003) "International Technology Transfer Model and Exploratory Study in the People's Republic of China," *International*

Marketing Review 20(4): 446-462.

Diwan, I. & M. Walton (1997) "How International Exchange, Technology and Institutions Affect Workers: An Introduction," *World Bank Economic Review* 11(1): 1-15.

Drahos, P. (2001) "Bits and Bips: Bilateralism in Intellectual Property," *Journal of World Intellectual Property* 4(6): 791-808.

Dubow, S. (ed) (2000) *Science and Society in Southern Africa* (Manchester, U.K.: Manchester University Press).

Edquist, C. (ed) (1997) *Systems of Innovation: Technologies, Institutions, and Organizations* (New York: Pinter).

Eicher, T. S. (1999) "Training, Adverse Selection and Appropriate Technology: Development and Growth in a Small Open Economy," *Journal of Economic Dynamics and Control* 23(5-6): 727-746.

Ernst, D., T. Ganiastos, & L. Mytelka (eds) (1998) *Technological Capabilities and Export Success: Lessons from East Asia* (London: Routledge).

Fleury, A. (1999) "The Changing Pattern of Operations Management in Developing Countries: The Case of Brazil," *International Journal of Operations and Production Management* 19(5-6): 552-564.

Freeman, C. (1982) *The Economics of Industrial Innovation* (Cambridge, MA: MIT Press).

Gao, S. J. & G. Xu (2001) "Learning, Combinative Capabilities and Innovation in Developing Countries: The Case of Video Compact Disk (VCD) and Agricultural Vehicles in China," *International Journal of Technology Management* 22(5-6): 568-582.

Ghose, A. K. (2003) *Jobs and Incomes in a Globalizing World* (Geneva: International Labor Office).

Gore, C. (2000) "The Rise and Fall of the Washington Consensus as a Paradigm for Developing Countries," *World Development* 28(5): 789-804.

Gorman, M. E. & M. M. Mehalik (2002) "Turning Good into Gold: A Comparative Study of Two Environmental Invention Networks," *Science, Technology & Human Values* 27(4): 499-529.

Grabowski, H. (2002) "Patents, Innovation and Access to New Pharmaceuticals," *Journal of International Economic Law* 5(4): 849-860.

Gray, B. V. (1999) "Science Education in the Developing World: Issues and Considerations," *Journal of Research in Science Teaching* 36(3): 261–268.

Guinnessy, P. (2003) "Academies Seek to Promote Scientific Excellence in Developing Countries," *Physics Today* 56(10): 32–35.

Gupta, N. & A. Sharma (2002) "Women Academic Scientists in India," *Social Studies of Science* 32(5–6): 901–915.

Hamilton, A. C. (2004) "Medicinal Plants, Conservation and Livelihoods," *Biodiversity and Conservation* 13(8): 1477–1517.

Hecht, G. (2002) "Rupture-Talk in the Nuclear Age: Conjugating Colonial Power in Africa," *Social Studies of Science* 32(5–6): 691–727.

Heyneman, S. P. (2003) "The History and Problems in the Making of Education Policy at the World Bank 1960–2000," *International Journal of Educational Development* 23(3): 315–337.

Hipkin, I. (2004) "Determining Technology Strategy in Developing Countries," *Omega-International Journal of Management Science* 32(3): 245–260.

Hoekman, B. M., P. English, & A. Mattoo (eds) (2002) *Development, Trade, and the WTO: A Handbook* (Washington, DC: World Bank).

Hsiao, F. B., W. L. Guan, C. P. Chou, & C. T. Su (1997) "Establishing a Web Server System for Space: Major Student Education and Training in Microsatellite Technology Via Internet," in S. C. Chakravarty, J.-L. Fellows, K. Kasturirangan, & M. J. Rycroft (eds), *Problems of Space Science Education and the Role of Teachers* (Oxford: Pergamon Press): 1365–1373.

Huhtala, A., J. J. Bouma, M. Bennett, & D. Savage (2003) "Human Resource Development Initiatives to Promote Sustainable Investment," *Journal of Cleaner Production* 11(6): 677–681.

Humphrey, J. & H. Schmitz (1996) "The Triple C Approach to Local Industrial Policy," *World Development* 24(12): 1859–1877.

Hunter, W. & D. S. Brown (2000) "World Bank Directives, Domestic Interests, and the Politics of Human Capital Development," *Comparative Political Studies* 33(1): 113–143.

Jegede, O. J. (1997) "School Science and the Development of Scientific Culture: A Review of Contemporary Science Education in Africa," *International Journal of Science Education* 19(1): 1–20.

Johnson, B. & B.-A. Lundvall (2003) "Promoting Innovation Systems as a Response to the Globalizing Learning Economy," in J. E. Cassiolato & M. Maciel (eds), *Systems of Innovation and Development: Evidence from Brazil* (Cheltenham, U.K.: Edward Elgar): 141–184.

Kaplinsky, R. & J. Barnes (2000) "Globalization and the Death of the Local Firms? The Automobile Components Sector in South Africa," *Regional Studies* 34(9): 797–812.

Karnik, N. (2001) "Locating HIV/AIDS and India: Cautionary Notes on the Globalization of Categories," *Science, Technology & Human Values* 26(3): 322–348.

Kasturirangan, K. (1997) "Relevance and Challenges of Space Science Education in Developing Countries," in S. C. Chakravarty, J.-L. Fellows, K. Kasturirangan, & M. J. Rycroft (eds), *Problems of Space Science Education and the Role of Teachers* (Oxford: Pergamon Press): 1329–1333.

Kate, K. T. & S. A. Laird (1999) *The Commercial Use of Biodiversity: Access to Genetic Resources and Benefit-Sharing* (London: Earthscan).

Keller, W. (1996) "Absorptive Capacity: On the Creation and Acquisition of Technology in Development," *Journal of Development Economics* 49(1): 199–227.

Khan, M. U. (2001) "Indicators of Techno-Management Capability Building in Indian Computer Firms," *Journal of Scientific and Industrial Research* 60(9): 717–723.

Kokko, A. & M. Zejan (2001) "Trade Regimes and Spillover Effects of FDI: Evidence from Uruguay," *Weltwirtschaftliches Archiv-Review of World Economics* 137(1): 124–149.

Kremer, M. (2002) "Pharmaceuticals and the Developing World," *Journal of Economic Perspectives* 16(4): 67–90.

Kuruvilla, S., C. L. Erickson, & A. Hwang (2002) "An Assessment of Singapore Skills Development System: Does It Constitute a Viable Model for Other Developing Countries?" *World Development* 30(8): 1461–1476.

Kyle, W. C. (1999) "Science Education in Developing Countries: Challenging First World Hegemony in a Global Context," *Journal of Research in Science Teaching* 36(3): 255–260.

Lall, S. (1995) "Employment and Foreign Investment: Policy Options for Developing Countries," *International Labour Review* 134(4–5): 521–540.

Lall, S. (2002) "Linking FDI and Technology Development for Capcity Building and

Strategic Competitiveness," *Transnational Corporations* 11(3): 39–88.

Lang, K. R. (2004) "An Education Curriculum for Space Science in Developing Countries," *Space Policy* 20(4): 297–302.

Lanjouw, J. O. & I. M. Cockburn (2001) "New Pills for Poor People? Empirical Evidence after GATT," *World Development* 29(2): 265–289.

Latour, B. (1987) *Science in Action: How to Follow Scientists and Engineers Through Society* (Cambridge, MA: Harvard University Press).

Lei, S. H.-L. (1999) "From *Changshan* to a New Anti-Malarial Drug," *Social Studies of Science* 29(3): 323–358.

Lewin, K. M. (2000a) *Linking Science Education to Labor Markets: Issues and Strategies*. Available at: http://www1.worldbank.org/education/scied/documents/Lewin/labor.pdf.

Lewin, K. M. (2000b) *Mapping Science Education Policies in Developing Countries*. Available at: http://www1.worldbank.org/education/scied/documents/Lewin/Mapping.pdf.

Lomnitz, L. A. & L. Cházaro (1999) "Basic, Applied and Technological Research: Computer Science and Applied Mathematics at the National Autonomous University of Mexico," *Social Studies of Science* 29(1): 113–134.

Lundvall, B.-Å. (ed) (1992) *National Systems of Innovation: Towards a Theory of Innovation and Interactive Learning* (London: Pinter).

Macilwain, C. (1998) "When Rhetoric Hits Reality in Debate on Bioprospecting," *Nature* 392(6676): 535–540.

Mahoney, R. T., A. Pablos-Mendez, & S. Ramachandran (2004) "The Introduction of New Vaccines into Developing Countries: III. The Role of Intellectual Property," *Vaccine* 22(5–6): 786–792.

Malerba, F. (2004) *Sectoral Systems of Innovation: Concepts, Issues and Analyses of Six Major Sectors in Europe* (Cambridge: Cambridge University Press).

Maskus, K. E. & J. H. Reichman (2004) "The Globalization of Private Knowledge Goods and the Privatization of Global Public Goods," *Journal of International Economic Law* 7(2): 279–320.

Mingat, A. (1998) "The Strategy Used by High-Performing Asian Economies in Education: Some Lessons for Developing Countries," *World Development* 26(4): 695–715.

Mitchell, G. R. (1999) "Global Technology Policies for Economic Growth," *Technological Forecasting and Social Change* 60(3): 205 – 214.

Muchie, M., P. Gammeltoft, & B.-A. Lundvall (2004) *Putting Africa First: The Making of an African Innovation System* (Aalborg, Denmark: Aalborg University Press).

Nelson, R. R. (ed) (1993) *National Innovation Systems: A Comparative Analysis* (New York: Oxford University Press).

Nelson, R. R. & S. G. Winter (1982) *An Evolutionary Theory of Economic Change* (Cambridge, MA: Harvard University Press).

Okamoto, Y. (1999) "Multinationals, Production Efficiency, and Spillover Effects: The Case of the U.S. Auto Parts Industry," *Weltwirtschaftliches Archiv-Review of World Economics* 135(2): 241 – 246.

Organisation of Economic Co-operation and Development (OECD) (2002) *Dynamising National Innovation Systems.* Available at: www.oecd.org.

Oudshoorn, N. (1997) "From Population Control Politics to Chemicals: The WHO as an Intermediary Organization in Contraceptive Development," *Social Studies of Science* 27(1): 41 – 72.

Perez-Casas, C., E. Herranz, & N. Ford (2001) "Pricing of Drugs and Donations: Options for Sustainable Equity Pricing," *Tropical Medicine and International Health* 6(11): 960 – 964.

Phadke, R. (2002) "Assessing Water Scarcity and Watershed Development in Maharashtra, India," *Science, Technology & Human Values* 27(2): 236 – 261.

Porter, M. (1990) *The Competitive Advantage of Nations* (New York: Free Press).

Posey, D. A. & G. Dutfield (1996) *Beyond Intellectual Property Rights: Towards Traditional Resource Rights for Indigenous Peoples and Local Communities* (Ottawa, Canada: International Development Research Centre).

Reddy, P. (1997) "New Trends in Globalization of Corporate R&D and Implications for Innovation Capability in Host Countries: A Survey from India," *World Development* 25(11): 1821 – 1837.

Rodrigo, G. C. (2001) *Technology, Economic Growth and Crises in East Asia* (Northampton, U.K.: Edward Elgar).

Romer, P. M. (1990) "Endogenous Technological Change," *Journal of Political Economy* 98: S71 – S102.

Sachs, J. (2005) *The End of Poverty: Economic Possibilities for Our Time* (New York:

Penguin Press).

Sane, K. V. (1999) "Cost-Effective Science Education in the 21st Century: The Role of Educational Technology," *Pure and Applied Chemistry* 71(6): 999–1006.

Sassen, S. (ed) (2002) *Global Networks: Linked Cities* (New York: Routledge).

Scherer, F. M. & J. Watal (2002) "Post-TRIPS Options for Access to Patented Medicines in Developing Nations," *Journal of International Economic Law* 5(4): 913–939.

Schuklenk, U. & R. E. Ashcroft (2002) "Affordable Access to Essential Medication in Developing Countries: Conflicts Between Ethical and Economic Imperatives," *Journal of Medicine and Philosophy* 27(2): 179–195.

Schumpeter, J. (1942) *Capitalism, Socialism, and Democracy* (New York: Harper and Row).

Sell, S. K. & A. Prakash (2004) "Using Ideas Strategically: The Contest Between Business and NGO Networks in Intellectual Property Rights," *International Studies Quarterly* 48(1): 143–175.

Sen, A. (2000) *Development as Freedom* (New York: Anchor Books).

Shaffer, G. (2004) "Recognizing Public Goods in WTO Dispute Settlement: Who Participates? Who Decides?" in K. Maskus & J. Reichman (eds), *International Public Goods and Transfer of Technology Under a Globalized Intellectual Property Regime* (Cambridge: Cambridge University Press): 884–908.

Shrum, W. (2000) "Science and Story in Development: The Emergence of Non-Governmental Organizations in Agricultural Research," *Social Studies of Science* 30(1): 95–124.

Shrum, W. (2005) "Reagency of the Internet: Or How I Became a Guest for Science," *Social Studies of Science* 35(5): 723–754.

Shrum, W. & Yehuda Shenhav (1994) "Science and Technology in Less-Developed Countries," in Sheila Jasanoff, Gerald Markle, James Petersen, & Trevor Pinch (eds) *Handbook of Science and Technology Studies* (Thousand Oaks, CA: Sage): 627–651.

Sikka, P. (1997) "Statistical Profile of Science and Technology in India and Brazil," *Scientometrics* 39(2): 185–195.

Sjoholm, F. (1999) "Technology Gap, Competition and Spillovers from Direct Foreign Investment: Evidence from Establishment Data," *Journal of Development Studies* 36(1): 53–57.

Snodgrass, D. R. (1998) "Education in Korea and Malaysia," in H. S. Rowen (ed), *Behind East Asian Growth: The Political and Social Foundations of Prosperity* (London: Routledge): 165 – 184.

Solovey, M. (2001) "Project Camelot and the 1960s Epistemological Revolution," *Social Studies of Science* 31(2): 171 – 206.

Solow, R. M. (1956) "A Contribution to the Theory of Economic Growth," *Quarterly Journal of Economics* 70: 65 – 94.

Solow, R. M. (1957) "Technical Change and the Aggregate Production Function," *Review of Economics and Statistics* 39: 312 – 320.

South Centre (1997) *The TRIPS Agreement: A Guide for the South* (Geneva: South Centre).

Srinivasan, C. S. (2003) "Concentration in Ownership of Plant Variety Rights: Some Implications for Developing Countries," *Food Policy* 28(5 – 6): 519 – 546.

Srinivasan, C. S. (2004) "Plant Variety Protection, Innovation, and Transferability: Some Empirical Evidence," *Review of Agricultural Economics* 26(4): 445 – 471.

Srinivasan, C. S. & C. Thirtle (2003) "Potential Economic Impacts of Terminator Technologies: Policy Implications for Developing Countries," *Environment and Development Economics* 8(1): 187 – 205.

Stiglitz, J. (2002) *Globalization and Its Discontents* (New York: W. W. Norton).

Subramanian, A. (1995) "Putting Some Numbers on the TRIPS Pharmaceutical Debate," *International Journal of Technology Management* 10(2 – 3): 252 – 268.

Subramanian, A. & J. Watal (2000) "Can TRIPS Serve as an Enforcement Device for Developing Countries in the WTO?" *Journal of International Economic Law* 3(3): 403 – 416.

Sutz, J. (2003) "Inequality and University Research Agendas in Latin America," *Science, Technology & Human Values* 28(1): 52 – 68.

Tan, L. W. H. & R. Subramaniam (2003) "Science and Technology Centers as Agents for Promoting Science Culture in Developing Countries," *International Journal of Technology Management* 25(3): 413 – 426.

Task Force on HIV/AIDS (2004) *Report of Task Force on HIV/AIDS, Malaria, TB, and Access to Essential Medicines* (4 parts) (New York: United Nations).

Thompson, E. R. (2002) "Clustering of Foreign Direct Investment and Enhanced Technology Transfer: Evidence from Hong Kong Garment Firms in China," *World*

Development 30(4): 837 – 889.

Timmermans, K. (2003) "Intellectual Property Rights and Traditional Medicine: Policy Dilemmas at the Interface," *Social Science and Medicine* 57(4): 745 – 756.

United Nations Conference on Trade and Development (UNCTAD) (1996) *The TRIPS Agreement and Developing Countries* (New York: United Nations).

United Nations Educational, Scientific, and Cultural Organization (UNESCO) (2004) *Science and Technology Education Programme 2004 – 2005.* Available at: http:// portal.unesco.org/education/en/file_download.php/d38be6780ed77b8cc338d12aa8 139854STE+Programme+2004 – 2005.pdf.

Velho, L. & O. Pessoa (1998) "The Decision-Making Process in the Construction of the Synchrotron Light National Laboratory in Brazil," *Social Studies of Science* 28(2): 195 – 219.

Verran, H. (2001) *Science and an African Logic* (Chicago: University of Chicago Press).

Verran, H. (2002) "A Postcolonial Moment in Science Studies," *Social Studies of Science* 32(5 – 6): 729 – 762.

Vlaardingerbroek, B. (1998) "The 'Myth of Greater Access' in Agrarian LDC Education and Science Education: An Alternative Conceptual Framework," *International Journal of Educational Development* 18(1): 63 – 71.

Vosti, S. A. & T. Reardon (1997) *Sustainability, Growth, and Poverty Alleviation: A Policy and Agroecological Perspective: Food Policy Statement No. 25* (Washington, DC: International Food Policy Research Institute).

Wagner, J. L. & E. McCarthy (2004) "International Differences in Drug Prices," *Annual Review of Public Health* 25(1): 475 – 495.

Wang, J. & J. X. Wang (1998) "An Analysis of New Tech Agglomeration in Beijing: A New Industrial District in the Making," *Environmental and Planning A* 30(4): 681 – 701.

Wang, T. & R. Pollard (2002) "Selecting a Technical Strategy for High-Tech Enterprises in Developing Countries: A Case Study," *International Journal of Technology Management* 24(5 – 6): 648 – 655.

Watal, J. (2000) "Pharmaceutical Patent, Prices and Welfare Losses: Policy Options for India under the WTO TRIPS Agreement," *World Economy* 23(5): 733 – 752.

Watson, R., M. Crawford, & S. Farley (2003) *Strategic Approaches to Science and*

Technology in Development. Available at: http://www-wds.worldbank.org/servlet/WDSContentServer/WDSP/IB/2003/05/23/000094946_03051404103334/Rendered/PDF/multi0page.pdf.

Worthington, R. (1993) "Introduction: Science and Technology as a Global System," *Science, Technology & Human Values* 18(2): 176–185.

Xie, W. & S. White (2004) "Sequential Learning in a Chinese Spin-Off: The Case of Lenovo Group Limited," *R&D Management* 34(4): 407–422.

Xie, W. & G. S. Wu (2003) "Difference Between Learning Processes in Small Tigers and Large Dragons: Learning Processes of Two Color TV (CTV) Firms Within China," *Research Policy* 32(8): 1463–1479.

Yoshimatsu, H. (2000) "The Role of Government in Jump-Starting Industrialization in East Asia: The Case of Automobile Development in China and Malaysia," *Issues and Studies* 36(4): 166–199.

Zahur, R., A. C. Barton, & B. R. Upadhyay (2002) "Science Education for Empowerment and Social Change: A Case Study of a Teacher Educator in Urban Pakistan," *International Journal of Science Education* 24(9): 899–917.

:: 4권 필자 (수록순)

필립 미로스키 pmirowsk@nd.edu

노트르담대학교 존 J. 라일리 센터의 칼 E. 코흐 경제학, 정책학, 과학사·과학철학 교수이다. 주요 관심 분야는 과학의 사회적 연구, 과학정책, 현대과학의 정치, 경제학의 역사와 철학이다. 저서로 *Machine Dreams: Economics Becomes a Cyborg Science*(2001), *ScienceMart: Privatizing American Science*(2011), *Never Let a Serious Crisis Go to Waste: How Neoliberalism Survived the Financial Meltdown*(2013) 등이 있다.

에스더-미리엄 센트 e.sent@fm.ru.nl

라드바우드대학교의 경제이론 및 경제정책 교수이다. 주요 연구 주제는 행동경제학, 실험경제학, 경제정책, 경제학의 역사와 철학, 과학경제학 등이며, 특히 제한적 합리성, 감정, 젠더 문제에 관심을 갖고 있다. 저서로 *The Evolving Rationality of Rational Expectations: An Assessment of Thomas Sargent's Achievements*(1998), 편서로 *Science Bought and Sold: Essays in the Economics of Science*(2002, 공편) 등이 있다.

제니퍼 크루아상 jlc@email.arizona.edu

애리조나대학교의 인류학, 사회학, 젠더 및 여성학 부교수이며, 주요 연구 주제는 의료기술, 기술과 조직변화, 공학교육, 과학·지식·기술의 사회학, 몸의 사회학, 젠더 연구, 페미니스트 과학학 등이다. 저서로 *Science, Technology, and Society: A Sociological Approach*(2005, 공저), 편서로 *Degrees of Compromise: Industrial Interests and Academic Values*(2001, 공편), *Appropriating Technology: Vernacular Science And Social Power*(2004, 공편)가 있다.

로렐 스미스-도어 lsmithdoerr@soc.umass.edu

매사추세츠대학교 애머스트 캠퍼스의 사회학 교수이며, 동 대학 사회과학연구소를 설립하고 초대 소장을 역임했다. 연구영역은 과학기술학, 젠더의 사회학, 사회조직, 사회적 연결망 등이다. 저서로 *Women's Work: Gender Equality vs. Hierarchy in the Life Sciences*(2004), 편서로 *Handbook of Science and Technology Studies, 4th ed.*(2017, 공편)이 있다.

브라이언 래퍼트 b.rappert@exeter.ac.uk
엑서터대학교의 사회학 교수이며, 안보 관련 기술의 도입과 규제에 관한 선택이 어떻게 내려지는지에 대해 오랫동안 관심을 가지고 추적해왔다. 저서로 *Controlling the Weapons of War: Politics, Persuasion and the Prohibition of Inhumanity*(2006), *Biotechnology, Security and the Search for the Limits*(2007), *How to Look Good in a War: Justifying and Challenging State Violence*(2012), *The Dis-eases of Secrecy: Tracing History, Memory and Justice*(2018) 등이 있다.

브라이언 발머 b.balmer@ucl.ac.uk
유니버시티 칼리지 런던의 과학정책학, 과학기술학 교수이다. 과학 전문성의 본질과 과학정책 형성과정에서 전문가의 역할에 관심이 많으며, 특히 생명과학 분야에 초점을 맞추고 있다. 연구 주제는 군사기술과 군비통제(특히 생화학전의 역사), 생명공학 및 유전학 정책, 과학 이민과 두뇌유출, 생의학 연구에서 자원자의 역할 등이다. 저서로 *Britain and Biological Warfare: Expert Advice and Science Policy, 1930-65*(2001), *Secrecy and Science: A Historical Sociology of Biological and Chemical Warfare*(2012)가 있다.

존 스톤 john.stone@kcl.ac.uk
킹스칼리지의 전쟁학 부교수로 군사 전략의 이론과 역사를 강의한다. 최근에는 전략 숙의에서 정치적 상상력이 하는 역할, 정치와 전쟁의 관계에 대한 고전 전략 이론가들의 이해에 관해 연구하고 있다. 저서로 *The Tank Debate: Armour and the Anglo-American Military Tradition*(2000), *Military Strategy: The Politics and Technique of War*(2011)이 있다.

앤드류 라코프 lakoff@usc.edu
서던캘리포니아대학교의 사회학 교수이며, 세계화 과정, 인간과학의 역사, 현대 사회이론, 위험사회 등의 주제들에 관심을 갖고 있다. 최근에는 전 지구적 맥락에서 공중보건과 안보의 전문성이 어떻게 표현되는지 연구하고 있다. 저서로 *Pharmaceutical Reason: Knowledge and Value in Global Psychiatry*(2005), *Unprepared: Global Health in a Time of Emergency*(2017), 편서로 *Global Pharmaceuticals: Ethics, Markets, Practice*(2006, 공편), *Disaster and the Politics of Intervention*(2010) 등이 있다.

실라 재서노프 sjasan@fas.harvard.edu
하버드대학교 케네디 공공정책대학원의 포츠하이머 과학기술학 교수로
서 STS 프로그램을 이끌고 있으며, 그 전에는 코넬대학교에 STS 학과를
설립하는 데 중추적인 역할을 했다. 현대 민주주의 사회의 법, 정치, 정
책에서 과학기술이 하는 역할에 관심을 가지고 연구해왔다. 저서로 *The
Fifth Branch*(1990), *Science at the Bar*(1995, 국역:『법정에 선 과학』),
Designs on Nature(2005, 국역:『누가 자연을 설계하는가』), *The Ethics
of Invention*(2016), *Can Science Make Sense of Life?*(2019), 편서로
Handbook of Science and Technology Studies(1995, 공편), *States of
Knowledge*(2004), *Dreamscapes of Modernity*(2015, 공편) 등이 있다.

수전 코젠스 scozzens@gatech.edu
조지아공과대학 공공정책대학원의 명예교수이다. 관심 주제는 혁신과 불
평등이며, 특히 과학기술과 혁신정책이 혁신과 불평등의 교차점에 어떤
영향을 미치는지에 초점을 맞추고 있다. 최근에는 불평등을 증가(혹은 감
소)시키는 데서 인공지능이 갖는 잠재력, 그리고 미국의 과학집약적 연방
정책에서 여성의 리더십에 관해 연구하고 있다. 저서로 *Social Control
and Multiple Discovery in Science: The Opiate Receptor Case*(1989),
편서로 *Theories of Science in Society*(1990, 공편), *The Research
System in Transition*(1990, 공편), *Invisible Connections: Instruments,
Institutions, and Science*(1992, 공편), *Innovation and Inequality:
Emerging Technologies in an Unequal World*(2014, 공편) 등이 있다.

소냐 가체어 sonia.gatchair@uwimona.edu.jm
서인도제도대학교 모나(자메이카) 캠퍼스의 정부학과 강사이며 대학원
프로그램의 코디네이터도 맡고 있다. 연구 주제는 조직개혁과 혁신, 공공
재정관리 개혁, 경제발전, 불평등 등이다. 편서로 *Developmental Local
Governance: A Critical Discourse in 'Alternative Development'*(2016,
공편)가 있다.

김경섭 kskim@lawlogos.com
법무법인(유)로고스 소속 변호사로서 미국 텍사스주에서 활동하고 있다. 시카고대학에서 공공정책 석사, 텍사스대학교 오스틴 캠퍼스에서 법학전문 석사(J.D.)를 취득했고, 조지아공과대학의 기술정책 및 평가 센터에 박사후 연구원으로 몸담은 적이 있다. 현재는 해외투자, 국제거래 및 분쟁, 지적재산권 및 기술이전사업화 등의 분야에서 업무를 맡고 있다.

곤잘로 오도네즈 gonzalo.ordonez@uexternado.edu.co
콜롬비아 엑스테르나도대학교의 재정, 정부 및 국제관계학부 교수로서 동 대학 연구 및 특수 프로젝트 센터의 소장을 맡고 있고, 네덜란드 트벤테대학교의 과학기술정책학 프로그램 조교수를 겸직하고 있다. 관심영역은 지식, 과학, 기술, 혁신의 거버넌스와 관리, 공공정책의 분석과 설계 방법 등이다. 편서로 *Research Handbook on Innovation Governance for Emerging Economies*(2017, 공편) 등이 있다.

아누피트 수프니타드나폰 Anupit@nesdb.go.th
타이 국가경제사회개발위원회의 농업·천연자연·환경계획국에서 계획 및 정책분석가로 일하고 있다. 전문 분야는 과학기술정책으로, 그중에서도 기술확산 문제와 개발도상국에 대한 해외직접투자가 혁신역량과 지식전파에 미치는 영향에 집중하고 있으며, 대기오염과 환경 모델링 등 환경정책에도 관심이 있다.

옮긴이

:: **김명진**

서울대학교 대학원 과학사 및 과학철학 협동과정에서 미국 기술사를 공부했고, 현재는 동국대학교와 서울대학교에서 강의하면서 번역과 집필 활동을 하고 있다. 원래 전공인 과학기술사 외에 과학논쟁, 대중의 과학이해, 약과 질병의 역사, 과학자들의 사회운동 등에 관심이 많으며, 최근에는 냉전시기와 '68 이후의 과학기술에 관해 공부하고 있다. 저서로 『야누스의 과학』, 『할리우드 사이언스』, 『20세기 기술의 문화사』, 역서로 『시민과학』(공역), 『과학 기술 민주주의』(공역), 『과학의 새로운 정치사회학을 향하여』(공역), 『과학학이란 무엇인가』 등이 있다.

한국연구재단총서 학술명저번역 서양편 **622**

과학기술학 편람 4

1판 1쇄 찍음 │ 2021년 10월 5일
1판 1쇄 펴냄 │ 2021년 10월 26일

엮은이 │ 에드워드 J. 해킷 외
옮긴이 │ 김명진
펴낸이 │ 김정호

책임편집 │ 이하심
디자인 │ 이대웅

펴낸곳 │ 아카넷
출판등록 2000년 1월 24일(제406-2000-000012호)
10881 경기도 파주시 회동길 445-3
전화 │ 031-955-9510(편집)·031-955-9514(주문)
팩시밀리 │ 031-955-9519
www.acanet.co.kr

ⓒ 한국연구재단, 2021

Printed in Paju, Korea.

ISBN 978-89-5733-655-7 94400
ISBN 978-89-5733-214-6 (세트)